"十二五"国家重点图书出版规划项目
新型城镇规划设计指南丛书

新型城镇·园林景观

骆中钊 戴 俭 张 磊 张惠芳 ▣ 总主编
张宇静 ▣ 主 编
齐 羚 徐伟涛 ▣ 副主编

中国林业出版社

图图书在版编目（ＣＩＰ）数据

新型城镇．园林景观 / 骆中钊等总主编．-- 北京：
中国林业出版社，2020.8
（新型城镇规划设计指南丛书）
“十二五”国家重点图书出版规划项目
ISBN 978-7-5038-8373-6

Ⅰ．①新… Ⅱ．①骆… Ⅲ．①城镇－园林设计－景观
设计 Ⅳ．① TU984

中国版本图书馆 CIP 数据核字 (2015) 第 321574 号

策　　划：纪　亮
责任编辑：李　顺

出版：中国林业出版社（100009 北京西城区刘海胡同 7 号）
网站：http://www.forestry.gov.cn/lycb.html
印刷：河北京平诚乾印刷有限公司
发行：中国林业出版社
电话：（010）8314 3573
版次：2020 年 8 月第 1 版
印次：2020 年 8 月第 1 次
开本：1/16
印张：14.5
字数：300 千字
定价：186.00 元

编委会

编者名单

1《新型城镇·建设规划》

总主编 骆中钊 戴 俭 张 磊 张惠芳

主 编 刘 蔚

副主编 张 建 张光辉

2《新型城镇·住宅设计》

总主编 骆中钊 戴 俭 张 磊 张惠芳

主 编 孙志坚

副主编 陈黎阳

3《新型城镇·住区规划》

总主编 骆中钊 戴 俭 张 磊 张惠芳

主 编 张 磊

副主编 王笑梦 霍 达

4《新型城镇·街道广场》

总主编 骆中钊 戴 俭 张 磊 张惠芳

主 编 骆中钊

副主编 廖含文

5《新型城镇·乡村公园》

总主编 骆中钊 戴 俭 张 磊 张惠芳

主 编 张惠芳 杨 玲

副主编 夏晶晶 徐伟涛

6《新型城镇·特色风貌》

总主编 骆中钊 戴 俭 张 磊 张惠芳

主 编 骆中钊

副主编 王 倩

7《新型城镇·园林景观》

总主编 骆中钊 戴 俭 张 磊 张惠芳

主 编 张宇静

副主编 齐 羚 徐伟涛

8《新型城镇·生态建设》

总主编 骆中钊 戴 俭 张 磊 张惠芳

主 编 李 燃 刘少冲

副主编 闫 佩 彭建东

9《新型城镇·节能环保》

总主编 骆中钊 戴 俭 张 磊 张惠芳

主 编 宋效巍

副主编 李 燃 刘少冲

10《新型城镇·安全防灾》

总主编 骆中钊 戴 俭 张 磊 张惠芳

主 编 王志涛

副主编 王 飞

总前言

习近平总书记在党的十九大报告中指出，要“推动新型工业化、信息化、城镇化、农业现代化同步发展”。走“四化”同步发展道路，是全面建设中国特色社会主义现代化国家、实现中华民族伟大复兴的必然要求。推动“四化”同步发展，必须牢牢把握新时代新型工业化、信息化、城镇化、农业现代化的新特征，找准“四化”同步发展的着力点。

城镇化对任何国家来说，都是实现现代化进程中不可跨越的环节，没有城镇化就不可能有现代化。城镇化水平是一个国家或地区经济发展的重要标志，也是衡量一个国家或地区社会组织强度和管理水平的标志，城镇化综合体现一国或地区的发展水平。

从20世纪80年代费孝通提出“小城镇大问题”到国家层面的“小城镇大战略”，尤其是改革开放以来，以专业镇、重点镇、中心镇等为主要表现形式的特色镇，其发展壮大、联城进村，越来越成为做强镇域经济，壮大县区域经济，建设社会主义新农村，推动工业化、信息化、城镇化、农业现代化同步发展的重要力量。特色镇是大中小城市和小城镇协调发展的重要核心，对联城进村起着重要作用，是城市发展的重要递度增长空间，是小城镇发展最显活力与竞争力的表现形态，是“万镇千城”为主要内容的新型城镇化发展的关键节点，已成为镇城经济最具代表性的核心竞争力，是我国数万个镇形成县区域城经济增长的最佳平台。特色与创新是新型城镇可持续发展的核心动力。生态文明、科学发展是中国新型城镇永恒的主题。发展中国新型城镇化是坚持和发展中国特色社会主义的具体实践。建设美丽新型城镇是推进城镇化、推动城乡发展一体化的重要载体与平台，是丰富美丽中国内涵的重要内容，是实现“中国梦”的基础元素。新型城镇的建设与发展，对于积极扩大国内有效需求，大力发展服务业，开发和培育信息消费、医疗、养老、文化等新的消费热点，增强消费的拉动作用，夯实农业基础，着力保障和改善民生，深化改革开放等方面，都会产生现实的积极意义。而对新城镇的发展规律、建设路径等展开学术探讨与研究，必将对解决城镇发展的模式转变、建设新型城镇化、打造中国经济的升级版，起着实践、探索、提升、影响的重大作用。

《中共中央关于全面深化改革若干重大问题的决定》已成为中国新一轮持续发展的新形势下全面深化改革的纲领性文件。发展中国新型城镇也是全面深化改革不可缺少的内容之一。正如习近平同志所指出的“当前城镇化的重点应该放在使中小城市、小城镇得到良性的、健康的、较快的发展上”，由“小城镇 大战略”到“新型城镇化”，发展中国新型城镇是坚持和发展中国特色社会主义的具体实践，中国新型城镇的发展已成为推动中国特色的新型工业化、信息化、城镇化、农业现代化同步发展的核心力量之一。建设美丽新型城镇是推动城镇化、推动城乡一体化的重要载体与平台，是丰富美丽中国内涵的重要内容，是实现“中国梦”的基础元素。实现中国梦，需要走中国道路、弘扬中国精神、凝聚中国力量，更需要中国行动与中国实践。建设、发展中国新型城镇，就是实现中国梦最直接的中国行动与中国实践。

城镇化更加注重以人为核心。解决好人的问题是推进新型城镇化的关键。新时代的城镇化不是简单地把农村人口向城市转移，而是要坚持以人民为中心的发展思想，切实提高城镇化的质量，增强城镇对农业转移人口的吸引力和承载力。为此，需要着力实现两个方面的提升：一是提升农业转移人口的市民化水平，使农业转移人口享受平等的市民权利，能够在城镇扎根落户；二是以中心城市为核心、周边中小城市为支撑，推进大中小城市网络化建设，提高中小城市公共服务水平，增强城镇的产业发展、公共服务、吸纳就业、人口集聚功能。

为了推行城镇化建设，贯彻党中央精神，在中国林业出版社支持下，特组织专家、学者编撰了本套丛书。丛书的编撰坚持三个原则：

1. 弘扬传统文化。中华文明是世界四大文明古国中唯一没有中断而且至今依然充满着生机勃勃的人类文明，是中华民族的精神纽带和凝聚力所在。中华文化中的“天人合一”思想，是最传统的生态哲学思想。丛书各册开篇都优先介绍了我国优秀传统建筑文化中的精华，并以科学历史的态度和辩证唯物主义的观点来认识和对待，取其精华，去其糟粕，运用到城镇生态建设中。

2. 突出实用技术。城镇化涉及广大人民群众的切身利益，城镇规划和建设必须让群众得到好处，才能得以顺利实施。丛书各册注重实用技术的筛选和介绍，力争通过简单的理论介绍说明原理，通过翔实的案例和分析指导城镇的规划和建设。

3. 注重文化创意。随着城镇化建设的突飞猛进，我国不少城镇建设不约而同地大拆大建，缺乏对自然历史文化遗产的保护，形成“千城一面”的局面。但我国幅员辽阔，区域气候、地形、资源、文化乃至传统差异大，社会经济发展不平衡，城镇化建设必须因地制宜，分类实施。丛书各册注重城镇建设中的区域差异，突出因地制宜原则，充分运用当地的资源、风俗、传统文化等，给出不同的建设规划与设计实用技术。

丛书分为建设规划、住宅设计、住区规划、街道广场、乡村公园、特色风貌、园林景观、生态建设、节能环保、安全防灾这10个分册，在编撰中得到很多领导、专家、学者的关心和指导，借此特致以衷心的感谢！

丛书编委会

前　言

中华人民共和国成立以来，城镇得到前所未有的发展，数量从1954年的5400个增加到2008年的19234个，成为繁荣经济、转移农村劳动力和提供公共服务的重要载体。特别是改革开放的40年，是我国城镇发展和建设的最快时期，在中央“统筹城乡协调发展”及“小城镇，大战略”的方针指导下，政府出台了各种各样的政策来推进城镇化发展。城镇在我国的社会经济发展和城镇化进程中起着越来越重要的作用。城镇的园林景观建设是城镇生态建设和环境建设的关键途径，是营造城镇特色风貌的重要组成部分，对提高城镇的生活环境质量、促进城镇的统筹发展起着至关重要的作用。

随着城镇经济的飞速发展，我国的城镇园林景观建设也取得了可喜的成果。但是由于种种原因，仍然对城镇园林景观建设的认识不足，出现了很多令人遗憾的缺点。一些城镇园林景观的特色遭到破坏，造成了“千镇一面，百城同貌”的现象。这些问题已严重阻碍了城镇的健康发展，深刻的教训使得人们逐渐认识到，搞好城镇园林景观建设是促进城镇健康发展的重要保证。

十八届三中全会审议通过的《中共中央关于全面深化改革若干重大问题的决定》中，明确提出完善城镇化体制机制，坚持走中国特色新型城镇化道路，推进以人为核心的城镇化。2013年12月12~13日，中央城镇化工作会议在北京举行。在本次会议上，中央对新型城镇化工作方向和内容做了很大调整，在城镇化的核心目标、主要任务、实现路径、城镇化特色、城镇体系布局、空间规划等多个方面，都有很多新的提法。新型城镇化成为未来我国城镇化发展的主要方向和战略。2015年的中央城市工作会议从理念到措施与2013年城镇化工作会议一致，明确推进城镇化的首要任务和具体措施。

新型城镇化是指农村人口不断向城镇转移，第二、三产业不断向城镇聚集，从而使城镇数量增加，城镇规模扩大的一种历史过程，它主要表现为随着一个国家或地区社会生产力的发展、科学技术的进步以及产业结构的调整，其农村人口居住地点向城镇的迁移和农村劳动力从事职业向城镇二、三产业的转移。城镇化的过程也是各个国家在实现工业化、现代化过程中所经历的社会变迁的一种反映。新型城镇化则是以城乡统筹、城乡一体、产城互动、节约集约、生态宜居、和谐发展为基本特征的城镇化，是大中小城市、小城镇、新型农村社区协调发展、互促共进的城镇化。新型城镇化的核心在于不以牺牲农业和粮食、生态和环境为代价，着眼农民，涵盖农村，实现城乡基础设施一体化和公共服务均等化，促进经济社会发展，实现共同富裕。

人与自然和谐相生是人类永恒的追求，也是中华民族崇尚自然的最高境界，这是我国传统的优秀建筑文化，是中华文明“和合文化”的具体表现之一，再三强调人的一切活动要顺应自然的发展。传统建筑文化认为，良好的家居环境不仅有利于人类的身体健康，而且还为人们的大脑智力发育提供了条件。现代科学研究指出，良好的环境可使脑效率提高

15%~35%，这极好地证明了“人杰地灵”的深刻内涵。

在居住环境的营造中，传统建筑文化鲜明地指出，包括自然环境和人文环境的室外家居环境是“干”，室内家居环境是“枝”。随着研究的深入，人们也发现家居环境对人健康的影响是多层次的。在现代社会中，人们心理上对健康的需求在很多时候显得比生理上的健康需求更重要。因此，对生活环境的内涵也逐步扩展到了心理和社会需求方面，也就是对生活环境的要求已经从“无损健康”向“有益健康”的方向发展，从单一改善生活环境的物理和化学质量，逐步向注重服务设施的改善、人际交往的密切和环境景观的塑造方向发展，绿化景观建设对人们心理健康培育和呵护的重要作用重新又引起了人们的高度重视。

工业革命的发展引起了城市与城镇形态的重大变革，出现了前所未有的大片工业区、商贸区、住宅区以及仓储区等不同的功能区划，城镇结构和规模的急剧变化，带来的是密集的钢筋混凝土高楼大厦丛林难见一点绿，交通喧嚣，尘埃密布，生态环境惨遭破坏，人们的生命健康受到威胁。当人们领悟到这种灾难的痛苦后，纷纷渴望回归自然，向往着能够带给人们温馨、安全、健康、舒适的生活环境。城镇拥有得天独厚的自然资源、地理优势和保存较为完好的人文景观，在新型城镇化发展过程中，通过合理的开发利用自然资源，可以避免生态破坏和环境污染。同时，应该以乡村园林景观为依托，弘扬我国优秀的乡村园林传统文化，提炼乡村景观特质，保留乡村田园风貌，营造城镇返璞归真、回归自然、与自然和谐相处的环境景观。城镇园林景观建设是营造优美舒适的生活环境和特色风貌的重要途径。城镇园林景观是农村与城市景观的过渡与纽带，城镇的园林景观建设必须与住区、住宅、街道、广场、公共建筑和生产性建筑的建设紧密配合，形成统一和谐、各具特色的城镇风貌。做好城镇园林景观建设是社会进步的展现，是城镇统筹发展的需要，是城市人回归自然的追崇，是广大群众的强烈愿望，是时代赋予的历史职责。

在城镇园林景观规划设计中，笔者对颇富中国传统文化内涵的乡村园林进行了一些有益的探讨，并在实践中加以运用，得到深刻的启迪。近几年来，又对如何弘扬我国优秀建筑文化中的造园艺术的意境拓展进行了探讨，着重对弘扬乡村园林、开发创意性生态农业文化、创建乡村公园、发展现代人所向往的乡村休闲旅游产业作了较为详细的探讨。特将其进行总结，作为本书的一部分，旨在抛砖引玉，以期各级领导、专家、学者、同行以及广大群众共同关注，更希望批评指正。

在本书的编写过程中，得到很多领导、专家、学者、同行的关心和指导，也参考了很多专家、学者的著作和论文，借此表示衷心的感谢。北京清华同衡规划设计研究院风景园林二所、福建省加美园林设计工程有限公司、陕西省城乡规划设计研究院厦门分院、天津市城乡规划设计研究院厦门分院、福建省龙岩市规划局以及无界景观工作室张琦先生和北京市园林古建设计院李松梅高级园林设计师、北方工业大学陈穗教授和杨鑫博士等为本书的编著提供了宝贵的资料，特致深深的叩谢。

限于水平，不足之处，敬请广大读者批评指教。

骆中钊

于北京什刹海畔滋善轩乡魂建筑研究学社

目 录

1 中华建筑文化的山水情缘

1.1 中华建筑文化对自然环境的感知和启迪 001
1.1.1 自然环境的感知 002
1.1.2 自然环境的意象 003
1.1.3 自然环境的作用 005
1.1.4 自然环境的启迪 006
1.2 中华建筑文化的自然山水环境观念 007
1.2.1 “天道人伦”是中华建筑文化的根本观念 007
1.2.2 在大环境的选择方面趋利避害 008
1.2.3 中华建筑文化观念中选址的理想环境 .. 010
1.2.4 中华建筑文化观念在住宅建设中的运用 013
1.3 中华建筑文化的山水文化意境情趣 014
1.3.1 山水美学 014
1.3.2 山水诗词 016
1.3.3 山水国画 018
1.3.4 山水园林 020
1.3.5 山林隐居 021

2 世界园林景观探异

2.1 园林景观的相关概念 023
2.2 世界园林景观的发展历程 024
2.2.1 人对自然的依赖——园林的萌芽 024
2.2.2 人与自然的亲和——古典园林的繁荣与演化 024
2.2.3 人与自然的对立——现代园林时代的开端 026
2.2.4 人对自然的亲近与回归——现代园林的进一步发展 027
2.3 世界园林景观的各异特点 027
2.3.1 东方园林 027
2.3.2 西方园林 044
2.3.3 中西方园林艺术风格比较 055
2.3.4 中国山水园林对世界现代园林的影响 .. 058

3 城镇园林景观的特点及发展趋势

3.1 城镇园林景观建设的特点 067
3.1.1 规模小，功能复合 067
3.1.2 环境好，自然性强 067
3.1.3 地域广，农耕为主 067
3.2 我国城镇园林景观建设的现状及存在问题 ... 070
3.2.1 现状 070
3.2.2 存在问题 070
3.3 城镇园林景观建设的发展趋势 073
3.4 城镇园林景观建设实例 075
3.4.1 温斯洛城镇的规划发展研究——传承地域乡村风格 075
3.4.2 巴黎地区马恩拉瓦莱新城建设案例研究 078

4 城镇园林景观设计的指导思想与基本原则

4.1 城镇园林景观设计的指导思想 083
4.1.1 融于环境 083
4.1.2 以人为本 085
4.1.3 营造特色 086

4.1.4 公众参与 087
4.1.5 精心管理 088
4.2 城镇园林景观的设计原则 088
4.2.1 协调发展 089
4.2.2 因地制宜 089
4.2.3 均衡分布 090
4.2.4 分期建设 090
4.2.5 展现特色 091
4.2.6 注重文化 091

5 城镇园林景观设计模式

5.1 城镇园林景观的形式与空间设计 093
5.1.1 点——景观点 094
5.1.2 线——景观带 095
5.1.3 面——景观面 096
5.1.4 体——景观造型 100
5.1.5 园林景观设计的布局形态 100
5.1.6 园林景观设计的分区设计 102
5.2 城镇园林景观意境拓展 104
5.2.1 中国传统造园艺术 104
5.2.2 乡村园林的自然属性 109
5.2.3 城镇园林景观的文化传承 111
5.2.4 城镇园林景观的适应性 112
5.3 城镇园林景观设计实例分析 112
5.3.1 约克威尔村公园分析 112
5.3.2 长绍社区公园分析 114

6 城镇园林景观设计要素

6.1 城镇园林景观设计的植物造景 117
6.1.1 植物造景的原则与观赏特性 117
6.1.2 街道广场的植物配植 117
6.1.3 住户庭院的植物配置 119
6.1.4 公园绿地的植物配置 122
6.2 城镇园林景观建筑及小品 123
6.2.1 园林建筑 123
6.2.2 园林小品 132
6.3 城镇园林景观设计的水景设计 142
6.3.1 因地制宜的水景设计 142
6.3.2 水景的类型选择 144
6.3.3 各类水体的植物种植 152
6.4 城镇园林景观设计各构成要素之间的组合规律 153
6.4.1 多样与统一 153
6.4.2 对称与均衡 153
6.4.3 对比与协调 155
6.4.4 比例与尺度 155
6.4.5 抽象与具象 156
6.4.6 节奏与韵律 156

7 城镇园林景观的规划设计

7.1 规划设计内容及步骤 159
7.1.1 规划设计内容 159
7.1.2 规划设计步骤 160
7.2 城镇住宅小区中心绿地的园林景观设计 160
7.2.1 城镇住宅小区园林景观的设计原则 160
7.2.2 城镇住宅小区园林景观的空间布局 163
7.2.3 城镇住宅小区园林景观的设计要素 166
7.3 城镇道路的园林景观设计 173

7.3.1 城镇道路的园林景观特征 173
7.3.2 城镇道路景观的构成要素 175
7.3.3 城镇道路的园林景观设计要点 176
7.4 城镇街旁绿地的园林景观设计 178
7.4.1 城镇街旁绿地的园林景观特征 178
7.4.2 城镇街旁绿地的园林景观设计要点 178
7.4.3 城镇街旁绿地的园林景观发展趋势 179
7.5 城镇水系的园林景观设计 180
7.5.1 城镇水系的园林景观特征 180
7.5.2 城镇水系的园林景观设计原则 181
7.5.3 城镇水系的园林景观设计要点 182
7.6 城镇山地的园林景观设计 182
7.6.1 城镇山地园林景观空间特征 182
7.6.2 城镇山地园林景观构成要素 183
7.6.3 城镇山地园林景观整体性设计 185

8 传统聚落乡村园林的弘扬与发展

8.1 传统聚落乡村园林景观的丰富内涵 187
8.1.1 传统聚落乡村园林景观的发展背景 187
8.1.2 传统聚落乡村园林景观的布局特点 190
8.1.3 传统聚落乡村园林景观的空间节点 194
8.1.4 传统聚落乡村园林景观的意境营造 199
8.2 传统聚落乡村园林景观的保护意义 201
8.2.1 注重生态功能，保护自然景观 202
8.2.2 延续乡土历史，传承田园风光 202
8.2.3 巧用自然空间，保持环境体系 203
8.2.4 强化人工空间，完善基础设施 203
8.2.5 维护精神文化，促进统筹发展 203
8.2.6 慎重开发旅游，打造独特风貌 203
8.3 传统聚落乡村园林景观的发展趋势 204
8.3.1 生态发展的总体目标 204
8.3.2 突出地方的特色原则 204
8.3.3 保护景观的自然特性 205
8.4 弘扬传统聚落乡村园林的乡村公园 207
8.4.1 城镇乡村公园的基本内涵 207
8.4.2 城镇乡村公园的主要目标 208
8.4.3 城镇乡村公园的积极意义 209

9 城镇园林景观建设的保证措施

9.1 园林景观用地系统规划是一个法律文本 211
9.1.1 园林景观用地系统规划是城镇总体规划的重要组成 211
9.1.2 园林景观用地系统规划是城镇园林景观建设重要基础 211
9.2 城镇园林景观是一项基础设施 211
9.2.1 城镇园林景观建设是提高城镇整体风貌的重要手段 211
9.2.2 城镇园林景观是舒适的城镇生活环境的基本框架 212
9.3 从城镇的实际出发制定指标 212
9.3.1 充分利用城镇独具优势的自然环境 212
9.3.2 以城镇发展现状为基础进行园林景观的建设 213
9.4 城镇园林景观建设的重点是“普”和“小” 214
9.4.1 以建设城镇的基础绿化为前提 214
9.4.2 以小型城镇绿地为主要建设模式 214
9.5 多渠道筹措资金，促进园林景观建设 215
9.5.1 城镇园林景观建设的管理方法 215

9.5.2 城镇园林景观的维护措施 215

附录：城镇园林景观实例 216

（扫描二维码获取电子书稿）

1 城镇公园景观设计实例

2 城镇住区景观设计实例

3 城镇滨水景观设计实例

4 城镇道路景观设计实例

5 城镇广场景观设计实例

6 城镇园林景观建设实例

参考文献 217

后记 219

（提取码：hax1）

1 中华建筑文化的山水情缘

苍茫而神秘的宇宙令人产生无限的遐想，无论东方人还是西方人，都相信人的命运与浩瀚的宇宙息息相关。

宇宙的神秘魔力在于它的无限大和无限远。在生产力落后的原始社会，出于对自然力的敬畏和不解，宇宙和世界被人为地赋予灵性和意志，这就是灵魂观念和鬼神崇拜。人们敬畏于自己所创造的神灵，并把自己所虚构的神鬼世界和宇宙秩序通过绘画、雕刻、文字、语言等方式描绘表达出来，建筑也是这样一种文化载体。古埃及金字塔与猎户星座具有精准的对位关系，中国秦始皇的宫殿和陵寝与天象图相一致，这些都是人们用建筑表达出的宇宙观念。

中西方对于宇宙的认识存在着很大的差异。中国人认为创世主已经死去，神话中的创世巨人盘古在“开天辟地”之后因体力衰竭而死，他的身体变成了山川大地，他的灵魂变成了人类。而西方人认为创世主是永生的，并且始终操控着人类的生活。古埃及神话中，拉神是最高主神，天地是由拉神创造的，人类是被拉神放逐到大地上的。拉神每天都要乘坐着太阳船巡视大地，他自东方出发，从西方回归，给大地带来日出和日落。拉神愤怒时便会引起洪水暴发，人的一举一动都在拉神的监控之下。希腊和罗马神话认为最高天神宙斯（罗马称为朱庇特）与众神掌握着人间的一切事物，他们具有无穷的法力，会经常下凡来干预人类的活动，人类对众神的不敬最终会招致惩罚。基督教认为世界和人都是由上帝创造的，上帝是唯一的天主，并永远控制着人类。

由此看来，在中西方的宇宙观里，中国注重人与宇宙本体的关系，而西方人则看重人与造物主（上帝）的关系。

中华建筑文化中的理念、理论和实践的发生不是偶然的现象，也不是外部世界强加于我国先民的，而是有着深刻的社会背景。它产生于对自然、山岳、风云和水泉的认识。

1.1 中华建筑文化对自然环境的感知和启迪

宇宙大自然以其鬼斧神工，创造了供人类赖以安身立命的物质和生存条件及其丰富的地球环境。人们生活所依赖的大自然，是不依赖于意识而存在的客观现实。在科学不发达的时代，洪水、巨浪、海啸、闪电、火山喷发、地震和飓风等自然灾害显示了大自然惊人又可怕的巨大能量。人们顺从于自然，屈服于自然。诚如恩格斯在《反杜林论》中所说：“自然界起初是作为一种完全异己的、有无限威力的和不可制服的力量与人们对立的，人们同它的关系像动物同它的关系一样，人们就像牲畜一样服从它的权力。”

人们以为大自然是个巨大的未知数，它有无比的造化，可以任意主宰人类。于是，人们就神化大自然，崇拜大自然。对日月星辰、山川河流、飞禽走兽、土石草木，无不敬仰。《尚书·尧典》记载虞舜时“禋于六宗”。六宗即天宗日、月、星，地宗河、海、岱。《国语·鲁语》记载：“及天之三辰，民所以瞻仰也；及地之五行，所以生殖也；及五州名山川泽，所以出财用也。非是，不在祀典。”

大自然可以赐福于人，也可以嫁祸于人，可以决定人的命运，人应该顺从大自然，这正是中华建筑文化理念的基本前提。上观天文，下察地理，顺应自然，得到有生气之地，获得吉祥，这正是中华建筑文化所追求的和谐效应。

面对洪水滔天，在中国汉民族的神话里，不仅有着“大禹治水”的故事，还有着出自《淮南子·览冥训》“女娲补天”的治水神话：“往古之时，四极废，九州裂，天不兼覆，地不周载；火爁焱而不灭，水浩洋而不息；猛兽食颛民，鸷鸟攫老弱。于是女娲炼五色石以补苍天，断鳌足以立四极；杀黑龙以济冀州，积芦灰以止淫水。苍天补，四极正，淫水涸，冀州平，狡虫死，颛民生。”

通过人类不断的努力，现在肆意泛滥的洪水已逐渐得到扼制，而且已被利用于蓄水、灌溉和发电，化害为利。

现在，科学家也正在想办法测量火山、飓风、闪电以及海啸的能量。与这些自然灾害相比，人类利用的地热能、风能和太阳能只是大自然能量中极少的一部分。

中华建筑文化的理念，除了顺应自然，也还强调认识自然、调谐自然。科学家的研究，必将为大自然开发巨大能量，化害为利，以便为人们创造更加美好的生存环境。

1.1.1 自然环境的感知

感知、标识环境空间行为是人类存在于世间的第一步。先民们在感知、标识自然环境中逐步训练他们的视觉、听觉、嗅觉和触觉的空间识别技能。最值得标识的是与日常生活密切相关的功能性地物，如硕果累累的树木、甘甜清洌的泉眼、野兽出没的窝窟、挡风避雨的洞崖。靠着空间识别技能和记忆，人们有效地找到食物并顺利地回到了自己的家。这还仅仅是开始，当他们懂得为生活环境建立比较清晰的识别意象后，自然而然又产生了识别记忆特异景物的兴趣，如轮廓凸现的山峰、嶙峋怪异的石岩（图 1-1）、葱翠高大的树木、瑰丽芳香的花丛。这些与周围环境差异较大、容易辨识的“斑点”，必然成了很好的“定点”标识，而在差异性较小的环境中，为了相似的背景上突出清晰的物像记忆，先民们开始用简单的尖利石器创造人工标识，像树上刮裂痕迹、石壁锤刻记号、荒野堆垒石块、土圭竖插木杆。艰辛的集体劳作，共同创造的标记物，成为人人享用的认路向导。如此生活性的地物、特异性景物和个性化的人工物等点状标志，相当于先民们认知空间的心理意象在地理空间上投影的地点，从而构成人类早期生存环境的景观。生存环境的景观，是一种人对外物的感觉，通过知觉组织加工概括而成的心理意象。这种心理意象能将关

图 1-1 某地山丘上的宝珠石（资料提供：林锦枝）

键性的事物从混乱的空间环境中分离出来，形成一个具有整体性的视觉单元。作为视觉单元，这个景观的性质也就由具体环境来决定。只要景观的物体大小不超过与环境的相对限度，其外观形象总会以景观的形态吸引人们的关注。

在人们的关注下，这些景观周围似乎存在着巨大的吸引能量，人们在其周围劳动、生活，通过地点使得人与地点与各种生存空间建立联系。比如栖身点、取水点、采集点、狩猎点、瞭望点等各种各样的景观组成空间联系的网络系统，并以其鲜明的刺激信息进入人们的记忆，在大脑中形成一个生存区域的空间组织结构。依靠这个空间组织结构，保证了先民们在茂密的森林、茫茫的原野、重嶂的山谷追逐猎物或采集食物时不至于迷失方向，能够在劳动结束后找到安全舒适的宿营地，实现初步的定居。这正如海德格尔所说：“劳动让地球成为人间。”

古人通过劳动点化了自然地貌和人工景物，标识了环境空间的景观。这些景观特色越明晰，人地融合程度越高，生存环境越有意义。好的生存环境也会感化人的精神，所谓的地灵人杰就是环境景观点化人的灵魂的结果。通过人与环境景观的交互作用，先民们进一步开启了抽象思维和艺术想象的端倪。于是，大地的峰峦与夜空的星座勾连，国土也有了天象。“以星土辨九州之地”，群星的学问由天文家去猜想，美好的人居环境由哲匠来营建，简朴的村口、水口有了亭榭，平凡的山巅峰顶有了塔阁。尔后，名人登临亭塔，题咏作赋，一篇篇华章美文传承着建筑文化的历史。通过先民们的营建，文人的渲染，使环境景观成为山川名胜的景点，陶冶了人们的情趣，塑造了人们的心灵。

一番番、一波波的人地双向点化，揭示了人与自然融合的“天人合一”，先哲从自然界的环境景观学到了生存的本领，也从环境景观看到了美感，人们必然会利用环境景观的审美观比对人居环境加以创造，并在一大片土地上留下了人类文明足迹的地区，这就是环境景观的最初含义。环境景观是人类在生活空间上所创造、凝集智慧的物象。显然，环境景观就是一个以视觉单元为主体，充满美感、富有吸引力的空间意象。

因此，环境景观不仅是人类认识空间环境的起点，而且也是景观营造最早的基质和原型。其主要的原因是环境景观充分体现了真、善、美的特征，人居环境中有了环境景观的展现和导向，生活空间便弥漫着以真寓善、以善促美的良好氛围。在这氛围中，人们的社会生活和行为举止也将受到美的熏陶、受到善的劝导、受到真的启迪。难怪古代匠人们会将环境景观作为营造传统村镇聚落景观的主要手段。

1.1.2 自然环境的意象

先民们由自然地理空间标识的生存需求引出了环境景观的营造，这种环境景观造型元素具有具象与抽象并存、形象与意象结合、清晰与模糊交糅的特质，其丰富的包容性和先民的聚集性引发了一系列的鲜明效应。人们不但在视觉造型上用环境景观来统驭，而且在理念表述上也用环境景观来突出事物的主要特征。

为一个新生事物取名是中国古代一门独特的学问，尤其是为一个有环境景观特征的地点取名更是费尽了心机，绞尽了脑汁。起初的地名，直观简明又土里土气，甚至庸俗难耐，但对于生活在此地的人们却是亲切可感，如燕子拉屎的土堆名为“燕子屎”，喜鹊筑巢的山谷名为“喜鹊坑”，形似鳌鱼的岩崖名为“鳌壳岩”……还有一些以生活器具模拟环境景观的形态，此类命名形象地标示出环境景观的特征，同时也灌注了人们的感情，如单峰耸立叫“文笔山”，双峰对立叫“双髻山”，浑圆光洁的弧岩叫“宝珠石”，巨石覆盖的洞穴叫“一片瓦”……当然，也有一些诗情画意的地名。此类环境景观所用的名字至今已成为激发人们想象的风景点，如三山二谷的中峰起名为“水牛拖车”，两条山脉对峙、中间隔开一座浑圆山峰起名为“双龙戏珠”，陟倾水边、雨水冲刷裸露白色沙石的山坡起名为“白鹤升天”。再贫陋的所在，只要想出一个秀雅的名称，就会顿生风光。很显然，给环境景观取名，实质上是人们将自然环境景观人文化的过程，看似简简单单的一个名字，其实是通过人们对自然物象细微观察和模拟创造后心理意象的外化。为环境景观取名的浅层作用是可以帮助人们对环境景观的理解和记忆，便于人群传达和交流，深层的意义在于，它可以引导人们以美促善，以景带情，托物寄志，从而提升人的品行素养。这也是中华建筑文化观形察势中喝形的作用。

具有千年历史的福建惠安，县城西北方向二十多公里外有一个形如笔架的山峰，古人给这座山峰取了一个既形象又文雅的名字就叫笔架山（图 1-2）。

以笔架山作为县城背后的屏障，在古人眼里算是绝佳的选址。但笔架山在县城背后，平常人们很少会扭过头看见它的尊容，更无法得到山体轮廓笔架形态所散发出来的空间暗示性语言，而且有笔架没有文笔配合似乎有悖常理，也削弱了县城空间区域内的文化气息。事实果真如此，置县初期，没有好的环境景观的提示，民众少有读书识字的意识，另一方面，县城发展也失去了明确的方向，房屋布局杂乱无序。据传，几届县官之后，来了一位通晓人文地理的知县，他综观县城周边的地理空间形势，选定县城东南方向十多公里处一座状似笔尖的突兀山峰，将其命名为文笔峰。为了突显文笔峰的空间标识，知县倡导乡民在其上垒石建立文笔塔（图 1-3），这样便将自然景观与人文景观融为一体，使得县城处于文笔塔与笔架山之间，然后又将衙门朝向文笔塔，使走出衙门的官员一抬头就可明显地看见前方的文笔塔，文笔塔犹如一个指路人，时时提醒当政者要以文兴县、以文化民。在民间，耸立山峰的文笔塔好像衙门发出一道重视文化教育的政令，民众的文化意识因此而觉醒，学子们的心中也好像树起了一个蓬勃向上的空间意象。于是，“地瘠栽柏松，家贫子读书”蔚然成风。从此，全县文运鼎盛，文人辈出，民众知书达理，社会和谐安定。

后来，人们又利用文笔塔的标志作用，将它作为县城空间形态组织的控制要素。在为建筑定向时，自觉地以文笔峰为视觉对景，特别是县城的重要建筑府第豪宅均以文笔峰为朝向依据。作为建房传统，朝向文笔峰成了一道不成文的约定俗成。这当中既表达出民众对县城空间标识定位的肯定，也表现出人

图 1-2 惠安笔架山（资料提供：林锦枝）

图 1-3 惠安文笔塔（资料提供：林锦枝）

们对未来的共同期盼。代代传承，文笔峰作为县城环境景观标识成了人们心理意象的共同标志。同时，有一个固定标识作为参照，也有效地引导县城房屋布局的有序化，城区空间脉络清晰，景观视野更具特色。

这清晰地反映了古人运用中华建筑文化理念、重视环境景观命名的深刻用意。一个好的地名可以反映出人“灵魂深处”的感知程度。用中华建筑文化理念确定的环境学观点，倾注了期间的人文精神，使所在地打上了所在环境的烙印。于是，时间、地点与人的活动，构成生活内涵的三个要素。在此生活内涵的演进中，自然空间的地点和语言所表达的地名，经过人的行为体验和人群互相传播，进入了人的生活内容，确立了人的生活世界，地点的心理意象随之转化为能够满足人们的物质和生活的地方，使得一个生活地方与独特的环境景观密不可分。只有在具有独特环境景观的地方，才能让人觉得在此地生活有意义，才愿意长期定居于此。而环境景观的命名正是一般地方成名的先决条件。

1.1.3 自然环境的作用

一个自然状态的环境之所以能够成名，除了有一个响亮又有意义的名称外，更重要的原因是其环境景观独特性所起的组织作用。

对于环境景观的独特性，是指该环境景观具有中华建筑文化观念中的聚集和扩展作用。当然，这种作用是在人与自然发生联系后，在人的心理行为中表现出来的。环境景观以其风姿万种的情态，让人们体会到它所发出的空间场景的美感。一旦这种空间环境进入人的记忆，大脑的记忆细胞会暂时筛选掉周围的信息，让最典型、最重要、最可靠的环境景观牢记心里。当人们在此空间环境中观看景物，能够达到过目不忘者，是由于其独特环境景观的出现，才会让人留下不可磨灭的印象。而需要回忆时，这一特定的环境景观便首当其冲第一个进入人的感觉刺激，并成为回忆过程的中心对象，然后人的意识才逐渐由近到远，一圈又一圈地把周围的事物拉回到大脑皮层，直到全部重现当时所看到的空间环境景观。因此，不论是记忆还是回忆，人对空间环境景观的认知和辨别，最实在、最经济的办法是在空间环境景观中确立一个独具特色的自然环境景观，使其具有中华建筑文化的聚集效应和扩展效应。

（1）自然环境景观的聚集效应

自然环境景观的组织作用首先表现为它的聚集效应，而聚集效应在心理意境上具有潜在的精简倾向和统一倾向。

精简的自然环境景观不仅让混乱的空间环境有了秩序的定向标识，同时也是自然景观人文化的手段。我国传统的中华建筑文化就是用这种手段“喝形”自然山水，让群山峻岭的审美形态因此活跃起来。前面提到的“水牛拖车”“双龙戏珠”“白鹤升天”“莲花出水”“玉虾游水”“虎踞龙盘”等，这些精简的“喝形”丰富了人们对自然地物的审美观感，开创了观赏自然美景的先河。这其中的奥秘就在于，先以一个简化形象的山峦作为景点来进行类比联想，比如“双龙戏珠”可将中间圆浑的山峰作为“珠”的精简形象，再找来两边的山脉比作双龙，“双龙戏珠”就成局了；又如圆形山峰只有单侧的一条山脉，难以形成“双龙戏珠”，但“喝形”为“雄狮戏球”，其展现的气魄一点也不比“双龙戏珠”逊色。可以说，只要有圆形山峰存在，通过细心观察，发挥想象力，以它作为精简形象，除了现成的“珠”“球”，还有可能会激发出新的联想，比如“蛋”“乳”“蘑菇”等种种物象。这些物象若再与周围的地物整合起来，其景观呈现出来的将是多姿多彩的美感形态，让人为之叹奇、为之神往，也让人深刻体会到山水环境景观的神韵。面对同一处自然景观，为何有人看出它的“喝形”，有人却怎么也看不出来呢？这就取决于环境景观的精简化组织。比如长江巫山的神女峰，人们一眼就能认出那是一个风姿绰约的妙龄少女像，而武夷山的大王峰只有头部的精简形象，要看出大王的雄威，大脑知觉就必须对山形做些联想加工。对于南京“虎踞龙盘”的地理形势，则是钟山与长江联合组构的结果，那是一般人的眼界难以视及的。所以，不同的自然环境景观就需要不同的文化认知水平，不同组织的自然环境景观往往也就伴随着不同的精神感受。

与精简原则并列的作用就是统一。自然环境景观统一的作用，其实就是中心物象凝聚力的另一种说法。一个环境景观的形成实质上是自然物象人化的结果，甚至可理解为集体意识的体现。在这过程之间灌注着集体的精神力量，长年累月潜移默化在人们的“灵魂深处”。久而久之，自然环境景观也就有了号召力，周围的空间地物因其中心位置的确立而变成“随从”。于是，它俨然成了一方空间环境的“主角”，一方人文景观的精神标志。因此，自然环境景观统一的本质，就是借助它的精神凝聚力来把社会民众的思想统一起来。在隐伏窑洞的山顶上，高耸屹立的延安宝塔山牢牢地控制住整个地区的空间环境，醒目的形象，标志了抗战根据地的存在，象征着挺立的民族脊梁，无不让人感受到不屈不挠的精神力量。历史证明，在那艰难岁月里，巍巍宝塔山就是人民心中的希望。

统一的自然环境景观也给每一个人对特定地方尤其是故土家乡的回忆呈现出深刻的对象。倘若没有此类自然环境景观的精神作用，人们也许会对故地失去回忆，失去思念，失去吸引力，导致心理上的茫然和失落。作家用巧妙文字把这种苦旅的体验诉诸理性的笔端：“人真奇怪，蜗居斗室时，满脑都是纵横千里的设想，而当我在写各地名山大川游历记的时候，倒反而常常有一些镇定的小点在眼前隐约，也许是一位偶然路遇的老人，也许是一只老是停在我身边赶也赶不走的小鸟，也许是一个让我打了一次瞌睡的草垛。有时也未必是旅途中遇到的，而是走到哪儿都会浮现出来的记忆亮点，一闪一闪的，使飘飘忽忽的人生路落下了几个针脚。”

（2）自然环境景观的扩展意义

比较于聚集效应，扩展表现出相反的对立面。这样两种不同的效应同时存在于一个自然环境。这正如老子所云“反者道之动”，说明只有当事物处于正反两方面的矛盾运动之中，才能“道生一，一生二，二生三，三生万物”。万事万物的生成其实就是矛盾激荡的和谐体。自然环境景观独特性的形成，也不例外。它既然占据了空间环境的关键位置，起着主导的作用，必然会有一种“生发”趋势，充分地把周围的所有地物、地景都纳入控制范围，由此而生发出一种完整的空间意象。当有人提及“人民英雄纪念碑”时，不用再作任何暗示，人们便会立即呈现出天安门广场的整体意象，哪里是故宫，哪里是人民大会堂……甚至连纪念碑的整体背景和历次在纪念碑周边发生的政治事件都可能一幕幕地进入眼帘。这就是由纪念碑这个环境景观所具有的空间环境的扩展功能所引发出来的心理效应。

总之，环境景观所形成的作用，其本质是人的感知能力对地物、地景的形态审美规律的表达。

1.1.4 自然环境的启迪

自然环境景观饱含着丰富的审美因素，人们自然会利用它的美学特征对人的启迪，来净化人们的心灵。先民们将大地也当做美育题材，运用中华建筑文化“喝形”的精简手段创造自然审美形象，教化男女老幼端正品行、去恶从善，提高社会文明。

在中华建筑文化中，对自然山水的模拟“喝形”看似很神秘，但正如现代人文地理学所认为的，这是自然环境景观转化为文化景观的一种有效形式，是人类对大地表面进行塑造的组织过程。在这个过程中，人们不仅仅是寻求功能上的效益，也伴随着浓厚的审美趣味与价值趋向。这说明，中华建筑文化对自然山水景观的精简“喝形”不但不神秘，其结果得到的形象简图其实就是一种现代人文地理学所说的地理物象简图。对于地理物象简图的作用，地理学者王恩涌明晰地指出：“地理物象简图是人们对地理物象进行知觉评价和认知过程的成果，对指导人们日常活动行为空间和人类迁移的地理优选具有重要的意义。”这一科学的论述揭去了中华建筑文化精简“喝形”的神秘面纱，尽管某些人还不太理解中华建筑文化“喝形”的美学意义，也不怎么懂得欣赏大自然的物象简图。但那被人们“喝形”过的自然山水环境，经历过种种浩劫，却仍然能够有效地阻止那些野蛮掠夺资源的莽汉对自然生态环境的破坏，对自然美的摧残，对人类居住生境的侵犯。道理很简单，是当一座山被人们“喝形”并取名为观音山或弥勒山，从此山体被染上了神圣美丽的色彩，继而成为民众心目中神圣的自然环境景观。加之一些富于想象力的文人墨客以它为蓝本，编撰一些故事传说、摩崖石刻，巧妙的文化包装，给自然山水涂上一层厚厚的保护膜。如果有人想要动它一根毫毛，犹如触动了民众的神经，强大的集体压力，胆子再大的人也不敢触犯众怒，只好扼制自己的恶行，老老实实地遵守社会的约定俗成，诚心诚意地接受自然美的感化。这种保护自然生态环境的做法极为奏效。

虽然精简“喝形”所创造的形象具有丰富的审美内涵，但过于抽象的简化形象却也会带来观赏上的困难。面对自然山水，每个人都会根据自己知识水平和文化素养的高低去解读、辨认。有识之士看得出来，得到美的享受，大加赞赏；而理解和认知能力较低的则什么也看不出来，眼中茫然，心里埋怨。当大地表面艺术难以达到家喻户晓、人人明白，而且很有可能在一遍遍的口头传播中失真，使原始形象模糊走样，失去了美的吸引力的时候，为了更好地引导人们的审美能力，古人常在独特的自然环境景观附近设塔置亭，或取个响亮好听的地名。这就是旨在通过人工物来补充“喝形”的不足，进一步点缀自然形象，激发人们的想象力和审美情趣。如惠安的知县找来一座文笔峰又在其上建了文笔塔，自然形象加上人文建筑的提挈，一名一物点破“天机”，恰当地迎合了民众的理解能力和审美水平，从而达到以大自然独特环境景观对人们进行文化启迪的目的。

赵鑫珊先生极力赞美这样的建筑：“一座典雅、高贵和气派的建筑，应像是晨钟暮鼓那样，它日日夜夜、月月年年在提示该城市的广大居民，教他们明白做人的尊严和生命的价值；教他们挺起胸来走路，堂堂正正地做人……这才是建筑的精神功能。”“它们屹立在那里，说着自己无声的语言，比十本教科书和市民手册还管用。”“是的，一批卓越的建筑能潜移默化地改变这座城市，使这座城市有自信心。”北京的天安门就是这样一座具有精神功能的建筑，它是中华人民共和国成立的标志，是中华民族崛起的象征，它每时每刻都在发挥着唤起中华民族增强自信的美育教化作用，成为中华民族的“乡魂”。

1.2 中华建筑文化的自然山水环境观念

在中国人传统的宇宙观里，天与人是一致的，天、人和自然三者的关系是和谐共融的；这种“天人合一”宇宙秩序的认识，使得中国人对自然山水环境有一种敬畏的心理，发自内心地去善待自然山水环境。

1.2.1 “天道人伦”是中华建筑文化的根本观念

中华建筑文化理念是中国自然山水环境观的集

中体现，中华建筑文化把自然环境看做是和人一样的生命活体。早在战国时期的著述《管子·水地篇》中就有关于“地气”有如人的脉络相通这样的论点。《皇帝宅经》言：“宅以形势为身体，以泉水为血脉，以土地为皮肉，以草木为毛发，以舍屋为衣服，以门户为冠带，若得如斯，是事俨雅，乃为上吉。”《青囊海角经》：“夫石为山之骨，土为山之肉，水为山之血脉，草木为山之皮毛，皆血脉之贯通也。”自然既然是活体，就应该具有人的生命特征和社会特征。北宋郭熙《林泉高致》中论山：“大山堂堂，为众山之主，所以分布以次，为远近大小之宗主也”，“主峰已定，方作以次近者、远者、小者、大者。以其一境之主于此，故曰主峰，如君臣上下也”。这是绘画理论对山的主从关系的安排，实际上也谈出了中国古代环境学的核心思想，那就是“天道人伦”。上一章我们讲过，中国人的宇宙观念里尊崇“道法自然”，人、天、道和自然四个层级中人的地位最低微。但中国人同时认为，天、道、自然的一切法则都必须由人来具体体现，如《管氏地理指蒙》所说“天道必赖于人成”。此外，“天时不如地利，地利不如人和”（《荀子》）“天道远，人道迩”（《左传》）等论述也与其类似。总而言之，就是“人与天地并列为三，非天地无以见生成，天地非人无以赞化育”，也就是说“人伦”等同于“天道”，房屋就是体现人伦秩序的最佳场所。《黄帝宅经》总结为“夫宅者，乃是阴阳之枢纽，人伦之楷模”。这样看来，中华建筑文化的环境观是中国社会的礼制、宗法和人伦的必然产物。

1.2.2 在大环境的选择方面趋利避害

山和水是古代农业社会生活中最重要的因素，对于生活、生产、交通运输、军事防卫等都有重大意义。中华建筑文化术的选址最为重视的是察看山形和水态。清代《阳宅十书）指出：“人之居处宜以大山河为主，其来脉气最大，关系人祸最为切要。”山形地势首先要符合来龙去脉，顺应龙脉的走向。龙脉就是连绵的山脉。中国地理多山，中华建筑文化思想认为，昆仑山是龙脉的源头，自西向东生发出三条龙脉，北龙从阴山、贺兰山入山西，起太原，经由燕山入渤海渡海而止。中龙由岷山入关中，至泰山入海。南龙由云贵、湖南至福建、浙江入海。在龙脉之下，还分化出干龙、支龙等。

水域是万物生机之源泉，没有水，人就不能生存。水有江河湖海，有积聚，有分散；水有脉络，有干流，有支流；水有走势，有滔滔千里，有曲转回环；水有动有静，有急流奔涌，有缓缓漫流；水有转化，有蒸发升腾的气雾，有冰霜雨雪。中华建筑文化思想把水的诸多特性和“气”联系在一起，给水增加了一层神秘的特征。明代《水龙经》中指出“气者，水之母；水者，气之止。气行则水随，而水止则气止，子母同情，水气相逐也。”因此，“察地中之气趋东趋西，即其水或去或来而知之矣。行龙必水辅，气止必有水界”。

中华建筑文化的“气”，不仅仅指我们现在所认为的“空气”，它指的是“生命之气”。古人从生命的呼吸中得到启示，认为呼吸产生的气流代表了生命的活动迹象。《管子·枢言》云：“有气则生，无气则死，生则以其气。”大地既然是活体，那么它一定也要呼吸，风就是大地呼吸所产生的气流。把风这一自然现象看成是大地的呼吸显然是不科学的，但是从比拟的角度看，也有一些能说通的地方。比如不同来向和强度的风有的对人有利、有的对人有害，那么利用地形地势的选择尽量抵挡恶风、吸纳和风，对人健康是有利的。清末何光廷在《地学指正）中云：“平阳原不畏风，然有阴阳之别，向东向南所受者温风、暖风，谓之阳风，则无妨。向西向北所受者凉风、寒风，谓之阴风，宜有近案遮拦，否则风吹骨寒，主家道败衰丁稀。”再如草木生长状况的好坏也可以作为一个地方水土质量的直观标识。中华建筑文化思想认为草木生气勃勃代表了这个地方的“气”也是好的。

明代《葬》中指出："凡山紫气如盖，苍烟若浮，云蒸霭游，四时弥留，皮无崩蚀，色泽油油，草木繁茂，流泉甘冽，土香而腻，石润而明，如是者，气方钟而来休。云气不腾，色泽暗淡，崩摧破裂，石枯土燥，草木凋零，水泉干涸，如是者，非山冈之断绝于掘凿，则生气之行乎他方。"中华建筑文化思想提倡在有生气的地方修建城镇房屋，这叫做乘生气。只有得到生气的滋润，植物才会欣欣向荣，人类才会健康长寿。宋代黄妙应在《博山篇》云："气不和，山不植，不可扦；气未上，山走趋，不可扦；气不爽，脉断续，不可扦；气不行，山垒石，不可扦。"扦就是点穴、确定地点。在草木旺盛、生机勃勃的地方居住生活，显然是有益的。但是过于强调"气"，也会走入死胡同。中华建筑文化思想认为由于季节的变化、太阳的变化，使生气与方位发生变化。不同的月份，生气和死气的方向就不同。生气为吉、死气为凶。人应取其旺相，消纳控制。《黄帝宅经》认为，正月的生气在子癸方，二月在丑艮方，三月在寅甲方等等，各个月份生气的方向不一样。因此，中华建筑文化师非常注重使用罗盘来测定和标识生气的方位。由于季节的不同季风是会发生变化的，白天夜晚的空气质量也是有区别的，中华建筑文化师捕捉到了这样一些自然现象（图 1-4、图 1-5）。

但是把这些现象的原因归结于"气"的方位等等显然是不科学的。像把宅院大门定为"气口"也是这样，从气流通风的角度看，这里的确是通风的重要通道，但是过分强调方位上的吉、凶理由也是不充分的。因此对于中华建筑文化术，历代都有反对者。司马迁在《史记》中批评中华建筑文化术"使人拘而多所畏"，但也客观地认为它"其序四时之大顺，不可失也"。用今天的话说，就是虽然中华建筑文化术让人的行为举止增添了很多忌讳而变得缩手缩脚，

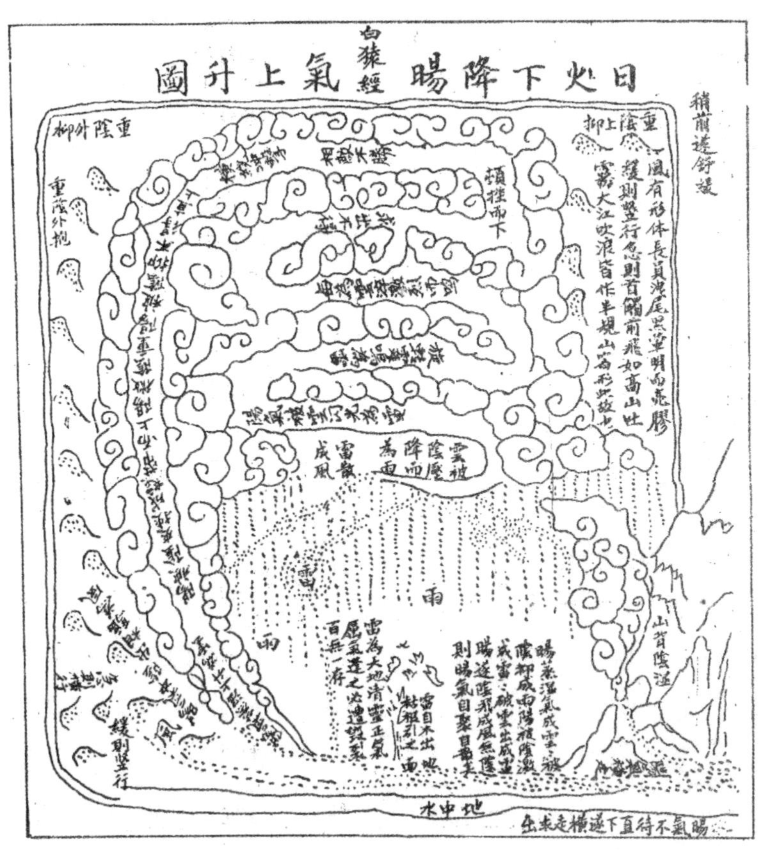

图 1–4 日火下降　阳气上升图

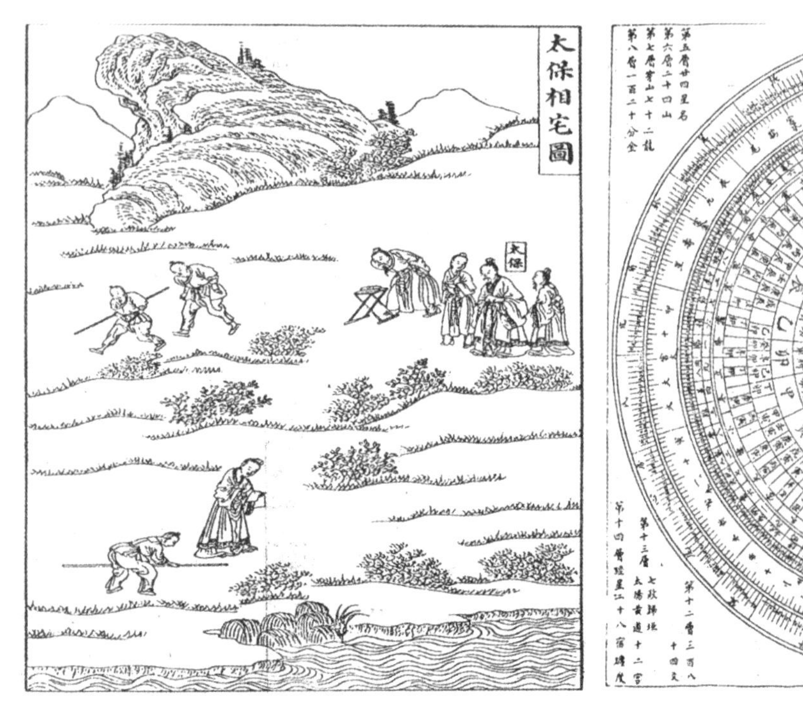

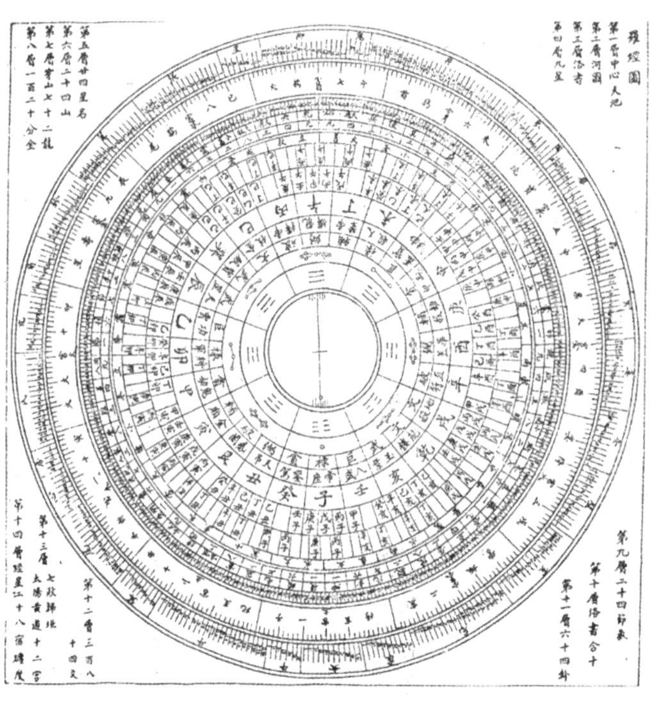

图 1–5 中华建筑文化师利用罗盘单项、相宅：《太保相宅图》（左）、《罗经图》（右）

但总体上还是按照自然规律办事的，不可以没有。而这种忌讳，主要是一种心理反应，常言说：“宁可信其有，不可信其无”“多长个心眼不吃亏”。中华建筑文化思想注重到环境对人的“心理暗示”作用，在这方面也尽量取吉避凶。

1.2.3 中华建筑文化观念中选址的理想环境

古都北京、南京等城市，都是中华建筑文化观念中不可多得的理想环境，它们都符合中华建筑文化环境的理想模式。《朱子语类》中认为北京的大环境“冀都山脉从云发来，前则黄河环绕，泰山耸左为龙，华山耸右为虎，嵩为前案，淮南诸山为第二案，江南五岭为第三案，故古今建都之地莫过于冀，所谓无风以散之，有水以界之”。六朝故都南京，滨临长江，四周是山，有虎踞龙盘之势。其四边有秦淮河入江，沿江多山矾，从西南往东北有石头山、马鞍山、幕府山；东有钟山；西有富贵山；南有白鹭洲和长命洲形成夹江。明代高启有赞曰：“钟山如龙独西上，欲破巨浪乘长风。江山相雄不相让，形胜争夸天下壮。”（图 1-6、图 1-7）。

历代帝王非常重视陵墓的选址和中华建筑文化环境。唐乾陵是唐高宗与武则天的合葬陵。该陵充分利用地形，将陵址选择在梁山北峰（主峰）之下，利用山峰作为陵体，这是对陵体山岳崇拜情结的最生动的注解。北峰的南面是梁山的东西两峰，好似一对天然的门阙守护在陵墓的前方左右。这三座山峰组成了乾陵主体绝妙的构图，有人说这恰好象征了女皇武则天留影于中华大地的意象。北峰是她仰着的头部，东西两峰是其双乳（在两峰之上各修建一阙，并称为“乳阙”更加强了这一暗示），而梁山以南的大片平原则是她舒展开去的身体。这一意象并非无中生有，当时中国佛教的发展正值极盛时期，佛教信徒在中国大地上寻到了许多山影，用于比赋仰面躺着的佛祖，号称睡佛，此实例极多。而武则天是一个真正利用佛教上台的女皇，她深爱佛教教义，并自称弥勒佛转世，可想其选定“睡佛”的意象用于死后的想法是合乎逻

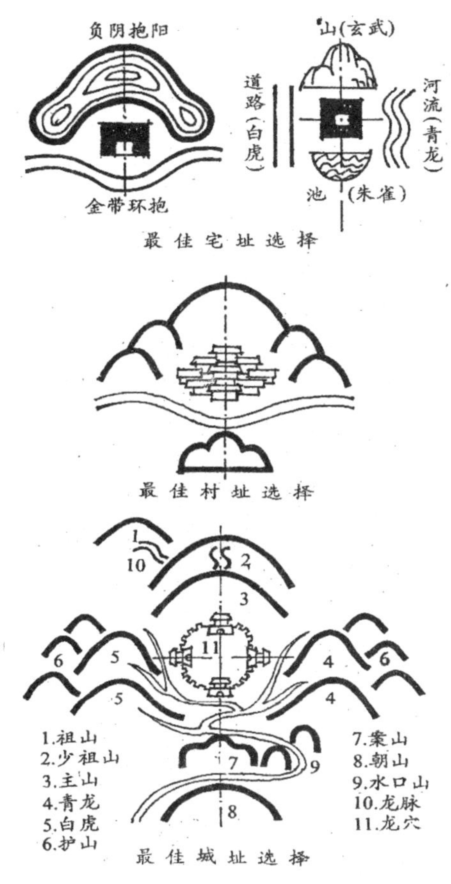

图 1–6 理想中华建筑文化环境示意图

辑的。乾陵的空间序列同样出色，自南面平原距梁山乳峰（东西两峰）约 2km 以外就筑石阙一对作为陵区的开始，一条甬道笔直插入山中，直达主峰脚下，进入乳峰后，甬道两侧依次排列了华表和飞马各一对，接下来在到达神墙（陵墓围墙）之前，还排列了一系列的石象生和石碑，依次为朱雀一对、石马五对、石人十对、述圣迹碑、无字碑、蕃酋像及石人一对，最后才到达朱雀门。陵体北峰被约 2km 见方的神墙所围绕，神墙四面根据方位各开设一门，南朱雀、北玄武、东青龙、西白虎。地宫在山峰之下，是通过开凿深深的隧道而达到的，据探测，隧道被石板及铸铁浇铸封死，内部情况至今不明。乾陵地宫如果能见天日，会有震惊世界的考古大发现（图 1-8、图 1-9）。

北京十三陵将明代十三位皇帝的帝陵全部集中在同一山坳当中，均以天寿山的某一山峰作为依靠，各取有利的中华建筑文化形势，并以长陵神道作为共同的神道。安置并共用神道的做法被后来的清代帝陵

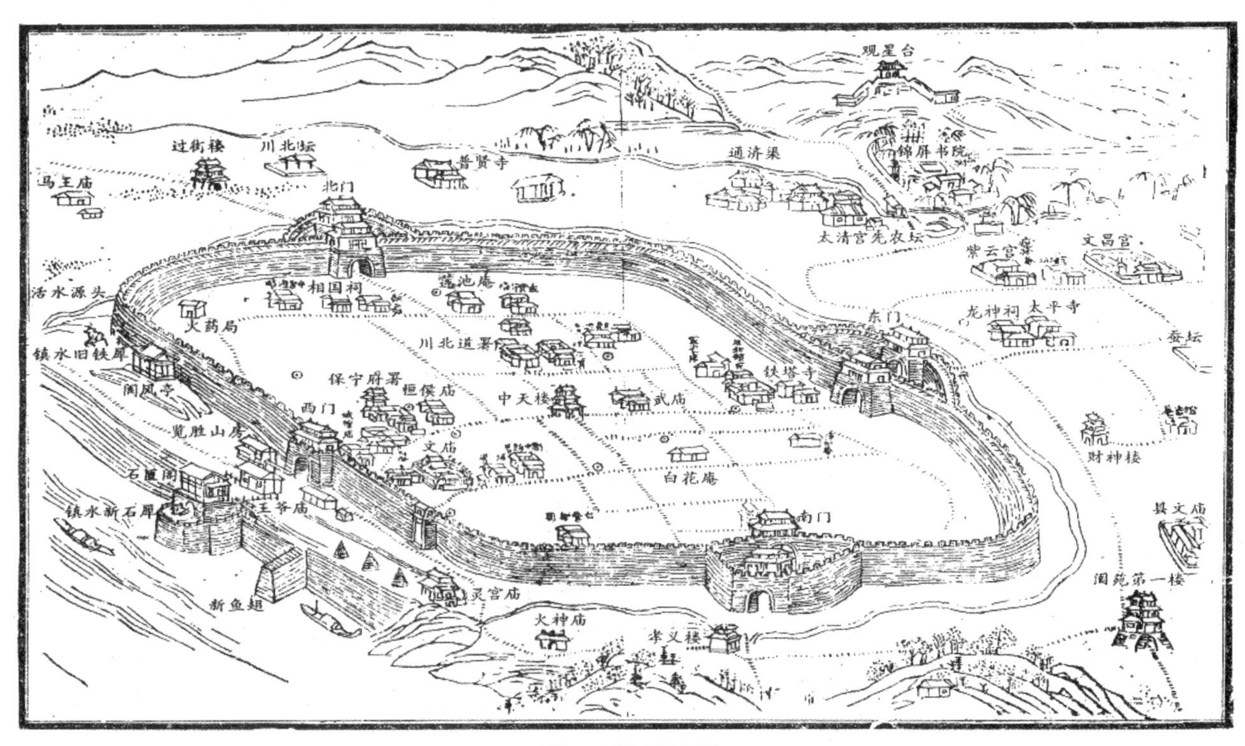

图 1–7 城市形势图

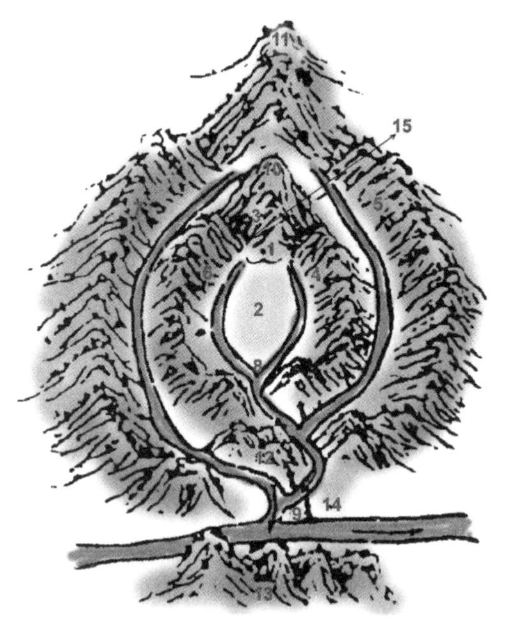

图 1–8　穴场周围的环境模式

图 1–9 乾陵

所沿袭。十三陵的第一座陵寝是长陵，选址在天寿山主峰脚下，其南面 6km 处有相对而出的东西两峰，形成天然的门阙。进入陵区需通过一条长约 7km 的神道，神道起自一座石牌坊，前半段依次设置了大红门、碑亭、18 对石象生等，形成前导接引空间。值得一提的是针对被用作门阙的东西两峰体量的不同，采取将神道偏向西侧小峰一侧的方法，利用近大远小的视觉原理使在神道上的人感觉到东西两峰体量是对称的（图 1-10、图 1-11）。这种设计不在现场酝酿构思，是绝对不会达到如此巧妙的境界的。长陵主体建筑分为三进院落，最南为陵门，入此门便进入第一进院子，院子不大，尽头是祾恩门；穿过祾恩门便进入第二进院子，迎面为祾恩殿，该建筑为九开间的重檐庑殿顶，铺金黄色琉璃瓦，面阔超过了故宫太和殿，是我国现存最大的木构单体建筑之一；绕过祾恩殿可进到第三进院落当中，一条甬道直通到方城明楼，其前设石供案。明楼即是一方形平面的碑亭，其背后便是巨大的陵体——宝顶，该宝顶直径达 360m，是明陵中最大的。宝顶的地下便是安放棺椁的地宫。地宫为石券砌筑，向地面的院落一样也分为

图 1–10“聚远势以环形”神道

图 1–11“聚远势以环形”石牌楼

正殿和配殿，中间用甬道相连，地下殿堂的空间很大，高度和宽度均超过 9m，正殿中间有宽大的须弥座，皇帝及后妃的棺椁置于其上，气氛阴森可怖，其他陪葬品等安置在配殿之中。

作为城市、村落或者建筑，就要选择具有上佳脉象的地方。基址背后要有主山，主山应厚实，有龙脉连接少祖山、祖山；基址两侧要有左右砂山（称为左辅、右弼），砂山以外还要有护山；基地之前要有弯曲的水流或月牙形的池塘湖面；水的对面要有案山作为对景，整个基址的轴线以坐北朝南为最佳；基址地势平坦并有一定的坡度；这样的背山面水的格局是最理想的。从实用的角度理解，这样的格局具有良好的局部小气候，背山可以屏挡冬天北方的寒流，面水可以迎接夏日南来的凉风；近水方便生活、灌溉、养殖及交通；植被可以保持水土、调节气候；另外，这样相对封闭的环境也有利于安全防卫（图 1-6、图 1-12）。

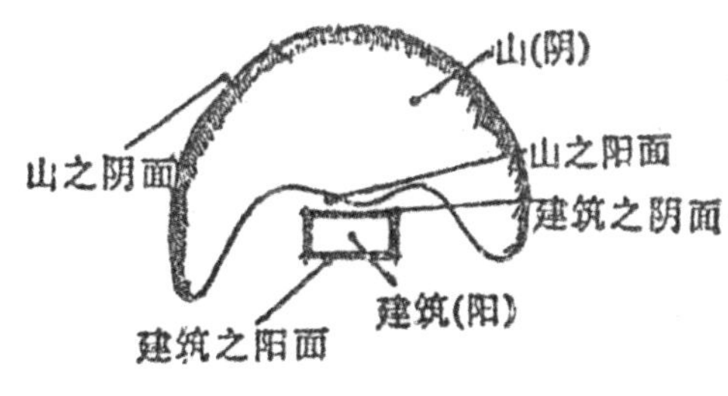

图 1–12 负阴抱阳示意图

1.2.4 中华建筑文化观念在住宅建设中的运用

住宅直接影响人的生理和心理健康。孟子云：“居可移气，养可移体，大哉居室。”意思就是说：攫取有营养的食物，可使一个人身体健康，而居所却足以改变一个人的气质。《黄帝宅经》中指出：“《子夏》云：人因宅而立，宅因人的存，人宅相扶，感通天地。”“《三元经》云：地善即苗茂，宅吉则人荣。”

《阳宅十书》说：“卜其兆宅者，卜其地之美恶也，地之美者，则神灵安，子孙昌盛，若培植其根而枝叶茂。择之不精，地之不吉，则必有水泉、蝼蚁、地风之属，以贼其内，使其形神不安，而子孙亦有死类绝灭之忧。”《管氏地理指蒙》论穴云：“欲其高而不危，欲其低而不没，欲其显而不张扬暴露，欲其静而不幽囚哑噎，欲其奇而不怪，欲其巧而不劣。”《吕氏春秋・重己》指出：“室大则多阴，台高则多阳，多阴则蹶，多阳则痿，此阴阳不适之患也”。清代吴才鼎在《阳宅撮要》指出：“凡阳宅须地基方正，间架整齐，东盈西缩，定损丁财。”

（1）形势法专注于考察住宅周边环境和宅内环境的“形”和“气”，以此判断吉凶。清代姚延銮在《阳宅集成》中强调整体功能性，主张“阳宅应须择地形，背山面水称人心，山有来龙昂秀发，水须围抱作环形，明堂宽大斯为福，水口收藏积万金。关煞二方无障碍，光明正大旺门庭”。按形法的步骤，首先要进行“辨形”，就是进行“觅龙、察砂、观水、点穴”等活动。对于地处空山旷野中的住宅，要选择“负阴抱阳”的好地形；对于市井中的住宅，则要关注毗邻的屋宇、墙垣、道路的情况，山川形法的内容在此就需要变通引申，加以应用。《阳宅会心集》里指出：“一层街衢为一层水，一层墙屋为一层砂，门前街道即是明堂，对面屋宇即为案山”，比如房屋山墙就可相应的处理成“五行穴星”等符号与环境对应。“辨形”之后还要“察气”。住宅的“气”大致分为五种：地气是宅基大小、高低、土质、地温、湿度等客观条件对人的生理和心理所起的效果；门气是住宅内外环境之间的制约和影响，涉及出入平安、防卫、邻里关系等，其“气口”十分关键；衢气是宅外道路交通等对住宅的影响；峤气是由住宅围合遮挡形式所产生的种种影响和感受；空缺之气是指住宅各个空间之间的关系。上述五气过强或过弱都为不吉，应根据具体情况，采取“迎气”“纳气”“聚气”“藏气”等对策，使得它们相互平衡，达到“内气萌生、外气成形、内外相乘、中华建筑文化自成”的效果（《管氏地理指蒙》）。

（2）理气法强调“天人感应”，具体操作方法是根据河图洛书、八卦九宫和阴阳五行的图式，把宅主的命相与天上的星官、住宅的时空构成等联系起来，分析相生相克的关系，以中华建筑文化罗盘具体做出住宅方向、房舍布局及建造顺序等，达到“吉”的目的。理法受古代占卜遗风影响很大，带有很强的主观和玄学成分，因此在实际操作中风水师的主观判断比较多，各种分支派别比较杂芜。宅主是否采纳全看其对风水师的信任程度，很有“信则有、不信则无”的意味（图 1-13、图 1-14）。

图 1−13　五行穴星图

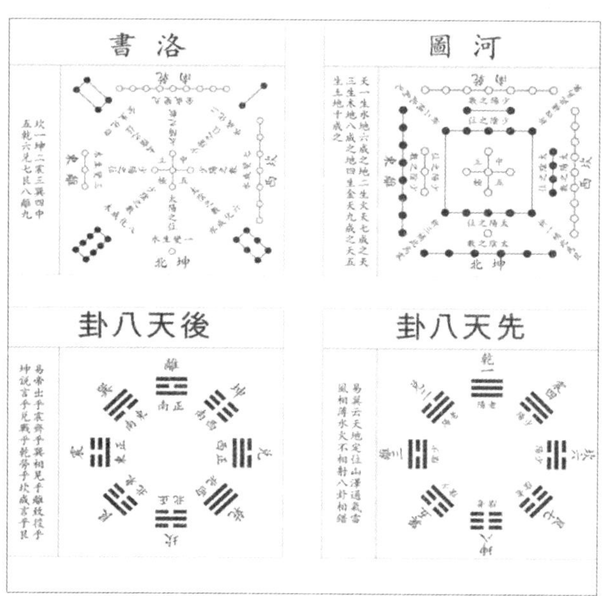

图 1−14　河图、洛书与八卦

1.3 中华建筑文化的山水文化意境情趣

大山之美，平地兀立，不连岗自高，不托势悠远，故谓伟岸而雄奇。

水之大美，石门中开，水转绕山走，山回水中行，堪称曼妙而幽静。

时光穿越千年、万年、亿万年，穿越亘古……地老天荒、沧海桑田、深型造势、水退山现，既蕴含着虚幻也蕴含着历史，一幅幅美轮美奂的山水画卷令人陶醉，给人以启迪，陶冶了人们的心扉。在中华建筑文化理论熏陶下，形成了我国崇尚自然的独特山水文化，使得中华建筑文化中的山水理念也深深地影响着我国的美学和诗画等文化创作以及造园理论。

1.3.1 山水美学

圣人孔子提出“智者乐水，仁者乐山”。那么，智者何以乐水？汉代韩婴在《韩诗外传》卷三中指出：“夫水者缘理而行，不遗小间，似有智者；动之而下，似有礼者；蹈深不疑，似有勇者；障防而清，似知命者；历险致远，卒成不毁，似有德者。天地以成，群物以生，国家以平，品物以正，此智者所以乐于水也。”

而仁者何以乐山？《尚书·大传》指出：“夫山者，岿然高耸，……草木生焉，鸟兽蕃焉，财用殖焉；生财用而无私为，四方皆伐焉，每无私予焉；出云雨以通天地之间，阴阳和合，雨露之泽，万物以成，百姓以飨：此仁者之所以乐于山也。”

可见，孔子所说的“智者乐水，仁者乐山”，是智者、仁者从形成优美环境景观中的自然山水那里，看到与“智者”“仁者”相似的性情和品性，从而生成优美的心理感受。它在先秦、秦汉时期就已经十分流行。

这种对优美自然环境的赞誉和追崇，使中华建筑文化得到了丰富和发展，中华建筑文化在中国的社会生活中产生了最为现实的影响，使得人们更加尊重自然，重视人和自然的和谐统一，从而形成了中国人独特的“天人合一”宇宙观，为世人所瞩目。

我国的先哲是很讲究“美”的。早在春秋末期，楚国大夫伍举就给美下了一个定义，《国语·楚语》

对此作了记载："夫美也者，上下、内外、大小、远近皆无害焉，故曰美。"伍举的定义，道出了美的本质特征——和谐。

先哲在实践中，处处追求美的效果。如建筑中，从住宅到宫殿，从坟冢到陵寝，都体现了美学思想。这种美学思想也被中华建筑文化所吸收并且加以发挥，中华建筑文化讲究曲线美。清代袁枚在《与韩绍真书》中写道："贵曲者，文也。天上有文曲星，无文直星。木之直者无文，木之拳曲盘纡者有文；水之静者无文，水之被风挠激者有文。"山要曲，水要曲，路要曲，桥要曲，廊要曲。曲有深刻的内涵，象征着有情、簇拥、积蓄。

中华建筑文化的相地，有地形四美之说："一美罗城周密。所谓罗城，就是穴的四周砂水。砂水有如罗列的星辰和护卫的城垣，故名罗城。立穴的位置，犹如大将军坐帐，两边排列旗鼓士卒，八面城门锁住真气。二美砂水内朝。四周的砂水环抱着穴地，顶部内倾，似有情之意，又像鞠躬的样子。三美明堂宽敞。山水环抱的地势中有一块平地，小者可建村落，大者可立都市。四美一团旺气。整个地面生机勃勃，林木茂盛，五谷丰盈。"

中华建筑文化又有十恶不善之说："一是龙犯劫煞反逆；二是龙有剑脊直硬；三是穴有凶砂恶水；四是穴有风气吹弊；五是砂有破败之象；六是砂呈反背之势；七是水流冲射反弓；八是黄泉大煞；九是方向犯冲生破旺；十是方向犯闭煞退神。"普遍认为这些地形都具有不吉祥的弊病，不宜兴建。

在中华建筑文化的著作中，对山川的美姿有着许多描述，并进行了分类，如《玄女青囊海角经》卷四论及大地时说："圣贤之地土多少石， 仙佛之地多石少土。圣贤之地清秀奇雅，仙佛之地清奇古怪。清秀者，不去土以为奇，不任石以为峭。祥如鸾凤，美若圭璋，重如鼎彝，古若图书，翰墨流香，富难敌国，清光太露，贵不当朝，道履端庄，名垂千古，慧多福少，庙食万年。清奇者，如寒梅瘦影，骨骼仅在，野鹤羸形，神光独见；横如步剑，曲若之元。尖如万火烧丹，直如九天飞锡。岩空欲堕，峰缺疑倾。一尘不染，惟存江月之思；万劫皆空，不作风尘之客。清如带福绮罗。"这一段话把清秀和清奇作了具体的描述。圣贤是入世之人，他们以清秀为美。仙佛是出世之人，他们以清奇为美。秀美之物有鸾凤、圭璋、鼎彝，奇美之物有寒梅、野鹤、骨骼。《管氏地理指蒙》卷二论及地形地势，也有美的描述："如飘云出洞，如驱鹿下山，其翩翩片叶必趣于一阵。群队千百必随于一奔。如蚓沿壤陌，如蛛丝画檐，如帛之纹，如水之痕，若起而伏，若断而连。"刘基在《堪舆漫兴》中曾论及水的美善恶，水之美者："清涟甘美味非常，此谓嘉泉龙脉长。春不盈兮秋不涸，於此最好觅佳藏。"水之恶者："冷浆之气味惟腥，有如热汤又沸腾。混浊赤红皆不吉，时师空自下罗经。"水之善者："卫身绕背福悠长，腰带鸣珂皆吉祥。更有入怀并苍板，田连阡陌富家郎。"

这些观念运用到实践中，形成了不少风景名胜。如十三陵和清陵等都很美。清代帝陵很注重对称美。每一座帝陵都有一条与地球经线平行的中轴线，南北延伸。中轴线的北端依次有隆恩殿、方城等主要建筑，一律坐北朝南。中轴线的顶端是横行的山脉，组成丁字形。中轴线的两旁都是成对的建筑，如望柱、人物，彼此对称呼应。进入陵区，犹如身置宫廷，感到庄严、肃穆。清代帝陵还注意建筑物与大自然的和谐。以横向的山脉作为天然屏障，使陵寝的背后呈现气势磅礴的背景。各条排水渠道都因其自然，在水沟边砌石、架桥。在小山包上建殿宇，独具匠心。清代帝陵能突出中心，孝陵在中央，两旁分别是景陵、裕陵等陵墓。进入陵区，先是稀散的建筑，越接近地宫，建筑越密凑，从南至北，由疏而密。清代帝陵还注意抑扬顿挫，大小相间。总是在大建筑物面前，修一些小建筑，如以石像供衬托明楼。又在横向建筑的前后修纵向建筑，如泰陵的龙门与石桥，构成一处纵横组合。这样，整个陵区错落有致，波澜起伏。

1.3.2 山水诗词

中国古代山水诗的创作极为兴盛。山水诗以它特有的表现手法，使现实中的人能超越时空的局限，去探求理想中的山水模式，探求人与山水的关系。诗中的环境理念与通常的环境理念相比，在意象层次上跨越了一大步。如果说通常的环境景观是基于现实生活的，那么诗中的环境理念则更富有理想的色彩。因此，诗中的环境理念更能体现古代中国人对理想环境这一主题的执著追求。

诗中的环境理念常常通过诗的“意境”来体现，唐代诗人王昌龄从创作的角度对意境的繁复做过描述：“诗有三境：一曰物境。欲为山水诗，则将泉、石、云、峰之境，极丽绝秀者，神之于心，处身于境，视境于心，莹然掌中，然后用思，了然境象，故得形似。二曰情境。娱乐愁怨，皆将于意而处于身，然后驰思，深得其情。三曰意境。亦将之于意而思之于心，则得其真也。”从而指出了诗歌的创作由醒目的“物境”到触景生情的“情景”，再到由情悟意的“意境”。这种对“意境”创作繁复是中国山水诗歌常用的递进手法，也是中国山水诗歌审美感受的奥妙所在。这种从视境到悟境递进的心理过程，是以物境为基础，通过情景神韵的感化，产生意境的升华，这也正是风水理念的重要展现。王渔洋在《带经堂诗话》中称：“汾阳孔文空云：诗以达性。然须清远为尚，……言‘白云抱幽石，绿筱媚清涟’，清也；‘表灵物莫赏，蕴真谁为传’，远也；‘何必丝与竹，山水有清音’‘景昃鸣禽集，水木堪湛华’，清远兼之也。总其妙在‘神韵’矣。”其中的“诗以达性”便是诗人品味神韵之情趣的体现。这与王夫之在《聊斋诗话笺注》（《堂永日绪论》内论（三））所讲的诗贵在“取势”的思想有异曲同工之处。“势者，意中之神理也。唯谢康乐为能取无剩语，夭矫连蜷，烟云缭绕，乃真龙，非画龙也。”这里便指出了诗贵在“取势”。

古代山水诗歌中的环境观关于“意境”的内容则与庄子哲学，道家思想的返璞归真、回归自然及禅宗的崇尚山林的思想有关，如陶渊明、谢灵运、李白等人都是庄子思想的崇尚者，韦应物、白居易、刘禹锡、王维等则是禅宗的信奉者。《六祖大师缘起外纪》中所载六祖慧能赏山水的情形，就反映了禅宗的一种环境观：“游境内，山水胜处，辄憩止”“随流至源口，四顾山水回环，峰峦奇秀，叹曰：宛如西天宝林山也”。这种意象的山水结构与中华建筑文化的山水结构同出一辙。

古代山水诗中的“意境”特点和思想所追求的环境观充分展现着崇尚山水的风水理念。东晋陶渊明身居名山，耕读田园，生活悠然自得，与美好的山川环境结下了不解之缘。其诗作既有着对人间美好环境的描述，也体现出超然洒脱的艺术风格，对中国古代山水诗的发展有突出的贡献。《饮酒》诗曰：“结庐在人境，而无车马喧。问君何能尔？心远地自偏。采菊东篱下，悠然见南山。山气日夕佳，飞鸟相与还。此中有真意，欲辨已忘言。”其诗中既描绘了一种客观的“物境”，如“结庐”“采菊”“山气”“日夕”“飞鸟”等，又把人带入一种畅想的“意境”，如“心远地自偏”“悠然见南山”。这里既体现了心灵与自然的融合，也实现了主观精神的超然和洒脱，表现出一种“逍遥游”的“心境”。当然，这种“心境”的出现不是偶然的，而是建立在客观环境的基础上，是现实生活的客观环境与理想环境风水观的有机结合。《归田园居》云：“方宅十余亩，草屋八九间。榆柳荫后檐，桃李罗堂前。暧暧远人村，依依墟里烟。狗吠深巷中，鸡鸣桑树颠。”其意境再次得到验证。诗文是从“方宅”“草屋”“榆树”“桃李”等为基础的居住环境出发，诗中除“远离人村”的逍遥意境外，其客观的居住环境与《后汉书·仲长统传》中通常的居住环境所要求的“使居有良田广宅，背山临流，……竹木周布，场辅筑前，果园树后”也完全相同。所以中国古代山水诗歌中的环境观既反映现实的环境特点（物境），又反映了中华建筑文化理想中的意境。谢灵运《庐山遥寄卢侍御虚舟》云：“庐山秀出南斗傍，屏风九叠云锦张。影设明湖青黛光，金阙前开二峰长。遥见仙人彩云里，手把芙蓉朝玉京”。常建《题破山寺后禅院》称：“清晨入古寺，初日照夜林。曲径通幽处，禅房花木深。山光悦鸟性，潭影空人心”。郭璞《客傲》曰：“绿萝结高林，蒙笼盖一山。中有冥寂士，静啸抚清弦。放情林泽外，嚼蕊挹飞泉”。这三首诗所描绘的“屏风九叠”“金阙前开”“蒙笼盖一山”“竹径通幽处”的景观，均是立足于现实的环境观的，“屏风九叠”等说法则是借用中华建筑文化中的常用词汇来表现山岭之势。可以说，古代山水诗歌是中国传统文化的一面镜子。尽管古代山水诗歌中的环境是在现实生活环境的基础上注入了不少理性的成分，但透过诗歌的意境和理性成分，终能发现，诗歌中的环境观的原型仍是基于现实生活的，从中可以窥见中华建筑文化所追求的景观空间结构，所表达的环境观更加贴近实际，也更加直观。

从古代山水诗词中可以窥见中华建筑文化景观理念中的选择吉地的四条基本原则：一是依山，二是傍水，三是依山傍水，四是山青水绕。古人在诗文中都有极为引人入胜的抒发。

（1）依山

山体是支撑阳宅和聚落的骨架，也是人们生活资源的自然宝库。传统的村庄聚落总是傍山而建。唐代诗人项思诗云：“山当日午回峰影，草带泥痕过鹿群。”李白诗曰：“山从人面起，云傍马头生。”在众多的诗句中，东晋文学家陶渊明的“采菊东篱下，悠然见南山”最脍炙人口。诵其诗，不由得使人想起一幅美好的村居图画，又像是身临其境，享受到农夫那种田园生活的乐趣。

（2）傍水

水是万物生机勃勃之源。没有水，人就不能生存。近水而居是人类生活经验的总结，也是一种民俗。唐代诗人孟浩然诗云：“气蒸云梦泽，波撼岳阳城。”将岳阳城置于辽阔的云梦泽和洞庭湖之中，以大衬小，写出了水与城的关系。唐代宋之问亦诗云：“楼观沧海日，门对浙江潮。”写出了磅礴的气势和极佳的地形，行文工整，景色壮观，令人遐想。宋代诗人晏殊诗云：“梨花院落溶溶月，柳絮池塘淡淡风。”这是多么优雅的庭院，梨花开放，月光如泻，柳絮摇曳，池波荡漾。生活在这样的宅舍，实在是一种享受。

（3）依山傍水

仁者乐山，智者乐水。中华建筑文化既乐山又乐水。小到住宅，大到聚落都市，都选择依山傍水而建，诗人们都有精彩的感怀。对大环境的描写，宋代陆游诗云：“三万里河东入海，五千仞岳上摩天。”这是将北方的黄河和华山概括为人们的住宅背景，对祖国雄伟壮丽山河的颂扬；对中环境的描写，唐代杜审言诗云：“楚山横地出，汉水接天回。”这是对湖北襄樊形胜的赞颂，描写了马鞍山突兀拔地而起、耸入长空和汉水萦绕迂曲奔流到遥远天边的动人景象；对小环境的描写，唐代杜甫诗云：“窗含西岭千秋雪，门泊东吴万里船。”描写了草堂外场景，远处是雪，近处是船，雪是千秋雪，船是万里船，体现了大小远近的变化关系。

这种对不同范围环境的赞喻，正是对中华建筑文化明堂的生动写照。

（4）山青水绕

中华建筑文化对环境的要求：山要青，要有葱翠的林木；水要绕，要环抱在宅居的四周。唐代诗人李白诗云：“青山横北郭，白水绕东城。”苍绿的山横卧在外城之北，清澈的水蜿蜒在古城之东。山水有情，令人依恋，描写了安徽宣城一带秀丽景观。柳宗元诗云：“岭树重遮千里目，江流曲似九回肠。”抒发了对层层山岭重重树，环绕之水如回肠的无比感叹！宋代王安石诗云：“一水护田将绿绕，两山排闼送青来。”描写了江南农村景色，一条溪流环绕田畴，两座青山推门而入，寄情于物，表达了对生气勃勃山村环境的赞美。

上述著名诗文都是对中华建筑文化择地的基本原则的褒扬，美好的景观正是人们所向往和追求的环境。

1.3.3 山水国画

中国古代山水画与山水诗一样，在表现“物境”（形）的同时，着意于“意境”（神）的表现。南朝山水画家宗炳，一生好游名山大川，他撰写的《画山水序》，强调山水画创作是画家借助自然形象抒写“意境”的一个过程。宋代山水画大师、山水理论家郭熙，以画家特有的敏感和细微的观察，总结出一套观赏山岳景观的方法。他在《山水训》中写道：“山近看如此，远数里看又如此，远数十里看又如此；每远每异，所谓山形步步移也。……山春夏看如此，秋冬看如此，所谓四时之景不同也。”他又在《林泉高致》中对山的四季不同感受作了解释：“春山澹冶而如笑，夏山苍翠而如滴，秋山明净而如妆，冬山惨淡而如睡。”指出画山水时应把握这种来自大自然的感受，当画家把人放入大自然中时，强调人与环境相感应。郭熙进一步解释说：“春山烟云连绵，人欣欣；夏山嘉木繁阴，人坦坦；秋山明净摇落，人肃肃；冬山昏霾翳塞，人寂寂。”可见，不同的时节，山水画中的环境特点是有差异的。但从根本上来说，山水画强调画中人与景的协调，追求一种正如《世说新语》记顾长康（恺之）言的山川环境中所称赞的：“千岩竞秀，万壑争流，草木蒙笼其上，若云兴霞蔚。”

中华建筑文化中讲究山势高大、来脉悠远、层峦叠嶂、山水回环有情等。这些都颇受古代文人墨客的重视，如明代书画家董其昌在《画禅室随笔》中就曾用中华建筑文化的理念来比论文章的创作之理：“青鸟专重脱卸，所谓急脉缓受，缓脉急受，文章亦然，势缓处须急做，不令扯长冷淡；势急处须缓做，务令纡徐曲折。”又称：“吾常谓成弘大家与王唐诸公辈，假令今日而在，必不随时受变者。其奇取之于机，其取于礼，其致取之于情，其实取之于……”这充分说明作为书画家的董其昌对中华建筑文化的理念了解至为透彻。

古人认为，好的山水应该有好的理想环境，同样，好的理想环境也必然会有好的山水，即“地美则山美”。因此，古代山水画的构图常以中华建筑文化中的龙势、生气等为神韵，如山脉的急缓、山水的迂直，村落、民居的位置，以及云蒸霞蔚的山林气氛等，均参照中华建筑文化理念来处理。北宋郭熙在画论名著《林泉高致》中便指出：“真山水之川谷，远望之以取其势，近看之以取其质。”“山，大物也。其形欲耸拔，……欲箕踞，欲磅礴，欲浑厚，欲雄豪，……欲顾盼，欲朝揖，欲上有盖，欲下有乘，欲前有据，欲后有倚。”“大山堂堂，为众山之主，所以分布以次冈村壑，为远近大小之宗主也。”“山水先理会大山，名为主峰。……以其一境之主于此，故曰主峰，如君臣上下也。”“盖画山，交者、下者、大者、小者，盎碎向背，颠顶朝揖，其体浑然相应，则山之美意足矣。”“山以水为血脉，以草木为毛发，以烟云为神彩，故山得水而活，得草木而华，得烟云而秀媚。”郭熙还在论画山水的技法时，就以风水理念所特有的措辞和原理展开论述。中华建筑文化理念中所谓的主山耸拔、浑厚，群山朝拱如作揖，山得水而活等观点，都在郭熙的“画山水诀”中得以体现。唐宋时期是中华建筑文化的兴盛时期，在这时期出现了很多有关中华建筑文化理论的经典著作。

也就在同一时期，中华建筑文化理念对许多相关领域也产生了深刻的影响。为此，当时的山水画论受到中华建筑文化理念的影响也是十分必然的。《黄帝宅经》称：“宅以形势为身体，以泉水为血脉，以大地为皮肉，以草木为毛发，以舍屋为衣服，以门户为冠带，若得如斯，是事俨雅。”《管氏地理指蒙》云：“山者龙之骨肉，水者龙之气血，气血调宁而荣卫敷畅，骨肉强壮而精神发越。”《青囊海角经》曰：“夫石为山之骨，土为山之肉，水为山之血脉，草木为山之皮毛，皆血脉之贯通也。”显然，《林泉高致》中所谓“山以水为血脉，以草木为毛发……”的思想就直接来源于唐代的中华建筑文化名著的《黄帝宅经》《管氏地理指蒙》等。因而郭熙才会把画中山脉的气势神韵刻画得如此惟妙惟肖。清初名画家笪重光在《画鉴》一书中就告诫山水画家着笔之先应谙中华建筑文化理念：“作山先求入路，出水预定来源。择水通桥，取境设路，分五行而辨体，峰势同形，谙于地理，象庶类以殊荣，景色一致，昧其物情。……云里帝城，山龙盘而虎踞；雨中春树，层鳞次而鸣冥。仙宫梵刹，协其龙砂；树舍茅堂，宜其风水。”在谈到山势的处理时，笪重光依然强调要借助中华建筑文化理念：“夫山川气象，以浑为宗。村峦交割，以清为法。形势崇卑，权衡小大……众山拱伏，主山始尊；群峰盘互，祖峰乃厚。……一收复一放，山渐开而势转；一张又一伏，山欲动而势张……山从断处而云气出，山到交时而水口出。”显然，作者作为一名画论专家深谙中华建筑文化理念，把画中的神韵通过中华建筑文化的构图表现出来，可见中华建筑文化对中国古代山水画的影响之深。继笪重光的《画筌》之后，画家王原祁（号麓台）在画论巨著《雨窗漫笔》中，对画山水画的章法也用中华建筑文化理念加以表述：“画中龙脉开合起伏，古法未备，未经标出，石岩（按：指清代画圣王翚）阐明，后学知所矜式。然愚意以为不参体用二字，学者终无入手处。龙脉为画中气势，源头有斜有正，有浑有碎，有断有续，有隐有现，谓主体也。开合从高至下，宾主历然，有时结聚，有时澹荡，峰回路转，云合水分，俱从此出。起伏由近及远，向背分明，有时高耸，有时平修，欹侧照应，山头山腹山足，铢两悉称者，谓之用也。若知有龙脉而不辨开合起伏，必至拘索失势；知有开合起伏而不本龙脉，是谓顾子失母。故强扭龙脉则生病，开合逼塞浅露则生病，起伏呆重漏缺则生病。且通幅中有开合，分股中亦有开合；通幅有起伏，分股中亦有起伏。尤妙在过接映带间，制其有余，补其不足，使龙之斜正浑碎，隐现断续，活泼泼地于其中，方为真画。”《雨窗漫笔》关于山水画“龙脉开合起伏”的画法深受后人称赞，如《中国画学全史》的评价是：“论龙脉开合起伏，启发微妙，尤足玩味。”并进一步评价道：“（龙脉）开合起伏，为画之气势神韵所出，即画之生死关键，非常重要。”《中国画论类编》中也说：“原祁以后之论画者多受其影响。”这种影响可从王原祁弟子唐岱《绘事发微》中得到印证。《中国画学全史》中还评论道：唐著“较之笪重光之《画筌》尤为详尽透彻。盖其论邱壑也，能得麓台（王原祁）龙脉开合起伏之秘；及所以能使龙脉开合起伏之势有关系者，如泉石屋木等，点缀之方法，亦颇详尽”。这充分表明，中华建筑文化理念与中国古代山水画的创作有着极其密切的关系。

中国古代山水画不仅在绘画理论上受到中华建筑文化理念的影响，而且在山水环境景观上也深受中华建筑文化思想的影响。虽然山水画的主观意图是达到某种“意境”，但它的客观效果却表达了人们对中华建筑文化理念的理想环境的追求。山水画不仅追求山脉的龙势神韵，而且追求环境结构上的靠山、朝山、护卫之山的完整，追求山林拥翠、溪水长流、曲径通幽的优雅情趣。仔细品味中国古代山水画，不难发现，其构图特点通常是：高山流水、烟村人家。由此可见，中国古代山水画与中华建筑文化理念有着极为密切的关系。它所表现出来的“意境”既有着现实的基础，又充满浪漫的情调。

1.3.4 山水园林

中华建筑文化思想体现了一种环境美学，而将这种美学升华的是山水园林。

中国的山水园林也经历了由生产型向娱乐型发展的过程，经过提炼自然、升华自然、山水为本逐渐成为文人艺术作品的主导思想。文人不但写景，而且在对景的描述中，融进了人的情怀，表达方式便越来越趋向于抽象概括、委婉含蓄。这些文学作品为山水园林的兴起发出了先声，为山水园林的发展奠定了基础。

中国山水园林便以其虽由人作，宛自天开、巧于因借、精于体宜、寄情于景、托物言志等独特的造园手法，以及在宏观层次上强调总体设计和对环境气氛的统一把握，在微观层次上它又注重细节的经营，强调以一景一物发人深省，引发情感等匠心独运的技艺，使得无论水池潭沼、山石草木、建筑小品、诗画楹联，都成为园林艺术的构成要素，从而获得巧夺天工、诗情画意的造园艺术。此外，山水园林中还有两个颇为耐人寻味的特点。

（1）书画楹联

自文人山水园林产生之初，诗画与园林就结成了密不可分的有机整体，这使得传统园林本身就是绝妙的形象诗文、立体书画。造园名家计成、文学家曹雪芹都曾以“天然图画”来比喻园林，这是因为山水园林追求的意境与诗情画意完全吻合。现代教育家叶圣陶一语说中关键，“（山水园林的）设计者和匠师们的一致追求是：务必使游览者无论站在哪个点上，眼前总是一幅完美的图画”。

在山水园林当中，善以书画楹联等来点明景致的主题，用书画为园景画龙点睛，使书画的意趣与园林空间气氛相得益彰。置身于传统园林当中，书画楹联随处可见，俯拾皆是，佳作不胜枚举。“秋月春风常得句，山容水态自成图”，点明了书画与园林完美的结合关系。“网师”是渔翁的意思，取此名有表明园主隐逸清高之意，好似“孤舟蓑笠翁，独钓寒江雪”，与世无争。

（2）禅学思想

禅，是一个非常具有东方智慧的词，很难用确切的语言表示其全部含义。其大概的涵义就是用心灵感悟到玄机和意境。禅，不是简单的大道理，而是一种境界。禅的概念来自于佛教禅宗，但是禅的意境又不局限于佛教。对于禅的实质，禅宗祖师伽叶行者“拈花微笑”的故事让人觉得玄机重重，深不可测，而六祖惠能的“本来无一物，何处惹尘埃？”又显得过于超脱，令寻常人抓不住要领。

那么“禅”到底是什么？人们又如何通过建筑实体和空间来塑造“禅”，领悟“禅”？

佛教在两汉之际传入中原之后，最初是和世间方术混杂在一起的。魏晋时期，佛教得到了很大的发展。南北朝时期无论北方各外族政权，还是南方偏安的汉族政权，都对佛教大力扶持。唐代禅宗开始兴盛，许多僧人道士都和当时的文人有很密切的交往，他们常常结伴游迹于名山大川之中，参禅谈玄，吟诗作赋，相互影响很深。

寺观园林在造园思想上注重把宗教教义纳入景致当中，其总体构思是模拟经书中勾画的宗教世界的格局，把园林中的一山一石、一草一木都赋予深刻的典故，与佛教事迹相联系，使人充分领会宗教的内涵，将教义潜移默化地融入人们的头脑。

这里强调营造幽静的气氛以利于修行，强调与自然界的融合以利于感悟，如北魏洛阳景明寺，据《洛阳伽兰记》描述，“青林垂影，绿水为文。……房檐之外，皆是山池，……萑蒲菱藕，水物生焉。或黄甲紫鳞，出没于繁藻，或青凫白雁，浮沈于绿水。”山水交映，鸟语花香，景致极佳；而景林寺中的园林则显得格外清静幽深，“多饶奇果。春鸟秋蝉，鸣声相续。……禅阁虚静，隐室凝邃，嘉树夹牖，芳杜匝阶，虽云朝市，想同岩谷。”这里的园林专为打坐参禅而设计出相应的环境气氛，使人如在深谷幽林中一般。

通过中国文人山水园林，可以领略不同禅机的意境，也可以触摸到禅的实质。说到底，禅这种处世的态度，对抚慰人们的心灵是非常有效的，人们通过禅想和坐禅，可以领悟到心灵宁静所带来的大智慧，可以把尘世的烦恼化解于内心的博大之中。

1.3.5 山林隐居

历史上，山林居士是中国古代一个特殊的文化阶层。士大夫们隐居山林的原因较多，或因党争纷乱、官场失意而隐遁山林；或因外族入侵、社会动乱而逃离现实；或受禅宗、道家思想的影响而纵情山水。《后汉书·逸民列传序》中有着一段具体的论述：“或隐居以求其志，或回避以全其道，或静己以镇其躁，或去危以图其安，或垢俗以动其概，或疵物以激其清。”《宋书·隐逸传序》中则说：“……身隐故称隐者，道隐故曰贤人。”总之都带着隐逸出世的思想倾向。隐逸文化的最终目的是保证士大夫的社会理想、人格价值、生活内容、审美情趣等的相对独立。由于士大夫隐居山林的特殊心态，所以其隐居地的环境要求幽旷、宁静、高远。其环境要素的构成依然离不开青山、碧水、茂林。晋代张华在《赠挚仲洽》诗中写道：“君子有逸志，栖迟于一丘。仰荫高林茂，俯临绿水流。恬淡养玄虚，沉精研圣猷。”隐士们追求在一种怡然自得的山水环境中修身养性（图 1-15）。

隐士们为何选择好的山水环境作为居所，郭熙在《林泉高致》中的阐述称：“君子所以爱夫山水者，其有安在？丘园素养，所常处也；泉石啸傲，所常乐也；渔樵隐逸，所常适也；猿鹤长鸣，所常亲也。”

图 1-15 诗意地栖居

这种阐释反映了人与自然的亲切娱悦关系，这种关系还能反照出人生与世间的种种纷争喧嚣，从而使隐居者获得心灵的解脱和净化。促使山林居士达到隐逸出世目的的居住环境特点，可从有关山居诗中得到论证。《周书·萧大圜传》云：“……面修原而带流水，倚郊甸而枕平皋。筑蜗舍于丛林，构环堵于幽薄。”《山居诗二十四首》之二十一，《全唐诗》卷八百三十七曰：“蒙庄环外知音少，阮籍途穷旨趣低。应有世人来觅我，水重山叠几层迷。”《群官寻杨隐居诗序》《杨炯集》卷三称：“……诛茅作室，挂席作门。石隐磷而环阶，水潺缓而迎砌。……得林野之奇趣。”《年谱》《周子全书》卷二十谓：“（周敦颐）道出江州，爱庐山之胜，有卜居之志，因筑书堂于其麓。堂前有溪，发源莲花峰下，结清绀寒，下合与湓江，先生濯缨而乐之，遂寓名以濂溪。”《宣和画谱·范宽条》云：“余其旧习，卜居于终南太华岩隈林麓之间……”《怀土赋》《陆机集》卷二载：“遵黄川以葺宇，被苍林而卜居。”

刘沛林先生所著的《风水——中国人的环境观》一书从引用的山居诗文中，总结出山居环境的明显特征，可概括为：

（1）古代山居地点多通过“卜居”而确定，以求得到吉利的居住场所。山间居室本为阳宅的一种，中国古代阳宅从城市到村落以至民居，都盛行“卜居”“卜筑”等，所以山居也不例外。

（2）古代山居以自然山水为背景，构舍于其中，常常是傍青山而带清流，以“得林野之奇趣”，并与大自然相亲悦。

（3）古代山居常选择在幽曲奥深之地，以免除世人打扰，只有在穿过“水重山叠几层迷”之后才能被人发觉。从隐逸的心态来看，幽深之地离世间高远而与天地相近，能达到一种类似于孙绰《答许询》《先秦汉魏晋南北朝诗·晋诗》卷十三所称：“散以玄风，涤以清川，或步崇基，或恬蒙园，道足匈怀，神栖浩然”的境界。

东晋山水居士陶渊明的名作《桃花源记》所描绘的理想隐居环境，对后世的山水诗画创作及山水居士的环境选择产生了深刻的影响。现今湖南省桃源县的风景名胜桃花源，依山面水，地势环抱，幽深秀雅，相传为当年诱发陶渊明写《桃花源记》的地方。唐代始建寺庙，宋更盛，后屡毁屡建。清光绪年间重修，沿山布置亭阁，按陶渊明诗文设景命名，山坡、溪边遍是桃树。这一地点虽是后人所选，但它是据陶渊明文中的环境特点而确定，因此它在一定程度上展示了陶渊明当年所追求的理想隐居环境的特点。桃花源的空间结构与中华建筑文化所追求的后有靠山、左右龙虎护卫、前方开敞的空间结构极为吻合。这种空间结构的功能，除了能达到与世隔绝的目的之外，本身还有一种“安乐窝”的性质。《周书·萧大圜传》载梁简文帝之子萧大圜曾“筑蜗居与丛林”。《宋史·邵雍传》邵雍居洛阳，为富弼、司马光等人雅敬，“恒相从游，为市园宅，……（邵雍）名其居曰安乐窝，因自号安乐先生”。《衡阳左氏家集》内编卷八“燕窝山先宅记”记有其左氏先祖隐居地的情况：“……沿冈而此，蒸水宫之如带。沿冈而南，林木掩映如画，清初余祖子申公迁冈下，而筑庐于其南，小阜环之，形如长构，曰此真燕窝矣，故名燕窝山，庐前小溪屈曲。……山川秀发，哲人所都。”显然，这些隐居地的形局都很讲究，其共同之点都是追求幽闲、宁静、安乐的理想环境。

总之，古代山林居士的隐居环境除了在意象层次上比普通民居有更高追求外，多数隐居地在空间结构上与中华建筑文化的环境格局基本相同。

（4）当今，人们处于和平盛世，虽然无古代山林居士寻求隐居之需，但缺乏生态保护和环境保护意识的过度工业化、现代化发展所造成的环境污染以及居住环境质量下降所造成的危机感，使得长期处在钢筋混凝土高楼丛林包围之中，饱受热浪煎熬、吸满尘土的城市人纷纷追崇回归自然，寻找返璞归真、净化心灵、陶冶情操的幽闲地。为此，古代山林居士隐居地的理想空间环境便可引为借鉴。在此启发下，通过长期的研究实践，笔者从生态景观学上认识到广大农村的基底是广阔的绿色原野，村庄即是其中的斑块，形成了“万绿丛中一点红”的生态环境；而城市公园即仅是“万楼丛中一点绿”。提出了以村庄作为核心要素创建集山、水、田、人、文、宅文化为一体的乡村公园的新农村建设理念，并在规划设计和建设中加以实践。通过集约化经营，进行产业景观化和景观产业化颇富创意性文化的规划构思，建设各具特色的乡村休闲度假观光产业，可以使得淳朴的乡土气息、古朴的民情风俗、明媚的青翠山色、清澈的山泉溪流和秀丽的田园风光形成诱人的绿色产业，为现代城市人提供服务，促进城乡统筹发展。

2 世界园林景观探异

2.1 园林景观的相关概念

（1）园林

中国古籍中根据性质的不同称为园、囿、苑、园亭、庭园、园池、山池、池馆、别业、山庄等，英美各国则称之为 Garden、Park、Landscape Garden 等。它们的性质、规模虽不完全一样，但都具有一个共同的特点，即在一定地段范围内，利用并改造天然山水地貌或者人为开辟山水地貌，结合植物栽植和建筑布置，从而构成一个供人观赏、游憩、居住的环境。创造这样一个环境的全过程（包括设计和施工）一般称之为造园，研究如何去创造这样一个环境的科学就是“造园学”。

（2）绿化

是泛指除天然植被以外，为改善环境而进行树木花草的栽植。就广义而言，绿化也可以归入园林景观的范畴。

（3）风景名胜区

是指以名胜著称或以人文景观之胜而兼有自然景观之美的地区。这类地区在建筑经营和植物配置方面占有一定的比重，具有园林的性质，可纳入园林的范畴。

（4）景观

景观是人以视觉为主所体验到的环境文化信息，附带有美的特征。它记载着一个地方的自然和社会的历史，是自然及人类社会发展过程在土地上的烙印，是人与自然、人与人的关系以及人类理想与追求在大地上的投影，具有非常广泛而深刻的内涵。

（5）景观建筑学

景观建筑学（Landscape Architecture）也被译为造园学和园林学，其内容极为广泛，除通常所谓的造园、园林、绿化之外，尚包含更大范围的区域性甚至国土性的景观、生态、土地利用的规划经营，是一门综合性的环境学科。本书讨论的范畴仍以前者为主，其中心内容是运用植物、建筑、水体、山石等物质要素，以一定的科学技术和艺术规律为指导对各种用地进行规划设计，充分发挥其综合功能，创建优美、卫生、舒适的生产生活三维空间环境。它是一门综合性环境学科，其核心是对景观的规划与设计。

（6）风景园林学

2011 年 3 月 8 日国务院学位委员会、教育部公布《学位授予和人才培养学科目录（2011 年）》，将风景园林学新增为国家一级学科。它是人居环境科学的三大支柱之一，是一门综合利用科学和艺术手段营造人类爱好的室外生活境域的一个行业和一门学科。是以“生物、生态学科”为主，并与其他非生物学科（例如土木、建筑、城市规划）、哲学、历史和文学艺术等学科相综合的综合学科。

2.2 世界园林景观的发展历程

人类所创造的环境景观可分为两类：一种是生活使用功能方面的，是物质需求的产物，我们称之为“作用在土地上的印记”，如梯田、水渠、果林等；另一种是精神需求的产物，即具有艺术性的园林环境，具有观赏价值、精神功能。园林景观兼具自然和人工属性，人和自然关系的演变对它产生了巨大的影响。在人类文明的发展过程中，人对自然的态度可划分成四个阶段，而园林在这不同阶段也表现出迥异的形态和特色：

2.2.1 人对自然的依赖——园林的萌芽

大致相当于人类社会的原始社会时期，这一时期人类从自然界中分离出来，几乎完全被动地依赖自然，因而对自然充满恐惧、敬畏心理，自然界的事物常常被当做神灵加以崇拜。这时期的人是作为自然生态良性循环的一部分。此时园林尚未出现，直到原始社会后期，产生了原始农业，人类聚落附近出现了农田、牧场，房子前后出现了果园、菜圃，这些以农业生产为目的的场地可以说是萌芽状态的园林（图 2-1）。

2.2.2 人与自然的亲和——古典园林的繁荣与演化

大致相当于人类社会的奴隶社会和封建社会时期，这时随着人类农业生产的发展，人们利用和改造自然获得更多的生产果实，逐渐认识自然和适应自然。这时，人类活动对自然有一定程度的破坏，但限于生产力水平，人们对自然生态的影响是微小的，人和自然是属于亲和关系。园林在这漫长的岁月中逐步发展起来，不同的政治宗教文化经济条件和不同

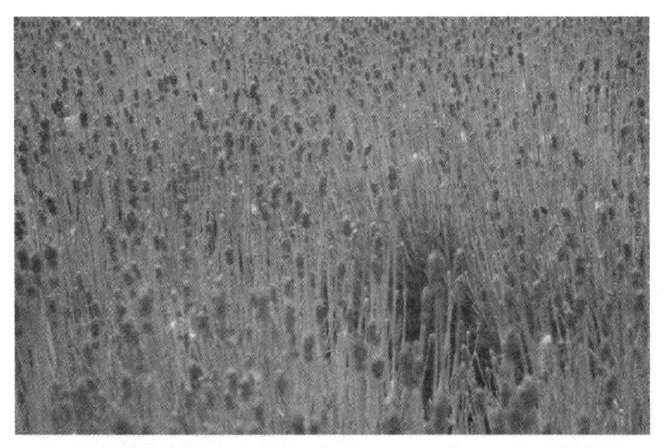

图 2-1 农业生产场地的景观（园林的雏形）

的自然地理条件，形成不同风格和形式的园林体系，如东亚的中国古典园林（图 2-2）和日本园林（图 2-3）；欧洲的意大利台地园（图 2-4）、法国规则式园林（图 2-5）、英国自然风景园（图 2-6）；西亚的伊斯兰园林（图 2-7）等。

图 2–2　苏州拙政园

图 2–3　日本京都金阁寺庭院

图 2–4　意大利埃斯特庄园

图 2–5　法国凡尔赛宫

图 2-6　英国斯托海德公园

图 2-7　西班牙阿尔罕伯拉宫内部庭院

2.2.3 人与自然的对立——现代园林时代的开端

从 18 世纪起源于英国的产业革命到第二次世界大战，这 200 余年的时间是人类社会生产力空前发展的阶段，由于没有意识到环境保护的重要性，人类无休止地掠夺自然资源，疯狂地征服自然，造成环境的极大破坏，打破了自然生态平衡，生态系统进入恶性循环。人类过度开发自然之后也遭到自然的无情报复，聚居环境的恶化直接威胁到人类的生存，人与自然处于对立关系。有识之士认识到盲目的土地开发和掠夺自然资源所造成的严重后果，提出保护自然资源、发展城市园林的思想，如 19 世纪后半叶，美国的奥姆斯特德（Frederick Law Olmsted）倡导城市公园运动、城市美化运动（图 2-8）；英国学者霍华德（Ebenezer Howard）提出田园城市（图 2-9）的设想。公共园林的兴起也表明现代园林时代的开始。

图 2-8　美国纽约中央公园实景

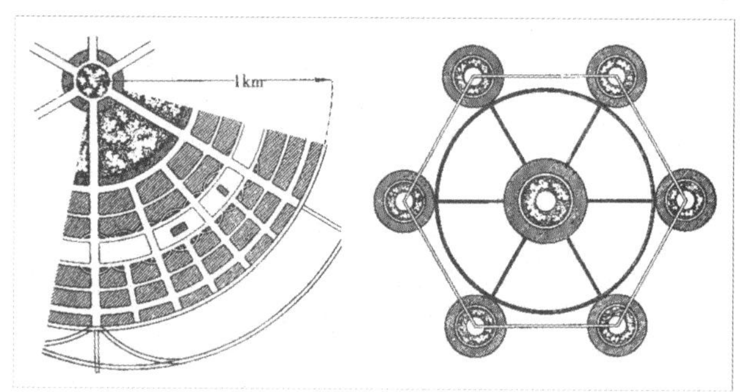

图 2-9　霍华德提出的田园城市图解

2.2.4 人对自然的亲近与回归——现代园林的进一步发展

二战以后，发达国家的经济有了腾飞，自然资源的有限性和生态平衡的重要性为人们广泛认识，亲近自然、回归自然成为必然趋势，可持续发展成为全球关注的问题，人们认识到应与自然和谐共处。生态科学理论的确立和技术的进步大大拓展了园林景观学的领域，它向着宏观的自然环境和人类所创造的各种人文环境全面延伸，同时也广泛地渗透到人们生活的各个领域。

2.3 世界园林景观的各异特点

园林是人类文化遗产的一个重要组成部分，世界上曾经有过发达文化的民族和地区，必然有其独特的造园风格，世界范围内的几个主要的文化体系也必然产生相应的园林体系。它们之中，有的已经成为历史上的陈迹，有的至今仍然焕发着生命力。

世界园林受三大宗教的影响，分成东亚、西亚、欧洲三大体系。由于西亚和欧洲地理位置接近，历史发展过程中战争与贸易交往频繁，因而造园形式上相互影响较大。另外，西亚和欧洲园林以规则式为主，而东亚园林以自然式为主，因此通常把世界园林分为东西方两大阵营。

东亚造园体系以中国为核心和代表，属于以中国汉文化为主干的东亚汉文化体系。历史上以黄河流域及长江流域为发源地的中国文化，向东扩展，形成了具有相对独立的东亚中国文化圈，其中以中、日、朝三国的关系最为稳定密切。东亚造园的特征是以中国园林为渊源，以自然式风景园为基本形式和风格，具有统一的造园原则以及一致的审美情趣。当然，不同民族在造园艺术的体现上也有其独特的气质与风格。

西方园林的起源可以上溯到古埃及和古希腊，其中，古埃及是世界上最早布置园林的国家，而古希腊的园林则成为西方园林的发祥地。此外，古巴比伦、古罗马地区，都出现了不同风格的园林。在经历了中世纪的停滞以后，于“文艺复兴”时期开始，西方园林出现了意大利的台地园、法国的规整式园林、英国的自然风景式园林等多种园林设计风格，推动西方园林达到了一个新的高度。

下面就简单介绍一下东西方古典园林的发展历史及各自的特点。

2.3.1 东方园林

（1）中国山水园林

在崇尚“天人合一”有机哲学观的中华建筑文化影响下，中国山水园林具有悠久的历史和独特的民族风格，享有“世界园林之母”的美称，在国际上享有崇高的地位。中华建筑文化的“天道人伦”基本观念和在大环境选择方面趋利避凶的理念，对中国山水园林的形成和发展都起着极其重要的作用。中华建筑文化理念体现了一种环境美学，而这种美学升华而成的正是山水园林。

1）中国山水园林的演化和历史分期

a. 演化

中国早期的园林也经历了由生产型向娱乐型的发展过程，西晋大富豪石崇曾经附庸风雅地攒集了《金谷诗集》，建过金谷园，但这座园林不是真正的山水园林，而是以猎奇著称的庄园。使中国园林真正发生质变的是东晋时期那些政坛失意、寄隐山林的士人。当时中国北方被外族政权掌控，大量文人士族随着东晋朝廷溃败到江南。国家的衰落，使这些士人的政治抱负没有施展的舞台，他们不得不退隐于山林，寻找精神的寄托。既然不能“达则兼济天下”，就只能“穷则独善其身”。大自然的秀丽景色陶冶了文人的情怀，使他们的心性有了抒发的渠道。产生了一大批讴歌自然的山水诗、山水画和山水散文。陶渊明作为这一时期最重要的文学代表人物，其山水美学思想影响深远，得到了李白、杜甫、白居易、苏轼、陆游等唐宋文学大家的一致推崇。“世外桃源”的典故就出自陶渊明的《桃花源记》，于是有了桃花源式的村落（图 2-10）。这篇散文以优美文字略带悬念地描绘了一个自在超脱、祥和富足的小村落，让东晋时期身处乱世的人们对这里产生由衷的向往。文中以一个渔夫的视角描绘了探访桃花源的情景：“缘溪行，忘路之远近。忽逢桃花林，夹岸数百步，中无杂树，芳草鲜美，落英缤纷，渔人甚异之；复前行，欲穷其林。林尽水源，便得一山，山有良田美池桑竹之属，阡陌交通，鸡犬相闻”。这样的行进路线和景致的变化，让我们仿佛看到了后来的文人山水园林的基本格局。前有溪水引人入胜，中有桃林做隔景处理，然后是“山重水复”之后的“柳暗花明”，一个如画的世界豁然呈现。

“园林”一词，中国最早见于西晋时期的诗文。如西晋张翰《杂诗》有“暮春和气应，白日照园林”。北魏杨之《洛阳伽蓝记》评述司农张伦的宅园说：“园林山池之美，诸王莫及。”现代《中国大百科全书园林》这样解释园林：“园林是在一定的地域运用工程技术和艺术手段，通过改造地形（或进一步筑山、叠石、理水）、种植树木花草、营造建筑和布置园路等途径创作而成的美的自然环境和游憩境域。”我国的造园艺术历史悠久，1956 年陈植先生在《重印园冶序》中便指出：“我国造园艺术发轫最早，据典籍中可稽者，以黄帝之县圃为最早，至周代文王之圃，记载更详，而后代有营建，不可胜记。”1931 年，朱启钤先生在《重刊园冶序》中也提及：“秦汉以来，人主多流连于离宫别院，而视宫禁若樊笼，推求其故，宫禁为法度所局，必须均齐，不若离宫别苑，纯任天然，可以尽错综之美，穷技巧之变，即士大夫居室，亦靡不皆然，故王侯地宅，罕有留存甚久者，独于园林之胜，歌詠图绘，传之不朽，一漚一垤，亦往往任人凭吊。由斯而谭，吾国中古以后，建筑之美术，藉造园以发挥者，不可胜数。”可见我国造园艺术应始于商周之前，其时称之为囿。据载商纣王“好酒淫乐，益收狗马奇物，充牣宫室，益广沙丘苑台，多取野兽（飞）鸟置其中……”。周灵王建灵囿，“方七十里，

图 2-10　桃花源式的村落

其间草木茂盛，鸟兽繁衍”。最初的“囿”，就是把自然景色优美的地方圈起来，放养禽兽，供帝王洲猎，所以也叫游囿。天子、诸侯都有囿，只是范围和规格等级上的差别，“天子百里，诸侯四十”。汉起称苑，汉朝在秦朝的基础上把早期的游囿，发展到帝王苑囿行宫，除布置园景供皇帝游憩之外，还举行朝贺，处理朝政。汉高祖的“未央宫”、汉文帝的“思贤园”、汉武帝的“上林苑”、梁孝王的“东苑”、宣帝的“乐游园”等，都是这一时期的著名苑囿。可以说这些都是中国园林的最初形式。在中华建筑文化理念体系的影响下，中国古典山水园林成为中国优秀传统建筑文化的一个重要组成部分，从隋唐时期开始，造园家不断从“天人合一”哲学思想中突出师从自然撷天趣。提炼自然、升华自然、山水为本逐渐成为文人艺术作品的主导思想。文人不但写景，而且通过对景的描述，融进了人的情怀，表达方式便越来越趋向抽象概括、委婉含蓄。这些文学作品为山水园林的兴起发出了先声，名篇佳句俯拾皆是，顾恺之诗曰：“千岩竞秀，万壑争流，草木蒙笼其上，若云兴霞蔚” 、谢灵运诗曰：“池塘生春草，园柳变鸣禽”、陶渊明诗云：“弱川驰文鲂，闲谷矫鸣鸥”、左思诗云：“白云停阴冈，丹葩曜阳林。石泉漱琼瑶，纤鳞或沉浮。非必丝与竹，山水有清音。何事待啸歌？灌木自悲吟”，更不用说陶渊明影响至远的“采菊东篱下，悠然见南山”了。中国的古典山水园林便与文人、画家互为结合，把诗画作品所特有的意境情趣，带到园林景观的创作中来，把中国的造园艺术从自然山水导向写意山水，从而促使中国古典山水园林创作走向成熟。

唐代诗人深受东晋文学的熏染，用文字来塑造空间的功力已达完美，诗情与画意密不可分。比如杜甫的《绝句》：“两个黄鹂鸣翠柳，一行白鹭上青天。窗含西岭千秋雪，门泊东吴万里船”，短短二十八个字，看似信手拈来，实则情怀高远。诗画相融，动静合宜，既言传出客观的景，又意喻了主观的情，让人回味无穷。有着“山水诗人”美誉的王维真正开创了山水园林。王维的诗句特别具有画面感，能在人的头脑中激发出绘画般的构图、线条、色彩乃至意境。像“大漠孤烟直，长河落日圆”就是语言、画面、情感的完美结合。王维的晚年专注于建设自己的山庄别墅——位于唐长安附近的山岭中的“辋川别业”。这里山形起伏、碧波荡漾、林木繁茂、鸟语花香，王维对自然山水景致进行了充分挖掘，营造出二十多个如画的景区。他的诗文《鹿柴》系列就是专门对这座园林的情境进行概括描述、画龙点睛的。像“空山不见人，但闻人语响；返影入深林，复照青苔上”、“独坐幽篁里，弹琴复长啸；深林人不知，明月来相照”等，都是情景交融、意境深远的名句。“辋川别业”将山水画、山水诗文和山水园林三者的意境有机地塑造为一个整体，开启了文人园林“诗情画意”的先河，图 2-11 是《画王维诗意画轴》。

图 2–11　《画王维诗意画轴》

隋唐时，开始有了很多著名的宫苑。在城市与乡村日益隔离的情况下，那些身居繁华都市的封建帝王和朝野达官贵人，为了逍遥玩赏大自然山水景色，效仿自然山水建造园苑，不出家门，就能享到“主人山门绿，水隐湖中花”的乐趣。唐宋时期，造园艺术更是兴盛起来，当时的山水诗、山水画都很流行，园林建筑家与文人、画家相结合，运用诗画传统表现手法，把诗画作品所描绘的意境情趣，引用到园景创作上，寓画意于景、寄山水为情，以景入画、以画设景，逐渐把我国山水园林的造园艺术从自然山水园阶段，推进到写意山水园阶段，正因为诗画意境渗透到园林创作中，使得中国山水园林在容纳名山秀水的基础上，充满着理想的意境，这也在一定程度上反映了中华建筑文化理念已成为古代中国人崇尚自然的理想追求。从而开创了中国山水园林的一代新风，它效法自然、高于自然、寓意于景、情景交融，富有诗情画意，成为我国山水园林的重要特点之一，为后来的明、清园林，特别是江南私家园林所继承并发展。山水园林普遍兴盛在明代。人们热衷于在城市居所之中修建具有山林意境的宅园，使造园成为一时之风。十七世纪中国明代出现了一位著名的造园家——计成，他将造园理论加以总结并在实践中进行发挥，使山水园林真正发扬光大。清代康熙、乾隆皇帝喜爱文学艺术，特别是乾隆皇帝以文采见长。他一生创作了上万首古诗，同时也对山水园林艺术深深地着迷。他六下江南探访美景，并在北京、承德仿建了一批富有江南情调的山水园林，使皇家园林和文人园林的手法得到完美融合并相映成辉。明、清时，苏州由于农业、手工业十分发达，许多官僚地主均在此建造私人宅园，一时间形成一个造园的高潮。现存的许多著名的苏州私家园林，如拙政园、留园、狮子林、网师园等，都是在这个时期建造并完善起来的，图 2-12 是承德避暑山庄中仿江南景致的景点“金山岛”。

在中华建筑文化理论熏陶下的中国山水园林形成虽为人作，但却能依据“天人合一”的理念，顺其地形、力求自然、古朴蕴含典雅、端庄不失秀丽、景象优美、意境深邃，具有很高的艺术欣赏价值，与其他艺术形式，如绘画、诗歌等，都有许多相通之处，它是我国历史文化遗产宝库中一颗珍贵的艺术明珠，是劳动人民聪明才智的结晶，也是中华建筑文化与多种科学与文化相结合的辉煌成果，更是中华民族悠久历史和古老文明的见证。

中国山水园林充分运用山水画的手法，经过艺术的裁剪与整合，理想地再现大自然的景色。根据中华建筑文化理念所追崇的环境景观要求，中国山水园林艺术，强调“山随水转，山因水活”，以山为园林的骨架，以水为园林的血脉，灵活多样地构建园林空间。造园的思路有两种：一种是取真山的山姿山容，其气势神韵，参照“远近山水，咫尺千里”的画理，将自然山水的风采浓缩于园林；另一种是不拘泥于真山的形貌气韵，注重叠石的创造力，产生千变万化的奇幻效果。总之，水贵开合、山贵起伏，这是园林美的基础，而水随山转、山因水活，则是园林美的境界。大凡古典名园都有理想的山水环境，能以丈山尺水之形，传千里河山之神，展现了中华建筑文化的无限魅力。

b. 历史分期

中国古典园林体系作为中国古代文化的一个重要组成部分，也具有封闭性、拒异性和同化性的特点，

图 2-12　承德避暑山庄中仿江南景致

在漫长的历史进程中缓慢地自我完善，受外来的影响甚微。中国古典园林的漫长的演进过程，正好相当于以汉民族为主体的封建大帝国从开始形成到全盛、成熟直至消亡的过程。这和客观的地理环境和地缘政治有着密不可分的关系，但根本的原因在于它本身所具备的三个特殊条件：①经济上以血缘家族的地主小农经济为主体，工商业经济始终处于依附的地位；②政治上依靠封建礼制与官僚机构相结合的国家机制，有效地控制着全国的广大地域；③儒家倡导的以礼乐为中心的封建秩序、尊王攘夷的大一统思想，始终占着意识形态的主导地位。中国古典园林得以持续演进，也是经济、政治、意识形态三者之间相互作用的结果。据此，中国古典园林的发展历史分为五个时期：①生成期；②转折期；③全盛期；④成熟前期；⑤成熟后期。

(a) 生成期

即园林产生和成长的幼年期，相当于先秦与两汉时期。政治统治体制上由分封采邑制转化为中央集权的郡县制，确立了皇权为首的官僚机构的统治，儒学逐渐获得正统地位。以地主小农经济为基础的封建大帝国初步形成，相应的皇家的宫廷园林规模宏大、气魄宏伟，成为这个时期造园活动的主流。天人合一、君子比德、神仙思想影响着园林的风景式发展方向。

中国历史上有史证的最早的皇家园林是商末殷纣王所建的商丘苑台和周文王所建的灵囿、灵台、灵沼。秦始皇在完成统一六国的宏业之后，开始以空前的规模兴建离宫别馆，如六国宫、咸阳宫（信宫）和阿房宫（图 2-13）。西汉时期，皇家造园活动达到空前兴盛，上林苑、未央宫、建章宫、甘泉宫均是代表，其中上林苑是中国历史上最大的皇家园林，它不仅仅具有“囿”的内容，还利用山水布置多种建筑群体，苑中有苑，且有众多的宫、观、台，苑内广植二千多种奇花异木并饲养珍禽奇兽，以供观赏，可

图 2-13　秦阿房宫复原画

见此时已出现植物园及动物园之雏形。上林苑中穿凿了许多池沼，其中以人工湖泊昆明池为最大。它原是汉武帝为了练习水战之用，后成为泛舟游玩的场所。建章宫是上林苑中最大的宫，周围二十余里，千门万户，它本身就是一个宫城，而且宫中有宫，有殿、池、台，它与未央宫隔墙相望，有阁道相连。宫北是太掖池，池中有蓬莱、瀛洲、方丈三岛，象征海上神山，这种池中拨山的“一池三山”布局格式成为后代宫苑中山水处理的模式，并且一直影响到今天的造园手法。

这一时期，私家园林为数不多，主要是由官僚贵戚、豪门富贵所筑的私园，如梁孝王营建的兔园（梁园）及茂林富人袁广汉于北邦山下所筑的私园等，而且多是仿效皇家宫苑，只是其规模较小罢了，但其造园手法并不逊色。

(b) 转折期

相当于两晋南北朝。这一时期小农经济受到豪族庄园经济的冲击，北方落后的少数民族南下入侵，帝国处于分裂状态。而在意识形态方面则突破了儒学的正统地位，呈现诸家争鸣、思想活跃的局面。豪门士族在一定程度上削弱了以皇权为首的官僚机构的统治，民间的私家园林异军突起。佛教和道教的流行，使寺观园林也开始兴盛，开拓了造园活动的领域。

私家园林一开始即出现两种明显的倾向，一种以贵族官僚为代表，崇尚华丽、争奇斗富，如西晋石崇的金谷园、北魏张伦的宅园；另一种以文人名士为代表，表现隐逸、追求山林泉石之怡性畅情，如东晋谢灵运的庄园，成为后世文人园林的先身。

这一时期皇家园林的建设纳入到都城的总体规划之中，大内御宛居于都城的中轴线上成为城市中心区的一个有机组成部分。园林的求仙、通神的功能已基本消失或者仅保留其象征的意义，游赏娱乐活动成为主导甚至唯一的功能。历史上较为典型的皇家园林存在于当时北方的邺城、洛阳和南方的建康。

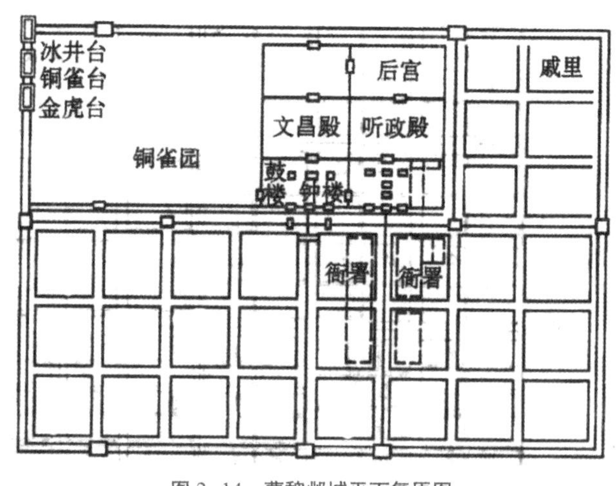

图 2-14 曹魏邺城平面复原图

邺城为三国时代曹魏旧都，筑有御苑铜雀园。靠西城墙处筑三座高台——铜雀台、金虎台、冰井台，作存储之用（图 2-14）。它是一座兼有军事坞堡性质的皇家园林。后赵石虎在城南筑新城建华林苑。北齐扩建华林苑，并改名仙都苑，苑中堆五座土山象征五岳，引漳水分流四渎为四海（东海、南海、西海、北海），楼台亭榭不计其数，还有模仿民间的村肆、犹如水上漂浮的厅堂等等，在造园史上具有开创性意义。

(c) 全盛期

相当于隋唐时期。这一时期整个中国复归统一，豪族势力和庄园经济受到抑制已不占主要地位，中央集权的官僚机构更健全、完善，在前一时期诸家争鸣的基础上形成了儒、道、释的互补共尊，但儒家仍居正统地位。唐王朝的建立开创了帝国历史上的一个勇于开拓、充满活力的全盛时代。园林的发展也相应地进入盛年期。作为一个园林体系，它的独特风格已经基本形成了。

隋在汉长安城南建新城——大兴城，城北建御苑“大兴苑”。唐代恢复长安之名，并作为唐都城。长安宫城北边的禁苑（包括禁苑西内苑、东内苑，又名三苑）。禁苑东南的大明宫，长安皇城东南的兴庆宫，骊山之北的华清宫，长安城东南隅的曲江池，洛阳城西的御苑（隋朝叫西苑，唐朝改名叫神都苑），都是当时著名的皇家园林。

寺观园林是宗教世俗化的结果，城市寺观园林承担城市公共交往中心的作用，郊野寺观园林为吸引香客把宗教活动场所转化成风景名胜地。值得一提的是曲江池，它既是一处公共游览地，又兼作皇家御苑，出现了带有城市公共绿地性质的园林的萌芽。

唐代经济发达，文化繁荣，诗人画家涌现，诗人有李白、杜甫、白居易，画家有吴道子，诗人兼画家王维，诗情与画意结合发展了山水画理论。文人参与造园，又将诗画情趣渗入私家园林艺术，山水画、山水诗文、山水园林三个艺术门类互相渗透，为私家园林创作注入新鲜血液。白居易庐山草堂、王维的辋川别业、李德裕的平泉庄、杜甫的浣花溪草堂等，颇为著名。

洛阳白居易的履道坊宅园，清心幽雅的格调和“城市山林”的气氛恰如其分地体现了当时文人的园林观——以泉石竹树养心，借诗酒琴书怡性。白居易任江州司马时修筑庐山草堂，是一个在天然风景区因地而筑，辟石筑台，引泉悬瀑、就山竹野卉稍加润饰，借四周景色组成园景的园林。

王维的辋川别业也是在有湖水之胜的天然山谷地区，因地而筑的天然别墅园林。园内设置了华子岗、孟城拗、文杏馆、介竹岭、临湖亭、白石滩、柳浪等景致，景色宜人，优美入画。王维以画设景，由景得诗，以诗入画，可谓到了融会贯通的境地。像这种以诗写画的艺术，实践于园林设计之中，又身兼造园艺术家的诗人、画家是前所未有的。

(d) 成熟前期

相当于两宋到清初。中国封建社会的特征已发育定型，农村的地主小农经济稳步成长，城市的商业经济空前繁荣，市民文化的勃兴为传统的封建文化注入了新鲜血液。封建文化的发展虽已失去汉、唐的闳放风度，但却转化为在日愈缩小的精致境界中实现着从总体到细节的自我完善。相应地，园林的发展亦由盛年期升华为富于创造进取精神的完全成熟的时期。

宋代重文轻武，文官执政，经济、科技、文化发达，兴建园林成为世风。绘画艺术的发展特别是写意山水画的成熟，更促使诗、画、园密切结合，文人园林兴起。

北宋东京的皇家园林有延福宫、艮岳、东京四苑（琼林、玉津、宜春、含芳）。艮岳（亦名华阳宫）是宋徽宗赵佶亲自参与建造的，它代表了宋代皇家园林艺术的最高水平。艮岳又称寿山，位于宫城（大内）外东北角，大轮廓模仿杭州凤凰山，雄壮高大的寿山主峰居于主位，万松岭为宾辅，芙蓉城为山脉余势，构成了宾主分明、远近呼应、岗连阜伏的完整山系。水系与山系配合形成山嵌水抱的姿态，整个水系曲折回绕在富于变化的景区和景点之间。亭台楼阁，布列上下，花木茂盛，更有诗词点题寓意，诗情画意融入园林之中，构成了写意山水园的典范。

杭州为南宋都城，处于南北山环抱之中犹如一座特大型的天然山水园，西湖周围一带点缀众多的小园林，似园中之园，湖山经园林的润饰更臻于画意（图2-15）。灵隐寺（图2-16）、净慈寺为佛教禅宗五刹之二，杭州也成了东南佛教圣地。

与此同时，宋代私家园林发展得也较快，数量极多，如宋人李格非著《洛阳名园记》中记述的洛阳富郑公园（富弼宅园）、董氏西园、苏州的沧浪亭（图2-17）等。

元明清建都北京（元称大都）大内御苑中最著名的是西苑，清初开始在山清水秀的北京西北郊新建宫苑。畅春园、圆明园（图2-18）、避暑山庄（图2-19）是清初最著名的三大离宫御苑。

江南私家园林在这一时期成为中国古典园林史上的一个高峰，不仅造园活动广泛兴盛，还涌现出一大批造园家和匠师，及诸多造园理论著作。扬州、苏州为精华集萃之地。明末扬州郑氏兄弟的四座园林

图 2-15　杭州西湖实景

图 2-16　灵隐寺大殿

图 2-17　苏州沧浪亭实景

被誉为江南四大名园，其中郑元勋的影园颇为著名。苏州的私家园林保持着仕流园林的格调，如始建于元代的狮子林（图 2-20）、明末创建的拙政园（图 2-21）、留园（图 2-22）等。无锡的寄畅园（图 2-23）是江南地区唯一保留至今的明末清初时期的文人园。中国历史上著名的造园家计成的园林经典著作《园冶》也于明末面世。

(e) 成熟后期

相当于清中叶到清末。清代的乾隆王朝是中国封建社会的最后一个繁盛时代，表面的繁盛掩盖着四伏的危机。乾隆皇帝带来清代皇家园林建设的高潮，他曾六下江南，凡遇喜爱的园林就命画师摹绘，携图以归，作为北方建园的参考。建成了大内御苑(图 2-24，图 2-25)，西北郊的三山五园，并扩建了承德避暑山庄。

此后，随着西方帝国主义势力入侵，封建社会盛极而衰，逐渐趋于解体，封建文化也愈来愈呈现衰颓的迹象。园林的发展，一方面继承前一时期的成熟传统而更趋于精致，表现了中国古典园林的最高成就；另一方面则暴露出某些衰颓的倾向，逐渐流

图 2-18　圆明园遗迹

图 2-20　苏州狮子林

图 2-19　承德避暑山庄

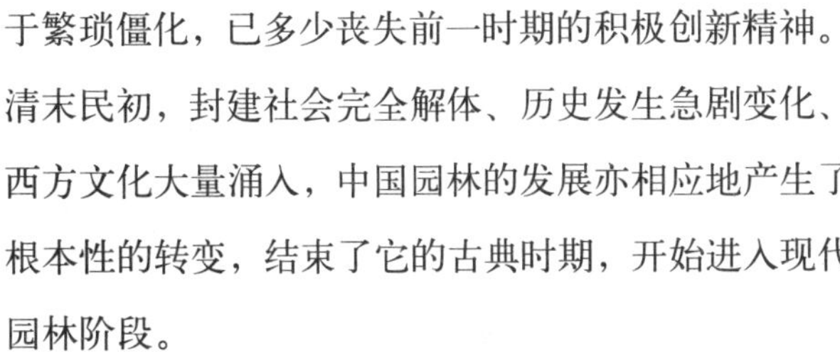

图 2-21　苏州拙政园

于繁琐僵化，已多少丧失前一时期的积极创新精神。清末民初，封建社会完全解体、历史发生急剧变化、西方文化大量涌入，中国园林的发展亦相应地产生了根本性的转变，结束了它的古典时期，开始进入现代园林阶段。

2) 山水园林的类型

a. 按照园林基址的选择和开发方式的不同，中国古典园林可以分为人工山水园和自然山水园两大类型。

(a) 人工山水园即在平地上开凿水体、堆筑假山，人为地创设山水地貌，配以花木栽植和建筑营构，把天然山水风景缩移摹拟在一个小范围之内。这类园林均修建在平坦地段上，尤以城镇内的居多。在城镇的建筑环境里面创造模拟天然野趣的小环境，犹如点点绿洲，故也称之为城市山林。它们的规模从小到大，

图 2-22 苏州留园

图 2-23 无锡寄畅园

图 2-24 北京紫禁城御花园

图 2-25 北京颐和园

包含的内容亦相应地由简到繁。人工山水园建造所受的客观制约条件很少，人的创造性得以最大限度地发挥，艺术创造游刃有余，必然导致造园手法的丰富多彩，所以，人工山水园乃是最能代表中国古典园林艺术成就的一个类型。

(b) 天然山水园一般建在城镇近郊或远郊的山野风景地带，包括山水园、山地园和水景园等。规模较小的利用天然山水的局部或片段作为建园基址，规模大的则把完整的天然山水植被环境围起来作为建园的基址，然后再配以花木栽植和建筑营构。基址的原始地貌因势利导作适当的调整、改造、加工，工作量的多少视具体的地形条件和造园要求而有所不同。兴造天然山水园的关键在于选择基址，如果选址恰当，则能以少量的花费而获得远胜于人工山水园的天然风景之真趣。

b. 按照园林隶属关系来分类，可以把中国山水园林归纳为皇家园林、私家园林、寺观园林及乡村园林。

(a) 皇家园林

皇家园林属于皇帝个人及皇室私有，在古籍中常称其为苑、宫苑、苑囿、御苑等。中国古代的统治阶级地位是至高无上的，他们利用其政治上的特权以及经济上的雄厚财力，占据大片土地营造园林供己享用。因此，皇家园林要在不悖于风景式造景原则的前提下尽可能地彰显皇家的气派与皇权的至尊。但同时，它也在不断地汲取民间私家园林的造园艺术养分，从而丰富皇家园林的内容，提高宫廷造园的艺术水平。在中国古代历史上，历朝历代几乎都有皇家园林的建置，它们不仅是庞大的艺术创作，也是斥资巨大的土木工程。因此，也可以说皇家园林的数量多少、规模大小，在一定程度上也反映出一个朝代的国力盛衰。

(b) 私家园林

私家园林属于民间的官僚、文人、地主、商人等所私有，古籍中称之为园、园亭、园墅、池馆、山池、山庄、别墅、别业等。私家园林与皇家园林相比，无论是在内容上还是在形式上，都表现出很大的差别。建置在城镇里面的私家园林绝大多数为宅园，它依附于住宅，作为园主日常游憩、宴会、读书、会友等的场所，故而规模并不大。通常紧邻邸宅的后部，呈前宅后园的格局，或位于邸宅的一侧而成为跨院，此外，也有少数单独建置不依附于邸宅的游憩园。建在郊外山林风景地带的私家园林大多是别墅园，它不受城市用地的限制，因此规模比一般的宅园要大一些（图 2-26~ 图 2-28）。例如，辋川别业是王维隐居的庄园，是与友裴迪经常诗酒邀游之处，是利用天然山谷、湖水林木相地而筑的一座自然山水园林。规模很大，岗岭起伏、纵谷交错、泉瀑叠落、湖溪岩峡、高林藤菖的自然胜景，并加以构筑茅庐、草亭、榭、石桥、舟渡等园林建筑，更具湖光山色之胜。成为既富有园艺之趣，又有诗情画意的优美园林。总之，辋川别业是一个林木茂盛、湖光山色、风景十分优美的自然山水园林，无论从景的题名还是从人的感受，处处都充满了诗和画的意味，通过诗人的描绘，强烈地反映出一代艺术巨匠的审美标准。

(c) 寺观园林

寺观园林即佛寺和道观的附属于园林，也包括寺观内外的园林化环境。魏晋南北朝时，印度佛教的传入，使人们寄希望于来世。佛教的盛行使得僧侣们喜爱选择深山水畔建立寺庙，其内讲究曲折幽致，使寺院本身成为很好的园林。在我国，儒家思想占据着意识形态的主导地位，儒、道、佛思想互补互渗。在这种情况下，宗教建筑与世俗建筑没有根本的差别，大多为世俗住宅的扩大或宫殿的缩小，通过世俗建筑与园林化的相辅相成而更多地追求人间的赏心悦目、恬适宁静。从历史文献记载及现存寺观园林来看，寺观按照宅园的模式建置的独立小园林也很讲究内部庭院的绿化，多以栽植名贵花木而闻名于世。郊外的

图 2-26 梁园遗址

图 2-27 梁园园林景观

寺观大多建在风景优美的地带，周围向来不许伐木采薪，因此古木参天，绿树成荫，再配合以小桥流水或少许亭棚的点缀，又形成了寺观外围的园林化环境。

(d) 乡村园林

在中国古典园林的研究中，一般仅包括皇家园林、私家园林和寺观园林三个部分。对于这三种园林所源于的自然园林，也是颇具自然风貌的乡村园林景观，极少进行全面系统的深入探讨。工业社会随着城市化进程的加剧，尤其是不合理地改造自然和开发利用自然资源，造成了全球性的环境污染和生态破坏，对人类生存和发展构成了现实威胁。人类生活开始领受大自然的惩罚，各种人居环境的不适与灾难逐步降临。回归自然，与自然和谐相处成为现代人们的理想追求。因此村镇聚落的自然园林景观深受人们的青睐。

我国传统乡村园林景观建设为居民提供公共交往、休闲、游憩的场所，多半是利用河、湖、溪等水系稍加园林化处理或者街巷的绿化，也有因就于名胜、古迹而稍加整治和调整的，绝大多数都没有墙垣的范围，呈开放的外向型布局。

我国传统的风景名胜区作为区域综合体，既有自然景观之美，又兼具人文景观之胜。它与园林的关系也十分密切。它虽然具备园林的某些功能和性质，但不能完全等同于园林。因为它不存在明确的界域，主要是一个自然环境，山、水、植被均为天然生成而未经人为地调整改造，局部的人工点缀相当有限，建筑的总体布局由千百年的自发形成而非自觉的规划。所以，传统的风景名胜区就其区域整体而言并不能作为艺术创作来看待。

古代的陵园与园林也有类似之处。营建陵园要缜密地选择山水地形，园内的树木栽植和建筑修造都经过严格的规划布局。但这种规划布局的全部或者其中的主体部分并非为了游憩观赏的目的，而在于创造一种特殊的纪念性环境气氛，体现避凶就吉的天人感应的观念。因此，古代陵园与园林也是两个不同的范畴，区别于西方的现代墓园。

3) 中国山水园林的特点

中国园林体系与世界上其他园林体系相比较，它的很多独特的造园理念和营造技艺，成为世界园林中一朵璀璨的奇葩。各种不同园林虽然有着许多不同的特性，但在各个类型之间，又都有着许多相同的共性。中国山水园林的特点可以概括为五个方面：

a. 源于自然，高于自然

自然风景以山水为地貌基础，以植被作装点。山、水、植物乃是构成自然风景的基本要素，当然也是风景式园林的构景要素。但中国古典园林绝非一般的利用和简单地模仿这些构景要素的原始状态。而是有意识地加以改造、调整、加工、剪裁，从而表现一个精

图 2–28 王维辋川别业图

炼概括的自然、典型化的自然。这就是中国古典园林的一个最主要的特点。

源于自然又高于自然，与西方造园艺术强调对称规整、突出人工痕迹的做法不同，中国传统园林崇尚表现自然美。表现自然美的目的，在于通过人的审美体验，达到心灵的平和。这也是从一个侧面表达了中国人自古而来的“天人合一”的基本思想。比如，在叠山理水的具体处理当中最忌模仿堆砌外观形状，“不徒以形似为能”“得形似易，得神难”。强调提炼自然景色的精妙之处，加以人工的剪裁、加工、抽象和整理达到神似。同时又不能过分简约，使自然的造型尽失，必须达到一种形式与神韵之间的微妙平衡，“虽由人作，宛自天开”，“形真而圆，神和而全”。这个特点在人工山水园的筑山、理水、植物配置方面表现得尤为突出。园林内使用天然石块堆筑假山的技艺叫做叠山。匠师们广泛采用各种造型、纹理、色泽的石材，以不同的堆叠风格而形成许多流派。南北各地现存的许多优秀的叠山作品，一般最高不过 8~9m，无论模拟真山的全貌还是截取真山的一角，都能够以小尺度创造峰、峦、岭、岫、洞、谷、悬崖、峭壁等的形象。从他们的堆叠章法和构图经营上可以看到天然山岳构成规律的概括、提炼。园林内开凿的各种水体也都是天然的河、湖、溪、涧、泉、瀑等的艺术概括，人工理水务必做到“虽由人作，宛自天开”，哪怕再小的水面亦必曲折有致。并利用山石点缀岸、矶，有的还做出港湾、水口以显示源流脉脉、疏水若为无尽。稍大一些的水面，则必堆筑岛堤，架设桥梁。在有限的空间内尽量模仿天然山水的全貌，这就是“一勺则江湖万里”之立意。园林植物配置尽管姹紫嫣红、争奇斗艳，但都是三株五株。虬枝枯干而予人以蓊郁之感，运用少量树木的艺术概括而表现天然植被的气象万千。当然，对自然美形神兼备地描摹，最终目的还是在于让园景含蓄地流露出园主的情趣。这就必须把握住自然风景人性化的一面，并与人的品格气质相对照，将自然景观赋予人的品格，才能实现所谓“情景交融”。故此山水美学家的另一杰出贡献在于开发了自然景致人格化的因素，将自然风光拟人化，用写意的手法将这些精练的、典型的审美体验固定下来，使不同个人的情感都可以在这些审美体验中找到归宿。

b. 建筑与自然相得益彰

在中国山水园林中，无论建筑多少，也无论其性质功能如何，都能够与山、水、植物有机地组织在一起，彼此协调、互相补充，从而在园林总体上达到一种人工与自然高度和谐的境界，一种“天人合一”的哲学境界。中国古典园林之所以能够使建筑美与自然美相融合，固然由于传统的哲学、美学乃至思维方式的主导，而中国古代木构建筑本身所具有的特征也为此提供了优越的条件。木框架结构的个体建筑，内墙外墙可有可无，空间可虚可实、可隔可透。园林里面的建筑物充分利用这种灵活性和随意性创造了千姿百态、生动活泼的外观形象，进而实现与自然环境的山、水、花木密切嵌合的多样性。中国园林建筑，不仅它的形象之丰富在世界范围内算得上首屈一指，而且还把传统建筑的化整为零、由个体组合为建筑群体的可变性发挥到了极限。它一反宫廷、坛庙、衙署、邸宅的严整、对称、均齐的格局，完全自由随意、因山就水、高低错落，以千变万化的铺装来强化建筑与自然环境的嵌合关系。同时，还利用建筑内部空间与外部空间的通透、流动的可能性，把建筑物的小空间与自然界大空间沟通起来。许多优秀的建筑形象与细节处理反映了建筑与自然环境的协调。优秀的园林作品，尽管建筑物比较密集也不会让人感觉到囿于建筑空间之内。虽然处处有建筑，却处处洋溢着大自然的盎然生机。这反映了中国人的“天人合一”的自然观，体现了道家对待大自然的“为而不持、主而不宰的”态度。

c. 巧于因借，精于体宜

“景”是园林的灵魂，无论是山水花木，还是建筑书画，都必须组成一定的“景”才有生命力。造“景”的主要方法就是“因借”，造“景”的精髓在于“体宜”。在这里，“因”就是因势利导、因地制宜；“借”就是借用；“体”就是得体、恰到好处；“宜”就是适宜、有度。

景致营造的好坏直接决定了园林的成败。所以，建园伊始，首先要考虑的就是如何立意，所谓“七分主人三分匠”，主人的品格情趣起决定作用。规划景观，要注重动态美的塑造。景致固定呆板，则毫无生气。要使景物与人的活动流线密切结合，对人的感官始终保持新鲜的刺激，所谓“移步换景”“步移景异”。在一座园林当中，景致不是唯一的。在不同的区域划分出不同的景致，叫做“分景”。古典园林的精妙之处就在于不但要有丰富的景致，而且还要使这些景致形成良好的搭配关系，该露则露，该遮则遮，该掩则掩。景分近景、远景，为加强景致的纵深感，就必须将远处的景物尽可能地吸纳进来，有时候常常将园外别处的景物“拿”来用，这叫“借景”。借景是造园最重要的手法之一，好的园林都可归为“巧于因借”。借景有远借、近借之分，远借像苏州拙政园借虎丘塔、北京颐和园借玉泉山、陶渊明的“采菊东篱下，悠然见南山”等；近借则是将临近的景致纳入到自己的视野内，为园中增色，“一枝红杏出墙来”“绿杨宜作两家春”。借景往往是相互的，故又引出“对景”一说，即两边的景物互相映衬，互为借景。像苏州留园的涵碧山房与可亭、苏州拙政园中的远香堂与雪香云蔚亭都是互为对景的佳例。另外，为增加景致的层次，往往用“隔景”的办法。隔景将景致用隔扇、漏窗、矮墙、栅栏以及植物等相隔开，取得半遮半露的艺术效果的手法。这恰如“犹抱琵琶半遮面”一般，使景致增添了朦胧美。与隔景相似的还有“框景”，前面提到的杜甫诗“窗含西岭千秋雪，门泊东吴万里船”正是用门窗将生活画面定格下来的绝好实例。在传统园林中，隔景、框景之法随处可见。

当然，好的景致需要借来增色，不利的因素则应排除在视线之外。故而在借景的同时，也必须注意“障景”。“极目所至，俗则屏之，佳则收之”，就是这个道理。

《园冶》中指出：“借景”是园林设计的核心，孟兆祯院士创立的以借景为核心的，立意－相地－问名－布局－理微－余韵的放射性正六边形设计思维序列，将“借”通假为“藉”，即凭藉之意，不仅是空间环境，还有文化内涵的借鉴，是一种时空物我交融的境界，作为中心环节和每个环节都构成必然依赖关系。借景是文学艺术的比兴手法在园林艺术中衍生的新葩。借因造景、藉因成景，其二元因素的根本代表就是物、我，也就是自然与人。借景的托物言志，体现在将自然的拟人化过程中。借景首先强调的就是对用地环境的认识、评价和利用，避其不宜，中国造园所谓“景以境出”，“景因境成”都可视为借景的同义语。

d. 诗画情趣，引人入胜

文学是时间的艺术，绘画是空间的艺术，园林是时空综合的艺术。中国古典山水园林的创作，比其他园林体系更能充分地把握这一特性。它运用各个艺术门类之间的触类旁通，融汇诗画艺术与园林艺术，使得园林从总体到局部都包含着浓郁的诗画情趣，这就是通常所谓的“诗情画意”。诗情，不仅是前人诗文的某些境界、场景在园林中以具体的形象复现出来，或者运用景名、匾额、楹联等文学手段对园景作直接的点题，而且还在于借鉴文学艺术的章法使得规划设计类似于文学艺术的结构。园内的游览路线绝非平铺直叙的简单道路，而是运用各种构景要素于迂回曲折中形成渐进的空间序列，也就是空间的划分和组合。划分，不流于支离破碎的组合，务求其开合起承、变化有序、层次清晰。这个序列的安排一般必有前奏、起始、主题、高潮、转折、结尾，形成内容丰富多彩、整体和谐统一的连续的流动空间，表现出诗文的结构。在这个序列之中往往还穿插一些对比、悬念、欲抑先扬或欲扬先抑的手法，合乎情理之中而又出人意料之外，更加加强了犹如诗歌的韵律感。因此人们游览中国古典园林所得到的感受，往往像朗读诗文一样的酣畅淋漓，这也是园林所包含“诗情”。而优秀的原始作品，则无异于凝固的音乐、无声的诗歌。

e. 意境蕴含耐人寻味

意境是中国艺术的创作和鉴赏方面的一个极重要的美学范畴。简单地说，“意”即主观的理念、感情，“境”即客观的生活、景观。意境产生于艺术创作之中，此两者的结合，即创作者把自己的感情、理念融入客观生活、景物之中，从而引发鉴赏者类似的情感触动和理念联想。古典山水园林营造的目的并不是单纯地描摹自然美，而是要借助“景”的塑造，达到抒发情怀的效果。所以造景一定要有意境，否则就会流于纯形式的造作。这种意境的取得是全方位的。中国古典山水园林不仅借助于具体的景观——山水、花木、建筑所构成的各种风景画面来间接传达意境的信息，而且还运用园名、景题、刻石、匾额、楹联等文字方式直接通过文学艺术来表达、深化意境的内涵。另外汉字本身的排列组合、规律对仗极富于装饰性和图案美，它的书法是一种高超的艺术。景致所能激发出的意境也有不同的层次，因人、因时而异也会产生不同的效果。一般而言，能给人美好的视觉感受只是园景的最基本层次，所谓“物境”。把文学艺术、书法艺术与园林艺术直接结合起来，在园林景致之中运用状写、比附、象征、寓意、点题等多种手法，将人的情操、品德、哲理、生活、理想、愿望、憧憬等都包含其中。游人在园林中所领略的已不仅是眼睛能看到的景观，而且还有不断在头脑中闪现的“景外之景”；不仅满足了感官（主要是视觉感官）上的美的享受，还能够获得不断地情思激发和理念联想，即“象外之旨”。就园林的创作而言，无往而非“寓情于景”，就园林的鉴赏而言，随处皆能“见景生情”。正由于意境蕴含得如此深广，中国古典山水园林所达到的高度情景交融的境界，也就远非其他园林体系所能企及了。对于园林的创作者来说，寄情于景、托物言志，是最高的追求和目的，只有这样，才能做到其园如人，使园主与园林达到高度统一，从而也通过园林这一媒介，使园主的心绪与外界自然和宇宙达到和谐。

如上所述，这五大特点乃是中国古典园林在世界上独树一帜的主要标志。它们的成长乃至最终形成，固然受到政治、经济、文化等诸多复杂因素制约，但从根本来说，与中国传统的天人合一的自然观以及重渐悟、重直觉感知、重综合推衍为主导的思维方式有着更为直接的关系。可以说，这五大特点正是这种自然观和思维方式在园林艺术领域内的具体表现。

（2）日本庭园

1) 日本庭园概述

日本园林是在借鉴中国古典园林造园理论和技艺的基础上，根据日本国情发展起来的颇具特色的园林形式。

日本是具有得天独厚自然环境的岛国，气候温暖多雨，四季分明，森林茂密。丰富而秀美的自然景观孕育了日本民族顺应自然、崇尚自然的美学观念。日本独特的地理条件和悠久的历史，孕育了别具一格的日本文化。樱花、和服、俳句与武士、清酒、神道教构成了传统日本文化。在日本有著名的“三道”，即日本民间的茶道、花道、书道。这些文化都直接影响着日本庭园的发展。

日本庭园的演变过程可大致概括为：动植物为主的自然景观（大和、飞鸟时代）—中国式山水的借鉴（奈良时代）—寝殿建筑、佛化岛石（平安时代）—池岛、枯山水（镰仓时代）—纯枯山水石庭（室町时代）—书院、茶道、枯山水（桃山时代）—茶道、枯山水与池岛（江户时代）。从种类而言，日本庭园一般可分为枯山水、池泉园、筑山庭、平庭、茶庭、露地、回游式、观赏式、坐观式、舟游式园林以及它们的组合等。其中，最著名的就是枯山水庭园和茶庭。茶庭在日本园林中指与茶室相配的庭园，是日本庭园艺术中非常有民族特色的园林类型。

枯山水庭园又叫假山水庭园，是日本最具特点的庭园类型之一，也体现了日本园林的精华。枯山水庭园的本质意义是无水之庭，即在庭园内敷白砂，点缀石组或树木，寓意海洋与汹涌的海水，庭园因无山无水而得名。

茶庭也叫露庭、露路，是把茶道融入园林之中，为进行茶道的礼仪而创造的一种园林形式。茶庭面积很小，可设在筑山庭和平庭之中，一般是在进入茶室前的一段空间里布置各种景观。步石道路按一定的路线，经厕所、洗手钵最后到达目的地。茶庭犹如中国园林的园中之园，但空间的变化没有中国园林层次丰富（图 2-29~ 图 2-32）。

图 2–29　茶庭中的石径

图 2–30　茶庭

图 2-31　枯山水庭园

图 2-32　枯山水庭园的白砂以绿树为背景

2) 日本庭园的特点

a. 日本传统造园思想强调自然美的客观属性，也反映出日本人美学观方面具有极强的主观性，认为越细小的事物越纯粹，高度评价无生命的东西，喜爱古老事物，擅长从低视点静止地观赏，总是带着宗教思想去观察欣赏自然。因此，日本园林有明显的宗教园林的倾向。

b. 日本庭园是顺应自然的，它是模拟自然山水景观于咫尺之地，所谓“缩三万里程于尺寸”，表现缩写的自然风景全景图，其中有写实与抽象的变化。缺点是空间处理缺乏层次，空间深度不够。由于过于关注细微，整体布局把握显得有点迟钝。

c. 建筑种类不多，造型浑厚朴实，装饰简单，小品别有风味，如石灯笼、石水钵、露池、苔藓或白砂铺地等等。

d. 根据地形主要有两种形式，即筑山庭、平庭。筑山庭主要是山和池，规模较大，表现山岭、湖海、河流的景观。平庭一般是在平坦的庭地上，堆些土山或设置一些石组，布置石灯笼、植物和溪流，再现原野的景致。

e. 根据园林精致程度有真、行、草三种风格，真犹如楷书般端正整齐，草是草书的豪放潇洒而风雅，行（行书）则介乎两者之间。

3) 日本庭园的理水

日本庭园的理水形式丰富多样，主要有瀑布、溪、泉、湖池等。

a. 筑山庭理水

(a) 总是以瀑布作为构图中心，如缺乏水源，则置泻瀑的岩床，好似气候干旱、瀑布枯竭一样。

(b) 恰当的环境——大抵在两山间的山崖上泻下来，背景是厚密的丛林，并尽可能安排在光亮处，以便欣赏。

(c) 对瀑布式样和构造研究有悠久的历史，种类非常丰富，如泻瀑、布瀑、线瀑、偏瀑、分瀑、直瀑、侧瀑、双瀑、射瀑、叠瀑。

b. 平庭理水

(a) 常设人工泉水，从布满青苔的岩石间流出，成为溪流之水源。

(b) 溪水常从东至南弯曲流淌，而经西出园。

(c) 水流既弯曲又流畅。

(d) 河床纵坡起源处大，尽头缓，在拐弯处常敷石护岸，任水冲击。

(e) 营造水的音响效果，通过设瀑布让水溅落石上或水中，或溪旁制成峡谷，抛石于水中达水声效果，水浅处常设步石跨越（图 2-33、图 2-34）。

c. 湖池

(a) 占重要地位，池形不宜整齐，呈“心”“水”或“一”字形等，池岸曲折。

(b) 理水形式表现海或江、河、沼泽。

(c) 岸坡采用石、桩木、卵石、草坡，或用石级

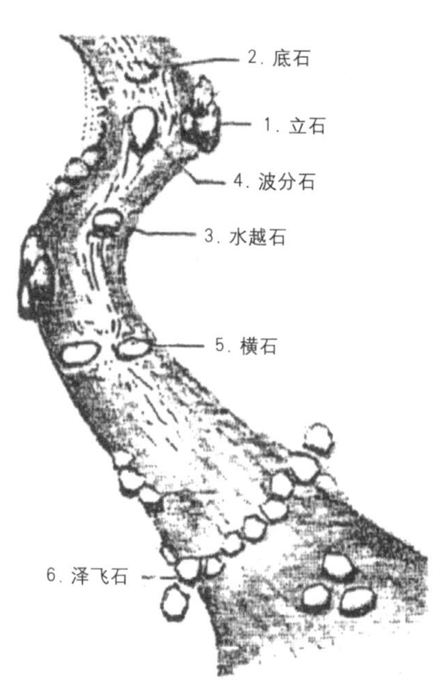

图 2-33　日本庭园中的流水格局

图 2-34　庭园池岸飞石

踏步引导等多种形式。

4) 日本庭园的植物配置

a. 以常绿树为主，少花木

(a) 高大常绿乔木与经修剪整形的灌木形成对比。

(b) 针叶林高、阔叶林低，让阳光透过照在阔叶林上，达到好的光影效果。

(c) 常将一种植物成丛、成林种植，体现群体美。

(d) 松树最受欢迎，姿态优美者常安置在主要位置或构图中心。

(e) 注重形态美、色彩美，常绿树群中种一棵枫树或树丛前加一形态优美的落叶乔木。

b. 配植注重与环境的融合

(a) 水景与乔、灌木丛合理搭配，植物部分遮掩瀑布，以求变化，增进景深。

(b) 石灯笼旁种植树木，用枝叶半遮光射。

(c) 池后有要树木，形成倒影。

(d) 桥头、庭门处有树荫相遮。

c. 役木类型

在日本庭园中，作为主景的树木被称为“役木”，分为独立形和添景形两种。独立形役木一般做主景观赏，添景形役木则配合其他景观要素使用，如配合石灯笼等景观小品造景。

(a) 独立役木——正真木、景养木、寂然木、夕阳木、流枝木、见越木、见附木、袖摺木、见返木。

(b) 添景形役木——潭围木、飞泉障木（潭障木）、灯笼挖木、灯障木、钵前木、钵请木、桥元木、庵添木、井口木、木下木、门冠木（图 2-35~ 图 2-36）。

2.3.2 西方园林

（1）古代

Garden 源出于古希伯来文的 Gen 和 Eden 二字的结合，前者意为界墙、蔷篱，后者即乐园，也就是《旧约·创世记》中所提到的充满花草树木的理想生活环

图 2–35　日本庭园中的役木——景养木

图 2–36　日本庭园中的役木——流枝木

境的“伊甸园”。《旧约·创世记》叙说了上帝创造人类的始祖亚当和夏娃，并专为他们兴建此园居住。园内流水潺潺，遍植奇花异树，景色十分绮丽。上帝告诫园中的果子都可随便采食，唯独“知善恶树”上的果子不能食。亚当、夏娃受蛇的引诱吃了禁果，上帝遂将他们驱逐出园外并派天使把守道路，永不让后人重新寻见。基督教的《圣经》所记载的“伊甸园”是古犹太民族对人间园林的理想化、典型化，虽不足为据，但也可说明在人类初创的原始阶段，人类已经在祈求一种最美的自然生存环境——园林环境。

1）古埃及园林

从现有的考古资料获悉，世界上最早的园林，可以追溯到公元前 14 世纪的埃及。那里是沙漠地带，气候炎热，因而十分珍视水的作用和树木绿叶的庇荫效果。水源及其所在的绿洲，乃是沙漠环境里最珍贵的居住之地。所以，古埃及人的园林，即以“绿洲”作为模拟的对象。境内的尼罗河水年年泛滥，一俟退水，裸露的土地则须年年重新规划。由此自然而然地产生并发展了几何学。受其影响，宅园也规划成几何形状的对称规整布局（图 2-37）。考古发现地公元前 14 世纪祭司大臣的墓画，内绘有贵族宅园布局图：四周筑有方方正正的围墙，入口处建有塔门，有甬道直通住房，形成明显的中轴线；轴线两旁对称布置凉亭和几何形水池，池中养鱼和水禽，种植睡莲；甬道两侧和庭园周围成行种植椰枣、棕榈、榕树、无花果等；园中以矮树分隔成大小不一的八个小区。整体布局采取方直的区划、规划的水槽和整齐的栽植，可谓世界上最早的规整式园林。

2）古巴比伦园林

古巴比伦，包括了在两河流域中先后建立的巴比伦、亚述和波斯王国。

公园前 6 世纪，新巴比伦国王为其妃子建造的空中花园（图 2-38），被誉为“世界七大奇观”之一。

该园建有不同高度的、越往上越小的、台层组合成剧场般的金字塔建筑物。最下层底边，一般推测为边长120m的正方形，面积约2.6hm^2，高23m。共有约三层，每个台层以石拱廊支撑。拱廊架在石墙上，拱下布置成精致的住室、洞窟、浴室等，台层上面覆土，种植各种花木，顶上有提水装置，抽取幼发拉底河水至台地，用以浇灌花木。这种逐渐收小的台层上布满花木，如同覆盖着森林的人造山，远看宛如挂在空中，是人类历史上最古老的屋顶花园。

图 2-37　根据考古资料所推测的埃及宅园

波斯庭园的布局多以位于"十"字形道路交叉点上的水池为中心，水体经常处于缓缓流动的状态，发出轻微悦耳的声音。建筑物大半通透开敞，园林景观具有深邃幽谧的气氛。

西亚的亚述有猎苑，后演变成游乐的园林。

3）古希腊园林

古希腊由许多奴隶制的城邦国家组成。公元前500年，以雅典城邦为代表的完善的自由民主政治带来了文化、科学、艺术的空前繁荣，园林的建设也很兴盛。古希腊园林大体上可分为三类：第一类是供公共活动、游览的园林（图2-39），早先为体育竞赛场，

图 2-38　古巴比伦空中花园意象图

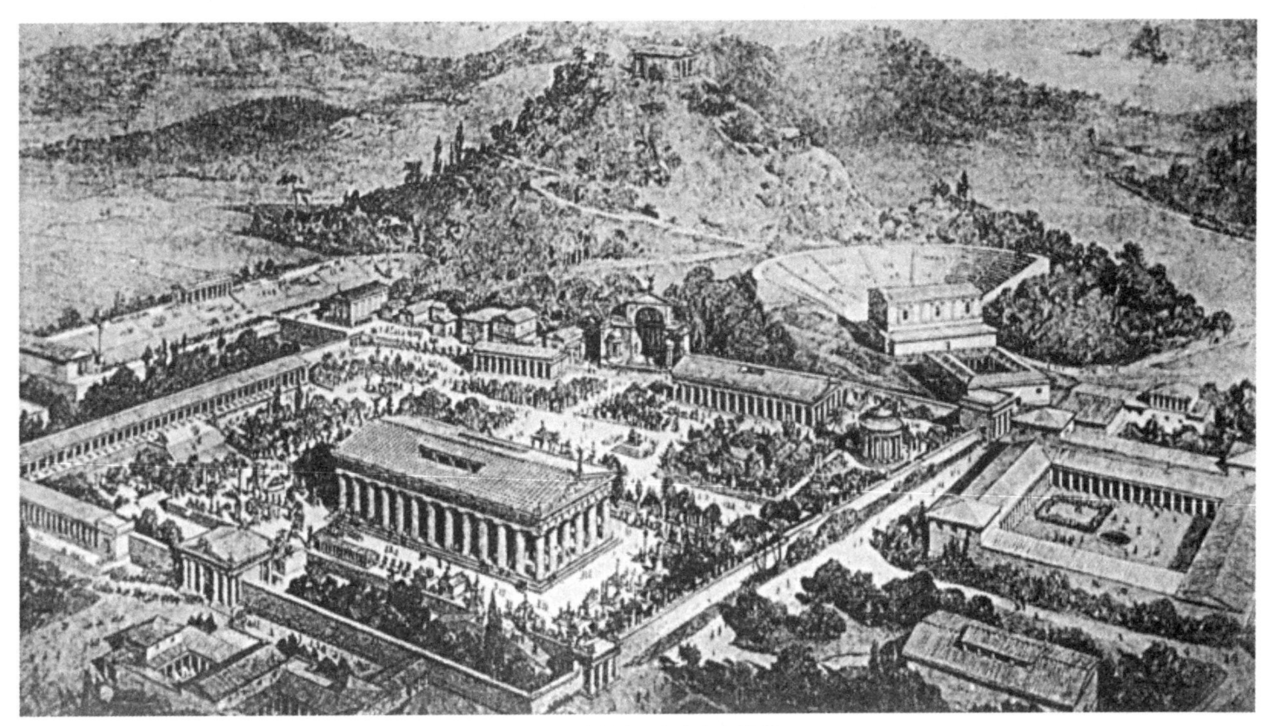

图 2–39　奥林比亚祭祀场复原图

后来为了遮阴而种植了大片树丛，逐渐开辟为林荫道，为了灌溉而引来的水渠逐渐形成装饰性的水景。林荫道上到处陈列着大理石雕像，林荫下设置座椅。人们不仅来此观看体育活动，也可以散步、闲谈和游览。政治家在这里可以发表演说，哲学家在这里可以辩论，为此而修建专用的厅堂，另外还有音乐演奏台以及其他公共活动的设施。但这种颇似现代“文化休息公园”的公共园林存在的时间并不长，随着古希腊民主政体的衰亡而逐渐消失；第二类是城市的宅园，四周以柱廊围绕成庭院，庭院中散置水池和花木；第三类是寺庙园林，即以神庙为主体的园林风景区。

4）古罗马园林

古罗马继承了古希腊的传统而着重发展了别墅园和宅园这两类园林。别墅园（图 2-40）修建在郊外和城内的丘陵地带，包括居住房屋、水渠、水池、草地和树林，为人们提供了在中午和晚上愉快安谧的休憩场所。宅园（图 2-41）主要建在城内，庞贝古城内保存着许多宅园遗址，一般均为四合庭院的形式，一面是正厅，其余三面环以游廊。在游廊的墙壁上绘以树木、喷泉、花鸟、远景等壁画，造成一种庭园空间扩大的感觉。

（2）中世纪

1）欧洲园林

公元 5 世纪罗马帝国崩溃，直到 16 世纪，欧洲都处于封建割据的自然经济状态，史称“中世纪”。这一时期西方古代文明彻底消亡，城市也大半荒废，当时，除了寺院园林（图 2-42）和城堡园林（图 2-43、图 2-44）外，园林建设几乎完全停滞。寺院园林依附于基督教教堂或修道院的一侧，包括果树园、菜畦、养鱼池、水渠、花坛和药圃，布局随宜并无一定章法。造园的主要目的在于生产果蔬副食和药材，观赏的意义尚属其次。城堡园林由深沟高墙包围着，园内建置藤萝架、花架和凉亭，沿城墙设坐凳。有的在园的中央堆叠一座土山，叫做庭山，上建亭阁之类以便于观赏城堡外面的田野景色。

2）伊斯兰园林

伊斯兰教的《古兰经》中经常提到安拉为信徒们修造的天园的旖旎风光。天园的界墙内随处都是

图 2–40　根据史料推测的洛朗丹别墅庄园鸟

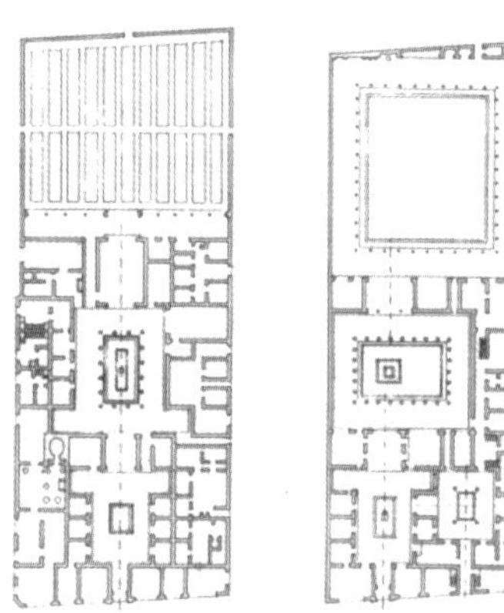

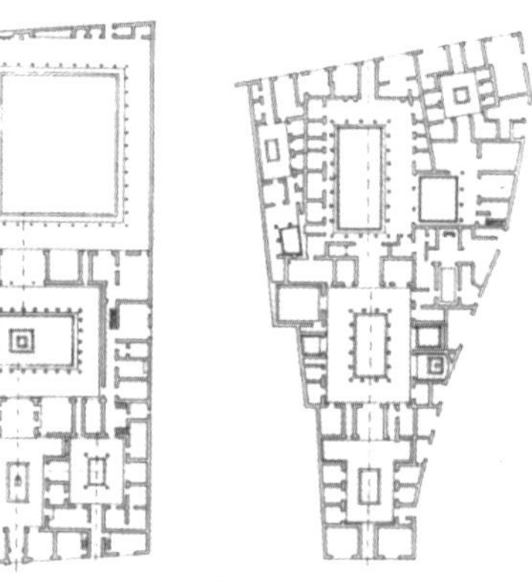

图 2–41　根据庞贝城宅园平面与遗址

图 2–42　意大利米兰巴维亚修道院

果树浓荫，四条小河流注其中：常久不浊的水河、滋味不变的乳河、味道醇美的酒河、清澈见底的蜜河。天园的设想既是游牧的阿拉伯人对沙漠绿洲的理想化的憧憬，也是他们后来从荒瘠的沙漠迁徙到肥沃的

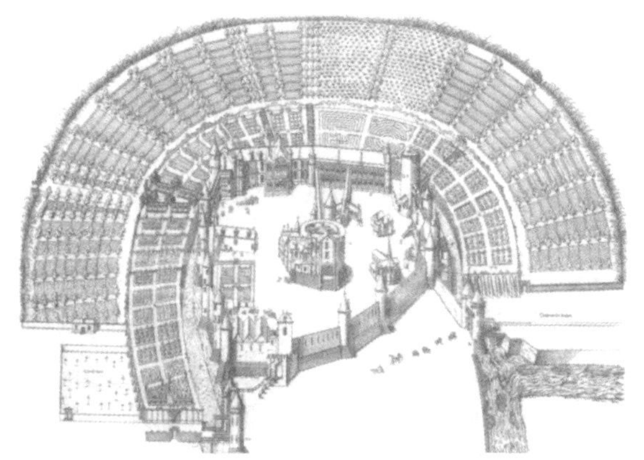

图 2–43　法国蒙塔尔吉斯城堡（外置花园）

图 2–44　法国商堡城堡实景

两河流域之后，受古波斯园林影响的反映。阿拉伯人继承了古波斯庭院的特点，庭院以喷泉为中心，水、乳、酒、蜜四条河十字交叉的布局，便成了后世伊斯兰园林的基本模式（图 2-45）。

随着公元 7 世纪阿拉伯人建立起地跨亚、非、欧三大洲的伊斯兰大帝国，这种园林模式更是广泛地在西班牙（图 2-46）、印度（图 2-47）等地区流传开来。

图 2–45　伊斯兰园林中的十字形水渠

图 2–46　西班牙阿尔罕布拉宫苑

（3）文艺复兴时期

1）意大利台地园

西方园林在更高水平上的发展始于“文艺复兴”时期。15 世纪是欧洲商业资本主义的上升期，意大利出现了许多以城市为中心的商业城邦。政治上的安定和经济上的繁荣必然带来文化的发展。

当时的意大利，贵族、大主教、商业资本家们不仅在城市里修建了华丽的住宅，也在郊外建造了

图 2–47　印度泰姬陵

许多别墅作为休闲的场所，别墅园遂成为意大利文艺复兴园林中最具有代表性的一种类型。别墅园林（图2-48~图52）继承了古罗马园林的特点，采取规则式布局而不突出轴线。整个园林分为两大部分：一是紧挨着主要建筑物的部分，为花园；二是花园以外，为园林。由于意大利半岛三面濒海，又多山地丘陵，因而其园林建在斜坡上，上下分成几层台地，各层台地之间，用台阶相连。主要建筑物通常位于山坡地段的最高处，在它的前面，沿山坡而引出的一条中轴线上，开辟一层层的台地。在每层台地上，按中轴线对称布局几何形的水池、喷泉、雕像等，并用黄杨或柏树组成花纹图案树坛，突出常绿树的绿色，再点缀各式各样的白色石雕于其间，充分发挥花坛和丛林间明暗对比的好处。此外，别墅园很重视水的处理，一般于高处汇聚水源作贮水池，然后借地形台阶修成渠道，将山泉之水引放而下，形成层层下跌的水瀑、平濑或流水样，以观赏飞瀑的动态美和流水叮咚作响的音乐美。在各层台地上，用管道引水，利用高低落差压力，筑成各式喷泉。喷泉从某种意义上说，是意大利台式园林的一种象征。为了提高其装饰效果，往往在喷泉上饰以雕像，而又雕像喷水。中轴线两旁栽植黄杨、石松等树丛，作为园林本身与周围自然环境之间的过渡。游人或站在台地上，或通过建筑物的阳台、窗口，顺着中轴线的纵深方向眺望，可以俯瞰到全园景色。作为装饰点缀的“园林小品”也极其多样，有雕镂精致的石栏杆、保坎、碑铭，还有为数众多、以古典神话为题材的大理石雕像，它们本身的光洁晶莹，衬托着暗绿色杉树树丛，与碧水蓝天相掩映，产生出一种生动而强烈的色彩和质感的对比。这种规整式的造园风格，通常被称为“意大利台地园”。台地园在地形整理、花木修剪和水法技术处理方面，有着极高的造诣。

图 2–48　卡雷吉奥庄园

图 2–49 法尔奈斯庄园

图 2–50 波波西里花园

图 2–52 加尔佐尼庄园中的喷水池、花卉和雕塑

图 2–51 伊索拉・贝拉庄园

2）法国规整式园林

法国是较早受意大利文艺复兴运动影响的国家之一。其影响之一，即在造园上继承和发展了意大利的规整式台地造园艺术，出现了台地式园林布局、剪树植坛、果盘式喷泉等，由此形成了法国园林的特点。由于法国地势平坦，因而在园林的规模上，显得更为宏大而华丽。在理水艺术上，多采用平静的水池、水渠（图 2-53~ 图 2-56），很少采用瀑布、落水；大量应用花卉，在剪树植坛的边缘，以花卉镶边，逐渐发展成为绣花式花坛；在一块大面积的平地上，以栽植灌木花草来镶嵌组合成各种纹样图案，如同铺在地上的地毯（图 2-57~ 图 2-59）。

17 世纪下半叶，法国造园家埃·勒诺特尔进一步提出要“强迫自然接受匀称的法则”。他的典范之作，就是亲自主持的凡尔赛宫苑设计（图 2-60），根据

图 2–53　沃 – 勒 – 维贡特府邸花园水池

图 2–54　尚蒂伊府邸花园水池

图 2–57　沃 – 勒 – 维贡特府邸花园

图 2–55　枫丹白露宫苑庭园鲤鱼池

图 2–56　丢勒里花园庭园水池与喷泉

图 2–58　特里阿农宫苑大理石宫及花园

图 2-59 法国枫丹白露宫苑中的大花园

图 2-60 法国凡尔赛宫苑

法国地形平坦的特点，创造了宏伟华丽的园林风格。凡尔赛宫苑占地 600 余 hm^2，包括苑区和宫区两大部分。苑区布局在宫区两侧，有一条自宫殿中央往西延伸长达 2km 的中轴线，由两侧大片树林组成一条极其宽阔的林荫大道，自东而西一直消逝在无垠的天际。林荫大道的设计，分为东、西两段，东端的开阔平地上，布局成左右堆成的几组大型的绣毯式花坛，其中南花坛景色开阔，是外向性的。北花坛被密林保卫，景色幽雅，是内向性的。西段以水景为主，包括“十”字形的大水渠和阿波罗水池，饰以大理石雕像和喷泉。“十”字水渠横臂的北端为大特里阿农别墅园，南端为动物园。林荫大道两侧的树林里，隐蔽地分列着一些洞府、水景剧场、迷宫、小型别墅等，是比较安静的就近观赏的场所。树林里还开辟出许多笔直交叉的小林荫路，它们的尽端都有对景，因此形成一系列的视景线，故此种园林又称为视景园。中央林荫大道上的水池、喷泉、台阶、雕像等建筑小品和花坛、绿篱等，均严格按对称均齐的几何图形格局布局，是规整式园林的典范。这座皇家园林不仅是当时世界上规模最大的名园，也是法国绝对君权的象征。由于凡尔赛宫苑构筑的巨大成功，其园林构建风格，亦被誉称为勒诺特尔风格或路易十四风格，并在 18 世纪风靡全欧洲，乃至世界各地，我国圆明园内西洋楼的欧式庭院亦属于此类风格。

（4）近代

1）英国自然风景园

英国与欧洲大陆以海相隔，受外界影响比较慢，虽然几何庭院也曾传入英国而风行一时，但英国如茵的草地、森林、树丛与丘陵地貌相结合的优美自然景观，以及国人对这种自然景致之美的深厚感情，使得他们很快厌弃了封闭的“城堡园林”和规整严谨的“勒诺特尔式”园林，转而探索另外一种近乎自然、返璞归真的新的园林风格——风景式园林。

英国的风景式园林兴起于 18 世纪初期。与勒诺特尔风格完全相反，它否定了纹样植坛、笔直的林荫道、方整的水池、整形的树木。扬弃了一切几何形状和对称均齐的布局，代之以弯曲的道路（图 2-61）、自由式的树丛和草地（图 2-62）、蜿蜒的河流（图 2-63），讲究借景和与园外的自然环境相融合。为了彻底消除园内外景观的界限，英国人想出了一个办法，把园墙筑在深沟之中即所谓“沉墙”。

图 2–61　斯陀园中弯曲的园路

风景式园林比起规整式园林，在园林与天然景致相结合，突出自然景观方面有其独特的成就。此后，英国风景式园林在自由式的造园格局基础上，又复用台地、绿篱、人工理水、植物整形修剪以及日晷、鸟舍、雕像等建筑小品（图 2-64）。它特别注意树的外形与建筑形象的配合衬托以及虚实、色彩、明暗的比例关系。

图 2–62　查兹沃斯风景园的树丛

图 2–64　英国布伦海姆风景园中主建筑一侧的模纹花坛

图 2–63　斯托海德公园中蜿蜒的水岸线

图 2–65　园内的中国塔

图 2-66 园内棕榈温室内景

图 2-67 园内的林荫道及两侧的树木

图 2-68 棕榈温室旁的自然式水池

这一时期，以圆明园为代表的中国园林艺术被介绍到欧洲。英国皇家建筑师钱伯斯（William Chambers）两度游历中国，归来后著文盛谈中国园林并在他所设计的丘园（Kew Garden）（图 2-65~ 图 2-68）中首度运用所谓“中国式”的手法，虽然不过是一些肤浅和不伦不类的点缀，终于也形成了一个流派，法国人称之为“中英式”园林，在欧洲曾经风行一时。

英国的风景园作为勒诺特尔式园林的对立面，不仅盛行于欧洲，还随着英国殖民主义势力的扩张而远播于世界各地。

2）其他国家

18 世纪中叶，英国风景式造园风行于法国，当时由于受到卢梭的影响，提倡田园的乐趣，憧憬田园生活。法国首先建造风景式园林的是蒙莫朗夫人。此外，在凡尔赛地区周边更建有仿效中国的园林，庭园中建造有假山，布置了茅屋、石桥、甚至牛棚、农舍等，全为乡村风景。德国风景式造园自英国脱胎而成。但到了 20 世纪，对风景式造园论的倾向性突然为之一变。起先主张表现乡土个性，造园材料避免选用外来者，以免破坏整个自然风景，而在形式上主张设计时应以实用为目的。后来又提倡根据植物生态学观点进行造园，以科学的眼光洞察乡土自然并再现于造园中。其他诸如俄罗斯、瑞典、意大利等国也纷纷仿效英式和中英式造园。

2.3.3 中西方园林艺术风格比较

（1）中西园林艺术的迥异风格

众所周知，世界园林可以划分为东方园林和西方园林两大类，前者以中国园林为代表，后者以法国园林为代表，两者的造园理论、造园布局手法以及审美情趣迥然不同。

1）中国园林艺术风格

中国园林是一种自然山水式园林，追求天然之趣是中国园林的基本特征。它把自然美和人工美高度地结合起来，把艺术境界与现实生活融合于一体，形成把社会生活、自然环境、人的情趣与美的理想水乳交融地交织在一起，既可坐可行，又可游可居的现实物质空间，它是人类认识、利用和改造自然的伟大创造。“清水出芙蓉，天然去雕饰”“自然者为上品之上”“虽为人作，宛自天开”，成为评价中国园林艺术的最高标准。“外师造化，中得心源”成为中国造园艺术的基本信条。中国园林仿佛是一首描写自然美景的诗歌，也仿佛是一幅可以身历其境的立体山水画，它是绘画与文学结晶而成的美景，凝聚着中国人的美学观和思想感情。陈从周的“中国园林是一首活的诗，一副活的画，是一个活的艺术品”（《中国园林艺术与美学》）和程兆熊的“将中国之庭院花木视为一体，亦如将中国的山河大地视为一体”（《论中国庭院花木》），正是对中国园林艺术风格的高度概括。

中国园林在造园原则上最忌方塘石洫、一览而尽的做法，“水欲远，进出之则不远；眼影断其派（脉），则远矣。”“合景色于草昧之中，味之无尽；擅风光于掩映之际，览而愈新”（清笪重光《画筌》）。中国园林的总体布局，要求庭院重深，处处邻虚，空间上讲求“隔景”“藏景”，要求循环往复，无穷无尽，在有限的空间范围内营造出无限的意趣。而在审美情趣上，则追求形似：只追求“似”，而不要求“是”。中国艺术之妙，就“妙在似与不似之间：太似为媚俗，不似为欺世”（齐白石）。惟其神似，才能“以少总多”“情貌无遗”。

2）西方园林艺术风格

以法国为代表的西方园林与中国园林迥然不同。西方园林的造园艺术，深受数理主义美学思想的影响，完全排斥自然，力求体现出严谨的理性，一丝不苟地按照纯粹的几何结构和数学关系发展，追求园林布局的图案化。“大自然必须失去它们天然的形状和性格，强迫自然接受对称的法则”，成为西方造园艺术的基本信条。正如西蒙德所说：“西方人对自然作战，东方人以自身适应自然，并以自然适应自身。”西方园林的基本风格包括：

a. 建筑统率园林。在典型的西方园林里，总是有一座体积庞大的建筑物（或城堡兼宫殿，或城堡兼宅邸），矗立于园林中十分突出的中轴线的起点上。整座园林以此建筑物为基准，构成整座园林的主轴。园林的主轴线，只不过是城堡建筑轴线的延伸。园林整体布局服从建筑的构图原则，在园林的主轴线上，伸出几条副轴，布置宽阔的林荫道、花坛、河渠、水池、喷泉、雕塑等。

b. 整体布局体现严格的几何图案。在园林内辟建笔直的通路，在纵横道路交叉上形成小广场，呈点状分布水池、喷泉、雕塑或其他类型的建筑小品，水面被限制在整整齐齐的石砌池子里，其池子被砌成圆形、方形、长方形或椭圆形，池中布设人物雕塑和喷泉。园林树木严格整形修剪成锥体、球体、圆柱体，草坪、花圃则勾画成菱形、矩形、圆形等图案，一丝不苟地按几何图形修剪、栽植，绝不允许自然生长形状，被誉之为刺绣花圃、绿色雕刻。

c. 布局大面积草坪。园林中布局大面积草坪被视为室内地毯的延伸，故有室外地毯的美誉。

d. 追求整体对称性和一览无余。园林布局无层次，只有把游览视点提高，才能领略造园艺术的整体美。欧洲美学思想的奠基人亚里士多德认为，美要靠体积与安排，他在《西方美学家论美和美感》一书中说：“一个非常小的东西不能美，因为我们的观察处于不可感知的时间内，以致模糊不清；一个非常大的东西不能美，例如一个千里长的活东西，也不能美，因为不能一览而尽，看不到它的整一性。”他的这种美学时空观念，在西方造园中得到了充分的体现。西方园林中的建筑、水池、草坪、花坛，无一不讲究整体性，无一不讲究一览而尽，并以几何形的组合达到数的和谐。西方这种造园意趣，被德国大哲学家黑格尔正确地概括为“露天的广厦”：“它们照例接近高大的宫殿，树木是栽成有规律的行列，形成林荫大道，修剪得很整齐，围墙也是修剪整齐的篱笆来造成的，这样，就把大自然改造成为一座露天的广厦。”尤其是法国园林，是“最彻底地运用建筑原则于园林艺术”的典型。

e. 追求形似与写实。被恩格斯称赞为欧洲文艺复兴时期的艺术巨人之一的达芬奇，认为艺术的真谛和全部价值就在于将自然真实地表演出来，事物的美“完全建立在各部之间神圣的比例关系上”。因此，西方人的审美情趣追求形似与写实，截然不同于中国人的审美情趣。

综上所言，西方园林艺术提出“完整、和谐、鲜明”三要素，体现出严谨的理性，完全排斥了自然。这些构园特点，主要体现在法国古典主义造园艺术上。

（2）中西园林艺术特点比较

1）中西园林艺术风格不同的哲学渊源

西方园林艺术风格之所以与中国园林艺术风格迥别，归根结底是由于两大地区人们所信奉的哲学观念不同，从而直接影响着对园林艺术的不同审美要求。如西方人信奉“天人对立，改造自然”的哲学观，在线条中崇奉直线，认为直线代表着人的意志，能以一种最小的代价和最直接的方式获取最大的效益，因而视直线和几何形为美，西方园林好似一篇天人分立、征服自然的宣言书；中国人信奉“天人合一，顺应自然”的哲学观，在线条中崇奉曲线，认为自然界是没有直线的，只有曲线才能反映自然界的不规则性，因而视曲线为美，视直线为丑。中国园林好似一首天人合一，顺应自然的颂赞诗。

此外，中西方园林艺术风格的迥然不同，还与当时中西方的社会政治实情不同有着密切的关系。法国路易十四派到中国来的第一批耶稣会传教士之一的李明（Louis Le Comte, 1665~1728 年），通过实地考察和对比后发现：中国的城市布局是方正整齐的，而园林布局是曲曲折折的；而法国则相反，其城市布局是曲曲折折的，其园林布局是方正整齐的。李明虽然敏锐地发现了中法两国城市布局对立的事实，但并没有解释形成这一现象的原因。其实，这正是两国社会政治实情不同所致。中国当时实行的是中央集权的封建君主专制制度，为了反映无所不在的君权统治，所以其城市布局总是方正整齐的，它是封建专制制度下的一种产物；而“性爱山泉，颇乐闲旷”的中国士大夫，为了逃避窒息一切生机的封建专制罗网，追求君权不及的自然隐逸生活，于是园林作为代表这种生活理想的象征，总是布局得曲曲折折的，是当时国家封建分裂割据的产物，而方正整齐布局的园林，则形成于封建社会晚期。当时新兴的资产阶级和国王一起，力图摆脱几百年的封建分裂和混乱，企求建立统一的、集中的、秩序严谨的君主专制政体，为表达他们的这种强烈愿望，反映在园林的构建上，便被布局得方方正正。

2）中西方原理艺术风格差异

中国园林艺术风格与西方园林艺术风格迥别，可用表 2-1 表述。

表 2-1　中西方园林艺术特点的比较

类别	西方园林艺术风格	中国园林艺术风格
布局	几何形规则式布局	自然或自由式布局
建筑	建筑统率园林	园林统率建筑
道路	轴线笔直式林荫大道	迂回曲折，曲径通幽
树木	整形对植、列植	自然形孤植、散植
花卉	图案花坛，重色彩	盆栽花坛，重姿态
水景	动态水景：喷泉瀑布	静态水景：溪池滴泉
空间	大草坪铺展	假山起伏
雕塑	石雕具象（人物、动物）	大型整体太湖巨石
取景	对景：视线限定	借景：移步换景
景态	旷景：开敞袒露	奥景：幽闭深藏
风格	骑士的浪漫蒂克	文人的诗情画意

2.3.4 中国山水园林对世界现代园林的影响

（1）早期

西方资本主义后起之秀的美国，是原始老牌资本主义国家英国的殖民地，因而把“中英式”的造园风格，很自然地带到美国。美国人向往本国的乡土风景，以各自家庭的庭院为主，进而美化其周围的风景，从而兴起了利用乡土自然风景的运动，期间涌现出一些现代园林景观设计大师，留给后人众多的景观设计作品，并使美国成为世界上首创国家公园的国家，走在了世界园林景观设计学科的前列。

1）人物

a. 唐宁（Andrew Jackson Downing）

唐宁自称为乡村建筑师，这表明了他对乡村自然景色的热爱。他的几部有关园林设计与乡村建筑的书，包括1841年的《关于北美风景园理论与实践概论》，1842年的《乡间村舍》和1850年的《乡村住宅建筑》，广为人们传阅，对风景园在美国的发展影响较大。唐宁坚持认为自然有利于社会，与自然接近，人会感到精神与肉体的平衡、安宁，从而使生活更新。他尤其赞赏风景园的自然特性，蔑视当时美国流行的新古典主义风格，主张体现真实的效果。唐宁在英国游览期间，他被城市中融有的乡村景色所吸引，他在1848年指出“对郊区墓园的兴趣表明了城市用适当的方式建立公园必定会成功”，这样他引入了欧洲的城市公园。唐宁所设想的浪漫郊区（The Romantic Suburb）一方面是源于对工业城市的逃避，另一方面是要与方格网街道形成对比。1852年，他为新泽西公园规划，道路呈自然布局，住宅处于树丛中，住宅区中心有公园。十九世纪的浪漫郊区住宅是美国最初在城市形态方面的贡献，表现了一种良好的住宅环境，形成了所谓城市—乡村连续体。这种浪漫的郊区住宅影响了本世纪二十年代的英国花园城市。

b. 克里夫兰德（Horace William Shaler Cleveland）

克里夫兰德对美国风景建筑的诞生也做出了贡献。1854年他在波士顿的新公园讨论中，认为应把波士顿的公共绿地开辟为公园。1869年，他设计了芝加哥的城南公园。1873年他发表了一本书《适合西方需要的风景建筑学》（landscape Architecture as need as the wants of the west）书中强烈指责了中西部地区的城市建设，矩形街道将城市分成小块地（Subdivisions）并没有考虑自然的特点。他主张用林荫大道把大小不同的公园、城市中的开敞空间连接起来，形成公园系统以利于全城绿化。

c. 奥姆斯特德（Frederick Law Olmsted）

奥姆斯特德是十九世纪最杰出的风景建筑师，他一生涉及的领域很广，实践的项目众多，影响甚大。他最先废弃了十八世纪在英国流行的各种含义不清的术语，提出了“风景建筑学”的概念，成为美国第一个风景建筑师。1858年，奥姆斯特德与英国建筑师沃克斯（C Vaux）合作设计的纽约中央公园是奥姆斯特德的第一个风景园林实践。中央公园作为美国第一个城市公园得到公众的赞赏，以后美国把公园当做促进城市经济和提供自然景色的一项公益活动，他们在许多大城市都开辟了公园，中央公园的建立在美国激起了一场城市公园运动，奥姆斯特德参加并领导了这场运动，并受到各地邀请设计了许多公园，作品遍及美国和加拿大。奥姆斯特德在后来的公园设计中，注重从整个城市的角度出发，总结出把一系列公园联系起来构成有机体融入城市的想法，即形成公园系统（Park System）。在与伊里特（C.E1iot）合作的波士顿公园系统规划中就强调了这一构思。以后的波士顿大都市公园地区组织以波士顿为中心结合了12个城市和24个城镇，形成一个区域绿化系统。1868年奥姆斯特德受委托规划芝加哥以西九英里的滨河郊区住宅村，他把住宅与风景融为一体，住宅村里有曲线状的道路系统，住宅掩蔽在树木中，村舍以公共活动为中心，沿河岸设有带状公园，体现了奥姆斯特德试图把乡村生活与城市文化结合起来的浪漫主义思想。奥姆斯特德最后的代表作品是1893年在芝加哥规划的哥伦布世界博览会（The World's Colubian Exposition），他把建筑布置在有栏杆的平台上，平台面向密执安湖面，博览会中心有森林岛（Wooded Island），是建筑群中的一块绿洲。规划不仅充分利用了天然湖面的景色，也改善了这块废弃的沼泽地，创造了宜人的环境。来此参观的人都很赞赏设计者的才能，并纷纷仿效，希望他们的城市都能像博览会一样因地制宜地去发展和美化。这个规划在美国激起了一场城市美化运动（City Beautiful Movement），在美国城市设计中建立了一个里程碑。

2）公园

a. 纽约中央公园

纽约中央公园（图2-69~图2-72）位于纽约曼哈顿岛，占地348hm^2。设计者奥姆斯特德在设计中首先建立了公园要以优美的自然景色为特征的准则，公园内以大片草坪和树木为主，着重大面积的自然意境，在公园的四周有高大的树木作为分隔绿带，隔开城市视线和噪声，使公园成为一个相对安静的环境。设计中道路系统的布局是一大创新。每相隔一定距离设计了四条横向下沉通道，这样既满足了城市交通，又使公园避开了城市干扰。为了能更好地欣赏风景，他按人们不同的活动方式，把道路分为车道、骑马道和人行道，这些道路在交叉的地方通过架桥或凹下通道解决。在总平面设计中，除了林荫道是供人们散步的场所外，还有一个正式的场所供人们在节假日聚会，儿童游戏场提供娱乐游戏，公园中的湖面可以划船，冬天可用来滑冰，在公园里构成一幅生动的画面，大片草皮和各种花木增添了公园的田园景色。中心公园蕴含着奥姆斯特德丰富的思想，不失为一件自然艺术品，为风景建筑学在美国的发展奠定了基础。奥姆斯特德在当时对公园建设和规模的观点是具有卓越远见的，一百多年来的今天，中央公园已成为屹立在现代化工业城市中的一块绿洲，它为城市输送新鲜空气并带来大自然的勃勃生机。

图2-69　美国纽约中央公园鸟瞰

图2-70　公园的林荫道与盆栽

图 2–71　公园水景和桥梁

图 2–72　公园内的大草坪

b. 国家公园（National Park）

国家公园的诞生一方面是源于人们在从征服自然到受到自然惩罚的过程中认识到了保护自然资源的重要意义。另一方面，美国从十八世纪开始，兴起了动植物学的研究，这些研究激发了人们探索自然奥秘的兴趣，同时也改变了人们的审美观，他们为优美的自然景色所倾倒，赞叹不已。美国在 1872 年正式通过了设立国家公园的法案，并建立了第一个国家公园——黄石公园，从而创立了国家公园这一名词和保护生态环境这一独特的形式。1916 年正式成立了国家公园组织（Nationa1 Park Service）以此推动国家公园的发展。

国家公园在保护自然，提供人们大自然中的游憩场所的前提下，也结合人文史迹，科学普及和科学研究的内容，国家公园把早期公园的概念推广到了广阔的大自然。美国国家公园根据不同的自然特性，制定不同的规划和保护计划。保护从几个方面来考虑：首先是地区的自然要素，要求具有“奇、罕、原始”的特征，如独特的地形，表明生物进化的重要化石，稀有动物栖息地，生态学生物共同体等。在考虑自然要素中，以保护自然原始状态为主，不许采伐森林，狩猎和放牧，控制人工开发。其次是考虑游憩要素，在不损坏环境质量的前握下，向群众开放，供群众开展野外活动。国家公园内还有地质学、生态学、野生动物学、考古学、风景建筑学、建筑学等研究所，专门研究有关自然资源的保护计划，制定有计划的游览和科学教育活动，使科学普及与科学研究相结合。美国国家公园的规划要求园内不建高层和体量大的建筑，单体建筑力求与环境协调，造型朴素而有野趣。公园内道路开发也十分慎重，要求不破坏天然景观和资源，设计大多采用原始材料，自然布局。规划原则是尽量不留下人工痕迹，维持自然原貌。

美国国家公园中最典型的例子是黄石公园（图 2-73、图 2-74），总面积 8983km^2，从俄怀明州西部到蒙大那州、爱达荷州，其中包括大面积的北美灌丛沙漠、广阔的草原和乔木林，以及上千个温泉。热水间歇喷泉 200 余处，最高喷泉达 61m。在海拔 2356m 的山上，有面积达 557km^2 的黄石湖。黄石公园内有保存完好的原野化石林、野生动物栖息地，为了保护公园的天然野趣，规划中道路仅用简单的土石铺面，溪流小桥用园中直接开采的园木横跨，森林中设有几条环绕的道路。

美国第二个著名的国家公园是亚利桑那州的大峡谷国家公园 (Grand Canyon N.P) (图 2-75~ 图 2-77)，此园建于 1919 年，面积 2623km^2，地处亚利桑那州北部的沙漠地带，它是由于地质的变迁形成了深达 900m 的峡谷，峡谷两边峭壁千，在谷壁上可看出 20 亿年来不同的地质构造带和生物的垂直分布。

图 2-73　黄石国家公园中的天然喷泉

图 2-76　大峡谷国家公园远眺

图 2-74　黄石国家公园中的湖泊

图 2-75　大峡谷国家公园的积雪和植物

图 2-77　美国大峡谷国家公园地貌

图 2-78　美国“沙漠之花”国家公园

图 2-79　美国华盛顿郊外森林公园

还有一些各具特色的国家公园，如夏威夷火山国家公园（Hawaii Volcanoes NP）、热泉国家公园（Hot-Spring NP）、“沙漠之花”国家公园（Desert in Bloom NP）（图 2-78）、华盛顿郊外的森林公园（图 2-79）、红杉国家公园等都各具特色。

（2）现代

美国社会的发展，使美国历史前五十年所具有的特点逐渐消失在高度工业化、原子能的发展、自然资源的减少，以及大量棘手的城市社会问题中。城市人口增加，城市大规模发展，在城市中心，面临着如何使土地使用经济合理，同时又能美化环境，满足人们需要的问题，风景建筑师们接受了这一新的课题。工业文明破坏了自然生态平衡，污染了人类生存的环境。人们向往自然，要求保护自然资源，保护人类自身；旅游业的兴起，要求有多种休憩形式，要求有原始、自然的风光气氛，以满足人们户外活动的精神需要，这也促进了风景建筑师在这方面的探索。

美国现代风景建筑学的发展一方面是由于环境、生态科学的兴起，使风景建筑学运用科学原理，为人类的生态和娱乐休憩而进行土地规划，设计和经营理念进入区域规划和保护的领域。另一方面，发展了以艺术手段美化环境，促使风景建筑学以对人和社会的需要考虑为基础，贯穿在美国现代生活、工作的各方面，“达到美化和有益的目的”。

自 1858 年奥姆斯特德的中央公园给城市带来生机以来，在美国城市中开始了保留、引进和开辟自然景色的举措。二次大战后，自动化技术增加了人们的空闲时间，整个社会兴起了“为生活而绿化”（Landscape For Living）的思潮，促使风景建筑学的活动范围有很大的发展，从个别园林扩大到城市，在更大的城市领域中涉及城市开敞空间绿化，如城市广场、高速公路、街道、沙漠绿化，以及城市公共建筑周围的绿化，如校园、公共文化中心、商业中心、屋顶花园、室内花园等，其规划手法也从封闭的园内设计转向与现代城市生活相结合，反映人的精神需要。随着人们对城市问题研究的不断深入，越来越多的风景建筑师进入了城市领域，他们的设计原则都是以对城市环境的改善和对城市居民生活需要的关心为特点，所采用的形式千姿百态，有严格的几何形，也有绝对的自然形式，他们把风景建筑学带入了美国现代城市生活中。

1）区域风景规划与保护

随着对自然的开采和利用日益加剧，自然生态环境遭到严重的影响，迫使人们开始重新认识自然。人们认识到地球上的生命是一个相互联结、相互依赖、无限广阔的网络，其中任何一部分的运动、变化都将影响其他部分。人类的实践活动不再是孤立的点，而产生了“区域”的概念、“整体”的思想，在一个区域中，开始考虑区域及周围的社会、自然等因素，于是形成了现代风景建筑学中的区域风景规划与保护。

区域规划就规模层次来说包括总平面规划、土地规划、总体规划、环境规划等，规划注重区域的风景资源开发和使用，从生态学的角度对区域进行风景规划和组织，其目的在于保护自然系统，给人类提供一个良好的区域生态环境。

美国早期兴起的国家公园到本世纪中叶又有了新的发展，形成了一门研究涉及个人利益、社会利益和环境生态利益的新学科——原野游憩学（Wildland Recreation）。从国家公园到原野游憩是人类审美观念发展的产物。人们不再认为旅游是一种艰辛，而把游览原野看成是一种有情趣的娱乐形式，也不会认为描写原野的诗显得野蛮、低贱，而是对之充满了向往。

原野游憩与国家公园相比很少或无人工系统，要求区域内保持最低限度的开发。原野游憩学科的理论研究从环境科学、生态学、心理学等方面探索游憩体系，以保护自然，造福于人类。

2）城市环境绿化与设计

建筑环境绿化可以追溯到古代，长期以来，建筑环境的绿化一直作为建筑的陪衬和点缀，烘托出建筑的主题直到现代风景建筑学的发展，建筑绿化才成为独立的风景设计，成为城市环境的一个重要组成部分，它对城市所起的作用并不亚于建筑本身，风景设计已从过去附属于建筑的角色进入领导地位。人们对环境质量的重视和对自然的憧憬，使他们逐渐把风景园林结合在城市生活、工作的各个方面。建筑绿化的方式因地而异，在土地较充裕的地带其绿化可以使建筑置于大片的绿色环境中，使建筑与绿化相互融合。

美国城市中心最显著的特点是汽车拥挤，大量汽车没有空间停放，解决这个问题的办法是在城市中兴建停车大楼。受其功能的限制，大楼对城市环境和景观都有一定的影响。针对这一问题，在城市用地紧张的条件下，风景建筑师采取了屋顶绿化的办法，屋顶绿化扩大了城市土地使用，美化了城市景观。

新的技术设施把城市建筑绿化引入了室内，形成室内花园，以此改善室内环境。此外，对用地紧张的建筑和高层住宅，也采取了垂直绿化的方式，充分利用建筑的墙面、阳台、平台、平台栏板作绿化处理。

美国城市环境绿化都反映了共同的特点：环境绿化结合城市的具体情况，充分利用可使用的空间，开拓了城市风景建筑学的领域。环境绿化也考虑到了城市生活、休憩活动，在城市中心，绿化供游人休息之用，并辅以观赏的花卉、喷泉、建筑小品、使城市充满自然的气息。

3）现代花园

花园作为风景建筑学的一大组成部分，在风景建筑学的发展中，始终占有一席之地，现代花园有两类，一种是面积较大的公共花园；一种是面积相对较小，与住宅结合的私人花园。

美国私人花园在第二次大战后较活跃，私人公园空间不大，但却可以实现个人的幻想。美国战后经济恢复，城市人口增加，使小城镇和郊区住宅发展起来了。新的社会需要给风景建筑师们带来了广阔的天地，他们开始“为生活而设计”（Design for Living）。其中著名风景建筑师车尔茨（T. D. Church）在创造住宅花园新形式上有很大的贡献。他认为应以考虑花园的使用功能为基础，创造一个适宜于家庭户外生活的环境，而不是纯粹的形式装饰。他努力寻找住宅与花园间的和谐关系，使两者统一为整体。他结合新的社会需要和审美观，找出了园林形式的三个来源，即：①人的需要以及用户本身的特殊要求；②造园材料、栽种技术及管理、场地、条件；③空间表现不仅要满足使用功能，而且要进入艺术领域。到了五十年代，车尔茨表现出了他的开拓精神，他更加注重花园的使用功能以及花园与住宅的关系，他研究了适应新生活需要的园林形式，扩大了现代材料在风景建筑学中的运用和表现力，使花园形式反映了新的审美观，他的花园是时代、地点的产物，成为美国现代风景园林发展的一个重要里程碑。

4）城市广场、小游园

广场作为城市的主要开敞空间已有悠久的历史。特别是在文艺复兴时期的意大利和法国，城市广场建设取得了辉煌的成就。但这些广场在布局上属平面型，广场形式类似于两维的平面装饰。美国现代城市广场建设，从改善和美化城市环境出发，不仅在内容上反映城市生活的需要，而且以多种可能性为城市居民提供良好的休憩、娱乐场地。

5）高速干道空间绿化

20 世纪 50 年代，对美国城市影响最大的方面是高速干道（Freeway）和大量立交的出现。高速干道起源于上世纪三十年代美国东部，最初高速干道在城市之间起联系交通作用，后来逐渐形成围绕城市的环，最后发展到穿过城市。早期高速干道由道路工程师设计，他们主要考虑高速干道的交通容量及道路工程，到五十年代，高速干道穿过城市使自然景色遭到很大的破坏，以后，高速公路的建设常由风景建筑师领导，他们把整个城市道路网作为社会环境和城市整体的一部分进行研究。对高速干道扰乱城市的观点进行了挑战。

6）从郊区购物中心到城市商业街

20 世纪 50 年代美国出现了一种新的城市环境现象，即规模很大的城郊购物中心。购物中心一般占地可达 $100hm^2$，周围有停车场可供一万余辆小汽车停放，停车场设有坡道与外围高速公路相连。风景建筑师把这种购物中心设计为由商店、饭店等围绕的一系列步行林荫道、花园广场的形式，同时有大面积的绿化停车场。市郊购物中心的建立获得了一定的成效，取代了传统的城市商业中心，面对市郊购物中心掀起的挑战，风景建筑师们认识到必须使城市商业中心复活。他们从郊区购物中心得到启发，并以此作为改造城市商业中心的手段，发展了新型的以步行为主的城市商业街（Mall）。现代 Mall 指处于城市商业中心新型的步型商业街和广场，它是综合了商业、交通、绿化的新型城市环境，其内容除大量的商店外，也是多功能的活动场地，用于展览、音乐会、花卉时装展销、工艺美术陈列，亦可作为节假日集会的场所，此外还有雕塑、喷泉、儿童游戏区、户外就餐区，以及有趣的铺地和灯光照明装饰。美国的步行商业街有三种：一种叫全封闭式（Full Mall），这种商业街只许行人进入，禁止车辆通行；第二种为运转式（Transmit Mall），只许在本街内行驶的公共汽车和出租车通过；第三种是半封闭式（Semi Mall）允许有限的车辆进入。步行商业街的建设在美国发展很普遍，它根据不同城市街道的特点有不同的处理，有的只是改善原来街道的购物环境，如扩大步行区，修复更新铺地，增植树木和增加其他街道小品，其目的都是改善城市环境美化城市景观。

（3）发展趋势

美国风景建筑学的发展其过程并不是孤立和偶然的，它与社会发展，科学的进步，人的审美观念的改变有密切关系。不少风景建筑师已受到了现代艺术流派的影响，创造出了新的形式。六十年代至今，风景建筑学又受生态学、环境学与行为科学的影响，在美国出现了一些新的思想，这些新的风景建筑学理论指导着美国风景建筑学的发展方向。

1）现代艺术思潮对风景建筑学的影响

欧洲从二十世纪起，就开始出现了抽象画派，受此影响，风景建筑师把这种新的艺术形式结合在风景中，这种风景形式摒弃了焦点、透视法等规则，关心的是不同材料构成的自由曲线的应用，并相互结合为不规则的构图，创造出轻松、愉快、富有流线感的形式。二次大战后，抽象的风景构图在美国发展很快，其直接影响就来自马尔克斯，此外日本园林强调的静观自悟、枯山水的形式对美国抽象风景形式也有较大的启发。

随着社会的发展，新的哲学和艺术思想的产生，七十年代美国建筑领域兴起了后现代主义的思潮，后现代派认为风景艺术的主题是寻找与自然界的联系，空间组织朝向外界，而不是孤立的内部空间。风景建筑师接受了其中的思想应用于风景设计中，产生了后现代派的风景园林作品，这些作品的特点在空间上表现出流动性、复合性以及空间的暧昧，在造型上是有模糊、含混、象征的感觉，同时也借用历史中的形式和风格融会在现代风景中。

2）结合生态学思想的环境设计

美国现代风景建筑学的实践反映了风景建筑学已扩大到城市绿化系统，进入生态环境造园阶段，作为这种环境设计的指导思想是十九世纪早期兴起的生态学（Ecology），生态学研究的是自然和生物过程具有发展和相互作用的特点，生态学的观点把场所、植物、动物都看做是自然和生物演变的结果，而认识演变过程是有效开发的必要条件。以生态学为基础设计和规划的思想在本世纪六十年代显示出了新的生命力，其领导人物是美国宾夕发尼亚大学风景建筑系教授麦克哈格（Ian MacHarg），他认为生态学为风景建筑学奠定了不可缺少的基础，生态学能建立自然科学与规划、设计专业间的桥梁。麦克哈格1969年出版的《结合自然的设计》（Design with Nature）奠定了环境设计的理论。他的基本观点建立在生态学基础之上，认为风景由生态决定，因而一切风景园林活动都应从认识风景的各种变化和生态学因素出发，并且把自然环境与人作为一个整体来研究。他在《风景建筑学的生态方法》一文中强调“场所是原因”（The Place is because），在这个“场所”上的活动首先应去理解场地的“原因”，即通过研究自然和生物学的演变，揭示场地的自然特性。如在城市区域风景规划中他认为用生态学的方法，我们不仅要知道城市的位置（Site），而且要理解城市的自然形式和特性，把城市区域看成是具有多维因素的场地（Place），而不是仅具两维空间坐标的位置。麦克哈格将生态学的方法用于城市生态系统的研究，他分析了城市和区域的土地使用、区域小气候控制、水域特性、森林保护等一系列有关土地的自然状况，他把许多因素如易侵蚀的土地区域、受污染的水域、不稳定的基岩区、动物的活动区域、植物群的分布、突出的风景特色等分别表示在一系列图纸上，经过相互叠加，在逐渐淘汰的过程中找出最佳的开发区域。

麦克哈格作为第一代生态学规划设计的风景建筑师，他的贡献在于把自然综合的研究与风景结合，开发了一种科学的生态规划设计方法。他解放了风景建筑学，把奥姆斯特德创建的城市自然风景公园的概念扩大到了更广阔、更科学化的领域，使之成为更加广泛的自然资源保护和土地使用规划。

3）应用环境心理学与行为科学进行风景设计

环境心理学是关于人与自然环境之间相互关系的科学，它通过环境政策、规划和设计来改善生活环境质量。行为科学研究环境对行为的影响，人生活在各种环境中，总要对这些环境做出不同的反映，人的行为模式的研究在环境创造中，具有直接的意义和价值。

环境与行为是相互作用的。一方面我们可以去适应环境，使人的行为服从环境，另一方面，我们会控制和选择环境。受环境心理学和行为科学的影响，美国风景设计方法有了新的发展。本世纪六十年代美国兴起的民权运动（Civic-right Movement），产生了居民参与制定规划设计的概念。由于人们对环境具有不同的行为反应，要满足不同的需要，仅靠风景建筑师、规划师或社会行为心理学家的努力是不够的，这要求风景建筑师，一方面环境设计有足够的灵活性，满足个人的需要；另一方面应鼓励居民关心自己的环境创造，促使他们更多地参与规划政策，让居民自由赋予他们的环境以个性，这种思想产生了一种新的设计过程，虽然其过程较设计者独自进行设计复杂些，但结果更能反映社会的需要，反映使用者本身的需要，实现环境存在的社会价值。

生态学的环境设计和行为科学的设计方法都是围绕对人和自然环境的关心所展开的，这种新的风景建筑学思想在设计上的反映预示着二十一世纪的新形式，这种形式不再把规则与不规则分开，不再使几何形与自然形态分开、建筑与自然分开、整体与局部分开。这种新的风景建筑学审美观是：

a. 表达生活的复杂性，并充满象征的意义。

b. 以多种多样的主题和形式表现社会需要。

c. 达到自然生态环境和土地内部关系和谐。

d. 表现教育和丰富的知识内容。

e. 使用尽可能少的土地经济资源。

f. 设计要求居民和公众参与。

由此可见，新的学科标准已打破了传统的视觉欣赏领域，即点、线、面、质地、色彩、空间、体、平衡、韵律、比例、谐调等，纳入了自然作用和社会需要的因素，同时吸取了后现代主义的理论。我们也可以看到，这种综合人、自然、建筑、土地诸因素的系统环境设计思想，正指示着风景建筑学发展的趋势。

3 城镇园林景观的特点及发展趋势

3.1 城镇园林景观建设的特点

3.1.1 规模小，功能复合

城镇是指城区常住人口在50万以下和2万以上的小城市，包括大多数县城和建制镇。城镇的人口规模及用地规模与中大型城市相比都要小很多。然而“麻雀虽小，五脏齐全”，通常城市拥有的功能，在城镇中都有可能出现，但各种功能不会像城市那样界定较为分明、独立性强，城镇往往表现为各种功能集中交叉、互补互存的特点。

城镇园林景观建设具有高度的综合性，它涉及景观生态学、乡村地理学、乡村社会学、建筑学、美学、农学等多方面的领域。园林景观建设依托城镇的复合化功能，加之学科内的综合性，表现出比城市园林景观更加丰富多样的功能。但是，城镇园林景观建设同时也具有更强的地域特色，面临着比城市更鲜明的矛盾冲突。这些都决定了城镇园林景观建设是一项复合化的、多元化的综合性题目。

3.1.2 环境好，自然性强

城镇具备着介于城市与乡村之间的自然条件和地理特征，形成了城镇独特的城乡二元复合的自然特点和外在形态。

城镇依托于广大的农村，绿树农田是其环境，田园风光近在咫尺。与大、中城市相比更加接近自然，山明、水美、绿树、蓝天和阡陌纵横的田野，更有利于创造优美、舒适、独具特色的城镇园林景观。江南城镇有“亲水”特点，因此，在进行城镇园林景观设计和建设时，应充分利用其一山一水、一草一木等自然条件，将它们有机地组织到城镇园林景观系统中去。山区丘陵地区应充分利用地形条件，依山就势布置道路，进行用地功能组织，形成多层次、生动活泼的城镇空间。而在水网交织的地方，应充分利用河、湖等水系的有利条件，组织城镇园林景观系统，形成山、水、湖交相辉映的景象。

城镇园林景观建设不仅关注景观的“土地利用”以及人类生存活动的短期需求，也将景观作为整体生态系统的一个单元，其生态价值是不可低估的。城镇园林景观在保护城镇的生态利益的同时，还提供人们观赏自然的美学途径，为城镇及居住者带来长期的效益，在生态、文化与美学三者合一的基础上，体现人与自然和谐共生的关系（图3-1、图3-2）。

3.1.3 地域广，农耕为主

多数的城镇处于广阔的农村之中，以农耕为主。农业的发展，农民收入的增长，促进了城镇建设，而城镇的建设又带动了农业的发展，加快了农业现代化进程。城镇规模小，而且依托于广大的农村。因此，

图 3–1 徽州宏村民居与水系交相映衬

图 3–2 村庄与菜园

图 3–3 乡村优美的稻田景观

图 3–4 意大利南部乡村

城镇的园林景观建设的服务对象就不仅是城镇居民，还要考虑到广大的农民，需满足这两方面的要求。农业现代化促进了生态农业文化的发展，为城镇园林景观建设带来了独特的景观风貌。因此，城镇的园林景观系统要与农村联网，促进城乡一体化的统筹发展。

城镇园林景观建设不仅保护特有的乡村景观资源并提供农产品的生产性，在此基础上保护与维持城镇的生态系统的平衡，还可作为一种重要的旅游观光资源带来经济效益。传统的农业仅仅能够体现生产性的功能，而现代的城镇园林景观以农业为依托，进一步发挥其生态与经济的功能（图 3-3、图 3-4）。

3.2 我国城镇园林景观建设的现状及存在问题

3.2.1 现状

改革开放以来，中国城镇化的发展成功地走了一条以城镇为主的分散化道路。伴随着中国农村城镇化进程的不断加快，城镇建设得到较快发展。党中央、国务院所提出的一系列方针政策，如《关于促进城镇健康发展的若干意见》及《国民经济和社会发展十五计划纲要》等，进一步把城镇化战略并入国家发展战略。据相关资料统计，从 1978 年到 1998 年的 20 年间，按城镇总人口计算，城镇镇区人口占全国总人口的比重由 5.5% 上升到 13.6%，城镇对城市化的贡献率（镇人口占城镇总人口的比重）由 30.7% 上升到 44.78%。截至 2011 年底，我国共有近三千个县和两万多个建制镇。城镇规模结构和布局有所改善，辐射力和带动力增强。建制镇平均规模扩大，城镇开始从数量扩张向质量提高和规模成长转变，城镇经济体制改革全面展开，符合市场经济要求的城镇经济体制正在形成，城镇居民生活明显改善，各项社会事业蓬勃发展。

随着新农村建设的不断推进，城镇的发展也步入了一个繁荣的时期，并具有起点高、发展快、变化大的特点。城镇的发展繁荣了地方经济，但由于缺乏科学的规划设计、规划管理和景观设计，在取得巨大的成就的同时，也存在很多的问题。我国城镇园林景观的发展在总体上较为无序，有效引导不够，没有一套完整的规划与管理体系，对“推进城镇化”“高起点”“高标准”“超前性”等缺乏全面准确的理解。城镇园林景观建设没有得到足够的重视，20 世纪 80 年代以来，我国城镇的发展明显呈现出“数量扩张”的特征。全国各地城镇数量剧增的同时，城镇的面貌、功能没有实质性的变化，城镇园林景观建设严重滞后。

在城镇园林景观的整体布局上，呈现出全局分散，没有系统的景观结构，更没有整体化的绿地布局。而城镇局部的园林景观也以乱为主要特征，无论是公园、道路、还是住区的景观建设，都没有达到一定的水平，城镇整体环境较差。

另外，很多城镇园林景观的建设过分屈从于现实和眼前的利益，普遍重形象建设，轻功能建设，急功近利地做一些华而不实的表面文章，建超大规模的广场，修宽道路搞沿路两张皮，或铺设大面积草坪，并不考虑城镇园林景观的现状以及地域特色，追求时髦与创新，反而丢失了城镇固有的景观特色。同时，也是浪费资源的一种表现，不仅不能改善整体环境，也不能为当地居民带来任何利益。在城镇园林景观建设的认识上存在问题，过于盲目的贪大求全，在学习外国经验时往往不顾国情、市情、县情、镇情，盲目照抄照搬，忽视民族文化、地域文化和乡土特色。

3.2.2 存在问题

城镇园林景观设计主要存在以下几个方面的问题：

（1）基础差，现状绿化指标低

城镇园林景观建设基础比较差，与国家所确定衡量城镇绿化水平的指标相比相差甚远。绿地率低，绿化覆盖率也低，人均公共绿地更少。不少城镇甚至无一处公共绿地。无论是质还是量，都远不能满足人民物质文化水平提高的需求。

（2）投资少，限制园林景观建设的发展

园林景观建设在我国普遍存在着投资少，缺口大的问题。而城镇由于经济发展所限，其资金不足的矛盾尤为突出，“先繁荣，后环境”的思想根深蒂固，这在很大程度上限制和影响了城镇园林景观建设的发展。

（3）缺特色，园林景观风格单调

我国城镇结构上存在明显的农业文化的印记，

即农舍形态的城镇化，这是“千镇一面”现象的根源，加之不少城镇对待园林景观建设仅停留在“栽树”阶段。在规划设计中存在着系统性差，点、线、面系统结合生硬，新、旧区园林景观不协调等问题。再加上“短、平、快”的单纯绿化思想严重，对设计不重视，盲目追求一步到位，缺乏选择比较，绿地一大片，却没有特色和精品。片面模仿，造成雷同，很难从景观上去识别镇与镇之间的差别。

另外，城镇特有的自然特色也常常在规划设计的过程中被破坏得消失殆尽。一些城镇为了满足外来人对自然风景区旅游观光的需求，在城镇内盲目地建设新奇的房子或随意加大游人对自然景观的干预。为了追求所谓的“大气”“开阔”，把山坡推平，树木砍光，河流填埋或用昂贵而生硬的水泥、花岗岩把河流护岸作成呆板的人工护岸。结果，绿地不成体系，河流变成小塘或单一的排水沟。走在城镇的小路上，不能享受“自然之美”，不能欣赏到纯朴的“大地文化”，城镇珍贵的自然景观特色被完全破坏（图 3-5、图 3-6）。

（4）总体发展与区域布局上缺乏科学的规划设计和规划管理，管理技术和管理人才严重不足。

在城镇园林景观规划和建设中，不少地方存在着明显的长官意志，领导者以个人的好恶进行决策，方案不经过广泛、充分、科学的论证。有的地方甚至是领导者“一言定音”，更无需专业技术人员和群众参与。

城镇园林景观建设由于缺乏专业技术人才和管理人才，树林只栽不管或基本上不管，养护水平低，更谈不上用植物造景。对建设的园林景观缺乏维护、对城镇居民缺乏宣传教育，未能形成爱绿护绿的良好习惯。

（5）生态系统失衡

从生态角度看，城镇园林景观主要由两类生态系统组成。一类是自然景观生态系统，另一类是人工景观生态系统。城镇园林景观不仅是一种人工形式美，而且表现为自然和人工景观的生态系统良性循环、富有生命本质的美。但目前某些城镇以牺牲环境为代价进行园林景观建设，建成了钢筋水泥的城镇丛林，而忽视生态型的园林景观，导致景观生态系统失衡，工业生产和城镇居民排放的大量废弃物，造成大量自然景观被破坏，超过了城镇景观生态系统自身的调节能力。

随着经济建设速度的加快，我国步入加速城市化的时期，在社会经济结构和空间结构发生重大变化的同时，城镇和乡村景观遭受到了巨大的冲击。传统乡村景观中生物栖息地的多样性降低，乡村自然景观破碎化，使得城镇的生态效益遭受严重损害。另外，城镇的发展缺乏合理有效的规划管理，无论是政府、生产者还是居住者都比较偏重于城镇地域的生产和经济功能，甚至不惜以毁林、毁草和填湖为代价，对

图 3–5 城镇生硬的水泥驳岸

图 3–6 超大尺度的广场

城镇园林景观的生态功能和文化美学内涵造成极大破坏。

（6）规划设计的无序性

我国历史文化悠久，幅员辽阔，具有独特景观风貌的历史城镇、村落很多，它们是各地传统文化、民俗风情、景观特征和建筑艺术的真实写照，记载了历史文化和社会发展的演变进程。2015 年，住房与城乡建设部出台《关于改革创新、全面有效推进乡村规划工作的指导意见》，提出要在五年内实现村庄规划的“全覆盖”。城镇园林景观建设方面更是反映出了总体规划的无序性，绿地系统的总体布局大多千篇一律，有的采用城市居住区的布局模式，缺乏乡村的环境特征；有的形式单一，布局呆板，虽提高了土地利用率，但缺乏城镇乡村景观应有的自然氛围和特色。城镇建筑景观上也常常盲目模仿城市的住宅或别墅，形成了与城镇特有的自然环境不相融合的建筑景观。

城镇园林景观规划设计上的无序性也在于规划设计人员对城镇自然环境特征的忽略。经常有设计师将只适用于城市环境的设计规范生搬硬套到城镇园林景观设计中去，缺乏对城镇居民的心理、行为研究。

（7）城镇园林景观缺乏正确定位

随着经济的发展和生活方式现代化的冲击，城镇居民对其居住环境有着求新求变的心理．但往往缺乏乡村景观规划及生态环境保护的正确观念指导。同时，受到城市居住标准、价值观以及建筑风格等的影响，极大地误导了城镇园林景观的发展。很多发展中的城镇向城市看齐，把城市的一切看成现代文明的标志，大拆大建地使乡村呈现城市的景观。

在城镇园林景观建设中，缺乏对城镇性质、功能的正确定位，导致盲目模仿，求大求全的景观建造，模仿大城市的大广场、大草皮、宽马路，与城镇的空间形态格格不入，严重损坏了城镇的形象。特别是一些城镇在园林景观建设中，南北盲目模仿，而不考虑自然环境的差异，选用不适宜的绿化树种和花卉，造成极大浪费。

长期以来，由于我国农村集体土地产权主体不明晰，村镇建设缺乏科学的规划控制与指导，常常出现居住环境建设相对落后、布局不合理，农户多在公路两旁建房经商，村落沿公路延伸，占尽路边良田，形成“马路村”。另外，城镇的居民自行拆旧建新，没有统一的景观规划，大量缺乏设计的建筑形式如雨后春笋般出现，造成城镇景观布局混乱的现象。最后，虽然有些城镇的发展有“见缝插绿，凡能绿化的地方都绿化”的意识，但却没有专业的景观规划设计指导，实施效果低，形象差。这些错误的定位与观念上的偏差都导致了城镇园林景观的低层次和畸形发展。

（8）忽视文化内涵

城镇的文化内涵能反映出该城镇的品位高低，城镇文化的落后与高度化社会形成强烈的反差，导致一些城镇居民对传统文化彻底否定，大拆大建，丢掉了传统文化和地方特色。有些地方，大加破坏文物的周围环境，使文物脱离了文化氛围，也就失去文物固有的意义。

长期以来，人们只注意保护那些在历史上曾经闻名的单幢建筑物、古塔、古树、寺院、庙宇等，而对那些反映当地文化特色或传统风貌的历史性街区、民居则肆意地推平，代之以毫无特色的行列式住宅，使城镇老城区的传统民居环境遭到严重破坏，城镇的传统文化内涵越来越多地被淹没。

社会经济的发展，不可避免地影响到人们的生活方式。对外联系的增加，尤其是现代传媒的作用，使城镇中原有的乡土文化也逐步受到外来文化的影响和冲击，世界文化趋同性现象越来越明显，很多特色居民的原有生活方式发生了巨大的变化，旧有的具有民俗风情的人文景观正逐步消失：民族服饰风格逐渐同一化；民间剪纸、雕刻、刺绣等民族艺术逐步被机械化生产所取代；民间歌舞晚会也逐渐被电视传媒所代替；民族宗教信仰与图腾也在“崇尚科学”的口号下渐渐消失。

（9）对人工景观的错误认识

很多城镇园林景观的建设只是为了追求政绩而做出的一些纪念性表面文章，为建而建，将建筑和城市空间作为表演的舞台，忽视了人工的景观是为了居民休闲需求、生活需要和环境需要而存在的。比如近几年兴起的广场建设，广场面积盲目的和大城市作比较，以为广场建的越大气，越能反映当地的生活水准，人在广场上活动越自由。结果空荡荡的广场上少有人烟，人在其上活动越发觉得自己的渺小。久而久之，大广场成了城镇景观中的摆设。

一些城镇园林景观的建设中，对景观设施和小品的认识不够，要么认为它是可有可无的装饰品，必要时对它进行简单的加工；要么将之摆在城镇景观的重要位置，花费心思，大加修缮。比如有些地方不注重建筑小品的建设，用厚重的砖墙将住区内部景观与外部空间断然隔开；或在沿街建筑两侧大张旗鼓地挂上醒目的广告招牌，以增添城镇的商业气息。而有些地方，为了利用小品营造环境氛围，大肆修建喷泉景观；或在城镇的不同地方放置这样或那样的雕塑以期丰富景观；或在广场上铺上华丽的花岗岩等。

为了城镇形象更加突出，过分关注城镇形象。但由于经济条件限制，在建设中大搞特搞城市外包装建设，对主要道路两侧建筑、小品大加修缮，浓墨重彩做包装，进行“一层皮”开发，以求取得良好的外在形象。比如有些地方对那些脏、乱、差地方投入大量的资金建围墙以阻挡人们视线。或在没有理解地方文化的前提下，盲目地认为江南的“小桥、流水、人家”就是最好的，认为欧洲的“大树、草坪、洋楼”就是最时尚的，进行机械的生搬硬抄，结果，没有特定的大环境，这些“移植”过来的景观让人怎么看怎么都觉得别扭（图 3-7、图 3-8）。

3.3 城镇园林景观建设的发展趋势

中华人民共和国成立以来，城镇得到前所未有的发展，数量从 1954 年的 5400 个增加到 2008 年的 19234 个，成为繁荣经济、转移农村劳动力和提供公共服务的重要载体。特别是改革开放的这三十年，是我国城镇发展和建设的最快时期，在中央“统筹城乡协调发展”及“小城镇，大战略”的方针指导下，政府出台了各种各样的政策来推进城镇化的发展。党的十五届三中全会通过的《中共中央关于农业和农村若干重大问题的决定》指出：“发展城镇，是带动农村经济和社会发展的一个大战略”。党的十六大提出：“全面繁荣农村经济，加快城镇化进程。统筹城乡经

图 3–7 空旷的城镇马路

图 3–8 呆板单调的驳岸，似乎是水池池边不是自然河流改造的驳岸

济社会发展，建设现代农业，发展农村经济，增加农民收入，是全面建设小康社会的重大任务。”2009年10月中共中央又出台了《关于促进城镇健康发展的若干意见》，指出：“当前，加快城镇化进程的时机和条件已经成熟。抓住机遇，适时引导城镇健康发展，应当作为当前和今后较长时期农村改革与发展的一项重要任务。”2015年12月20日中央城市工作会议提出：“城市工作要把创造优良人居环境作为中心目录，努力把城市建设成为人与人、人与自然和谐共处的美丽家园，要增强城市内部布局的合理性，提升城市的通透性和微循环能力。城市建设要以自然为美，把好山好水好风光融入城市”。城镇在我国的社会经济发展和城镇化进程中起着越来越重要的作用。其中，城镇园林景观的建设是城镇生态建设的根本保障。需从城乡景观生态一体化的角度出发，应用景观生态学的基本原理进行城镇园林景观建设。

党和政府一再强调城镇建设的重要意义，十分重视城镇建设的引导。虽然经过这么多年的探索发展，城镇的建设发展取得了可喜的成果，但是由于种种原因，仍然存在着对城镇建设的认识不足，缺少思想准备的现象，从而也出现了很多令人担忧的问题。城镇园林景观形态的可感知性和可识别性越趋削弱，造成了“千镇一面，百城同貌”的局面。这些问题已严重阻碍了城镇的健康发展，因此搞好城镇园林景观建设，是促进城镇健康发展的重要保证。

另外，在城镇化发展过程中，由于不合理地开发利用自然资源，造成生态破坏和环境污染，人类生存的环境日趋恶劣，各种人居环境的不适和灾难逐渐降临，返璞归真、回归自然、与自然和谐相处成为人们的理想渴求。人们重新认识到城镇园林景观建设是营造优美舒适的居住环境和文化特色的重要因素之一。城镇园林景观是农村与城市景观的过渡与纽带，城镇的园林景观建设必须与城镇中的住区、住宅、街道、广场、公共建筑和生产性建筑的建设紧密配合，是营造城镇独特风貌的重要组成部分。城镇园林景观建设的发展具有如下趋势：

（1）以保护城镇生态环境为基础

在城镇化过程中，原本在大城市中存在的环境问题现在在城镇中也开始出现，而且有愈演愈烈之势，这其中包括空气污染、水污染、噪声污染等。城镇园林景观的建设将以提高城镇绿化覆盖率为基础，通过园林景观建设来创造良好的居住环境和生态环境。

（2）以美化城镇环境为最终目标

园林景观建设是美化城镇面貌，增加城镇的建筑艺术效果，丰富城镇景观的有效措施。城镇园林景观的建设将极大地加强城镇与大自然的联系。优美的园林景观建设将在心理上和精神上对城镇起到有益的作用。

（3）与经济发展相结合

城镇园林景观拥有珍贵的自然资源，独特的乡村风光与自然山水是城镇园林景观区别于城市的最主要特征。城镇园林景观未来发展应该充分利用特有的乡村资源和农业资源，与旅游发展、产业发展相结合。城镇优美的景色能够吸引更多的旅游者，从而促进当地旅游业的发展，旅游业会带动经济的发展；同时优美的环境还会吸引更多的公司来这里发展，吸引更多人来这里工作生活，最终促进城镇整体经济向前发展。城镇园林景观建设还可以与农业产业相结合，发展农业公园、农业生产示范区等，扩大城镇产业的经营范围（图3-9、图3-10）。

（4）突出地方特色，展现独特风貌

在城镇飞速发展的时期，国家出台各类政策以使城镇建设独具个性与特色。据北京《京华时报》报道，北京市有一批城镇进行试点，或走园区经济强镇，或走旅游休闲名镇等特色路线。北京市“十三五”城乡发展一体化整体规划推进了通州、房山、大兴区国家级新型城镇化试点建设，建设了郊区特色小城镇和新型农村社区。

图 3-9 农业生态园

图 3-10 无锡龙寺农业生态园

结合地方条件，突出地方特色的城镇园林景观建设需结合地形，节约用地，考虑气候条件，节约能源，注重环境生态及景观塑造，以最小的花费塑造高品质的居住环境。除了物质建设，城镇园林景观建设更应该注重精神层面的地方特色。在一些古老的村落中，都会有公用的公共空间、场地、街道、包括祠堂等，它们是城镇居民的主要聚会交流场所，有助团体凝聚力和归属感的形成。同时，在城镇园林景观的规划设计过程中，应该反映当地居民的愿望，获得他们的理解， 接受他们的参与，以便最大限度地打造适应于当地生活方式的园林景观形式（图 3-11、图 3-12）。

图 3-11 北京房山韩村河打造特色城镇景观

3.4 城镇园林景观建设实例

3.4.1 温斯洛城镇的规划发展研究——传承地域乡村风格

（1）城镇发展研究背景

班布里奇岛上（Bainbridge）的温斯洛城镇（Binslow）是西雅图市的管辖范围，小镇人口仅约 3500 人，拥有非常优越的自然地理条件，周边都是农场和未开发的土地，但同时也面临着乡村地区普遍存在的问题，即城镇的发展如何才能延续乡村风貌，

图 3-12 韩村河优美的自然景观

保留特色。对于温斯洛城镇来讲，幸运的是，它与西雅图城市之间有普吉特海湾相隔，所以城镇的发展并没有过多地受到城市蔓延的影响。同时，25 分钟的轮渡就可以到达西雅图市中心，与城市之间便利的联系也为温斯洛的发展提供了发展机遇。华盛顿州发展管理法案要求班布里奇岛做出一份总体规划，岛上在未来 20 年内可以容纳至少 6000 新居民，而温斯洛城镇至少要吸收增长人口的一半以上。

图 3-13 温斯洛小镇教堂

温斯洛的发展规划是由专业人士、居民代表以及华盛顿大学的学生共同参与，广泛吸收民众意见完成的研究项目，以使城镇能够在现代化发展的浪潮中，既满足城镇发展的需要，同时又能够最大限度地保留特有的地域乡村风貌（图 3-13、图 3-14）。

图 3-14 温斯洛城镇自然景观

（2）城镇总体规划介绍

温斯洛城镇的总体规划通过强化核心区域之间的联系，加强中心区的承载能力，以便更好地保留城镇其他区域的田园风貌和自然风光。在城镇的中心区，鼓励进行高密度的居住开发，同时与零售商业联系起来，成为一个有机的开敞空间系统；为提高中心区的整体活力，建设新的市政厅和市政广场，以及班布里奇表演艺术中心，增加城镇中心区的复合化功能，使其吸引更多的人流；在现有的中心区宽大马路的基础上增建小规模、小尺度的人行街区，使城镇的尺度更加宜人，成为更适宜步行、居住、工作和购物的地方；保留以低层住宅为主的埃里克森历史街区，在核心区滨水公园的附近开发新的住宅项目，将现代与传统的街区景观有机联系，形成对话，同时容纳新增的人口（图 3-15、图 3-16）。

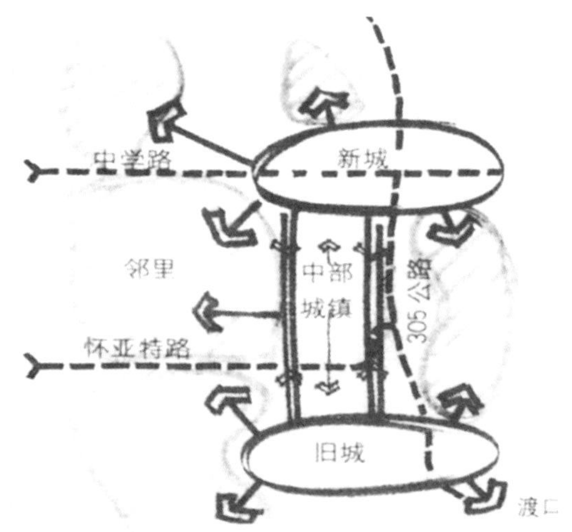

图 3-15 温斯洛概念性规划图

（3）城镇规划发展总结

温斯洛的城镇规划将居民主要的活动聚集在了城镇中心区，从而很好地保留了城镇大面积的田园风光和乡村风貌。城镇中心区保留了原有的小溪及岸边的公园，并被规划为一个复合化功能，高

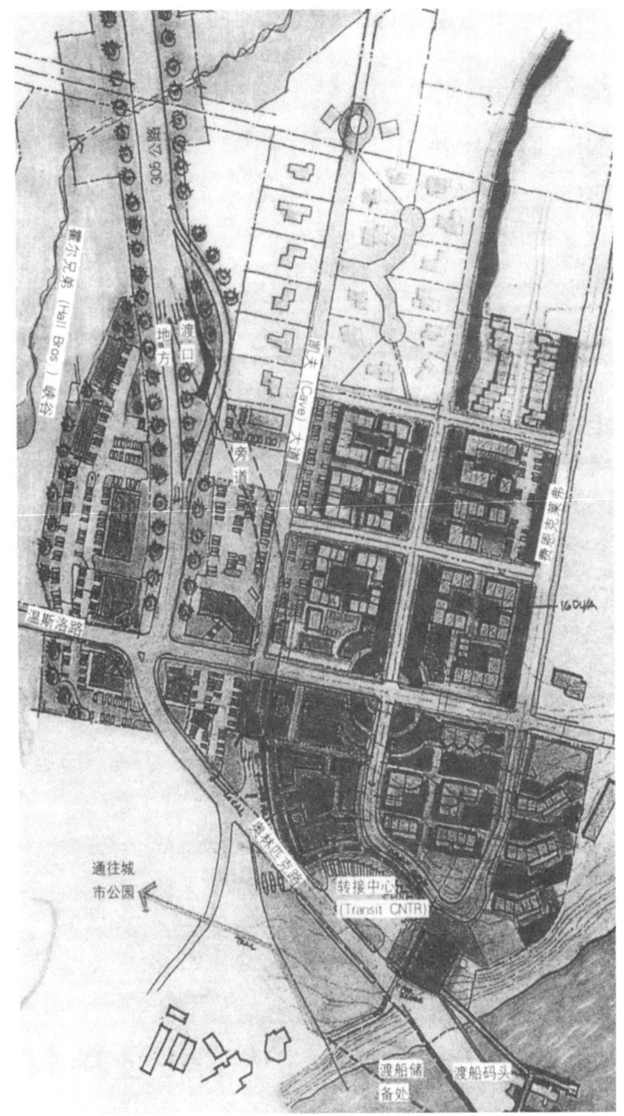

图 3-16 温斯洛城镇规划示意图

密度，适宜步行，并全天候充满活力的区域，未来将成为一个健康发展的中心社区。城镇的规划通过恰当地控制开发建设的比例以及方式，不仅满足了新增人口的居住与现代生活的迫切需求，同时也最大限度地保留了城镇整体的地域特征和自然风貌。

温斯洛城镇是具有典型的海岸小渔村环境特色的区域，在城镇的三条主要大道——温斯洛路、埃里克森路和麦迪逊大道，两侧随处可见当地的艺术杰作，一些工艺精良、保存完好的建筑物向人们展示着独特的城镇风貌。城镇规划通过建设更小尺度的街区而使城镇的景观更加宜人，同时，以前的宽大马路也标志了完整的结构特征，这使得整个城市的景观意向连贯而清晰（图 3-17~ 图 3-19）。

图 3-18 温斯洛城镇自然特征清晰可见

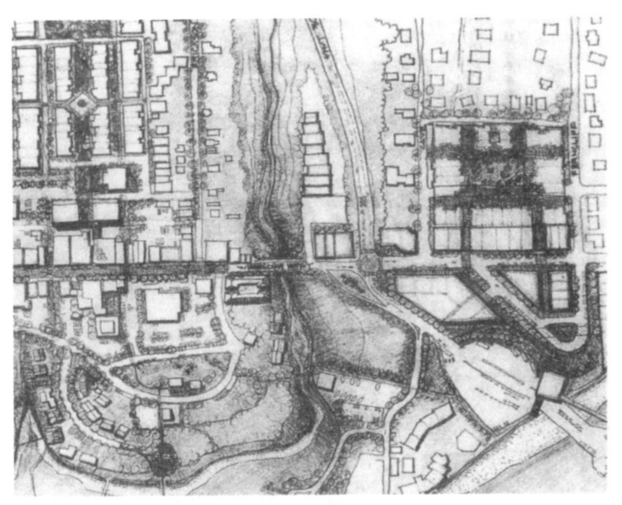

图 3-17 温斯洛老城区的自然景观被很好地保留下来

图 3-19 温斯洛城镇独具特色的住宅建筑

3.4.2 巴黎地区马恩拉瓦莱新城建设案例研究

（1）马恩拉瓦莱新城概况

马恩拉瓦莱新城（Marne la vallee）位于巴黎市区以东约 10km，由塞纳—马恩、塞纳—圣但尼和瓦勒德马恩三省的 26 个城镇共同组成，占地约 152km^2，东西长 22km，南北宽 3~7km，是一处呈线形分布的区域，包括四个新城分区——巴黎之门，莫比埃谷，比西谷，欧洲谷。马恩拉瓦莱新城是巴黎地区五座新城之中规模最大，发展最快的一个，是一个非常具有代表性的成功案例（图 3-20）。

（2）马恩拉瓦莱新城的总体规划

马恩拉瓦莱新城具有区位、交通、环境、人文等诸多方面的优势，它地处从半城市化郊区向传统农业地带过渡的区域，北枕马恩河，南倚大片森林，西抵台地之麓，东临大莫林河谷，区内地势平坦，河流蜿蜒纵横，水塘林地点缀其间，植物生长非常茂盛，自然环境优越，是人们接触自然，放松身心，进行户外活动的最佳场所。马恩拉瓦莱新城所在的区域不仅地理条件优越，人文资源也极为丰富，境内拥有大量的历史文化遗产，自然公园、城堡古建赋予了这一地区浓郁的文化气息与个性。

马恩拉瓦莱新城所处的马恩河谷是巴黎地区传统的农业地带，城市化进程较慢，尤其是新城的东部地区，保留着大量的农业生产用地，这在一定程度上为城镇的发展提供了充足的空间，同时也成为新城规划需要考虑的重要因素。总体的规划建设力求保护区域内的自然空间和人文景观，让城镇的生活与自然产生紧密的联系，以形成舒适宜人的活动空间（图 3-21、图 3-22）。

由于自然资源的限制，乡村风光的保留，以及对于城市快速增长现实需求的考虑，马恩拉瓦莱新城最终大胆地尝试了以城镇优先发展轴、葡萄串式的不连续建成空间、等级化交通体系和具有凝聚力的城市组团为特征的空间发展模式，在短短的 30 年间，新城健康的发展充分证明了这种规划模式的合理性。

首先，新城北部的马恩河以及南部的森林地区都是严格需要保护的自然资源，这就决定了城镇的建

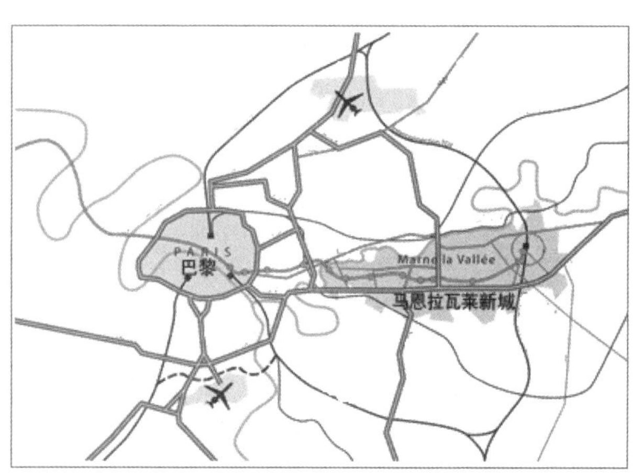

图 3-20 马恩拉瓦莱新城位置图

图 3-21 马恩拉瓦莱新城农业地带

图 3-22 马恩拉瓦莱新城居住区

设必须在两者之间呈线形的布局展开。得到保护的森林和水系资源成为了人们在城镇中享受自然空间的重要途径。

在新城发展的主轴线上，自然空间穿插其间。基于保护自然，将形成自然与生活相互融合的规划理念，总体规划沿轴线形成了葡萄串式的不连续建成空间，在这些空间区域内是密集的住区和商业区，它们被自然空间包围着，成为一个个独立的组团，以轴线为基础相互联系，又以自然植被、水系、农田相互分隔，既为城镇的发展提供了潜力，又形成了舒适的绿色空间。

在每一个城镇的组团内，建设密度和人口密度由中心向外缘逐渐降低，其间是自然的林地、植被、水系穿插交错，林荫道和河流形成了绿色的网络，渗入城镇组团之中，极大地提升了城镇园林景观环境的质量（图 3-23、图 3-24）。

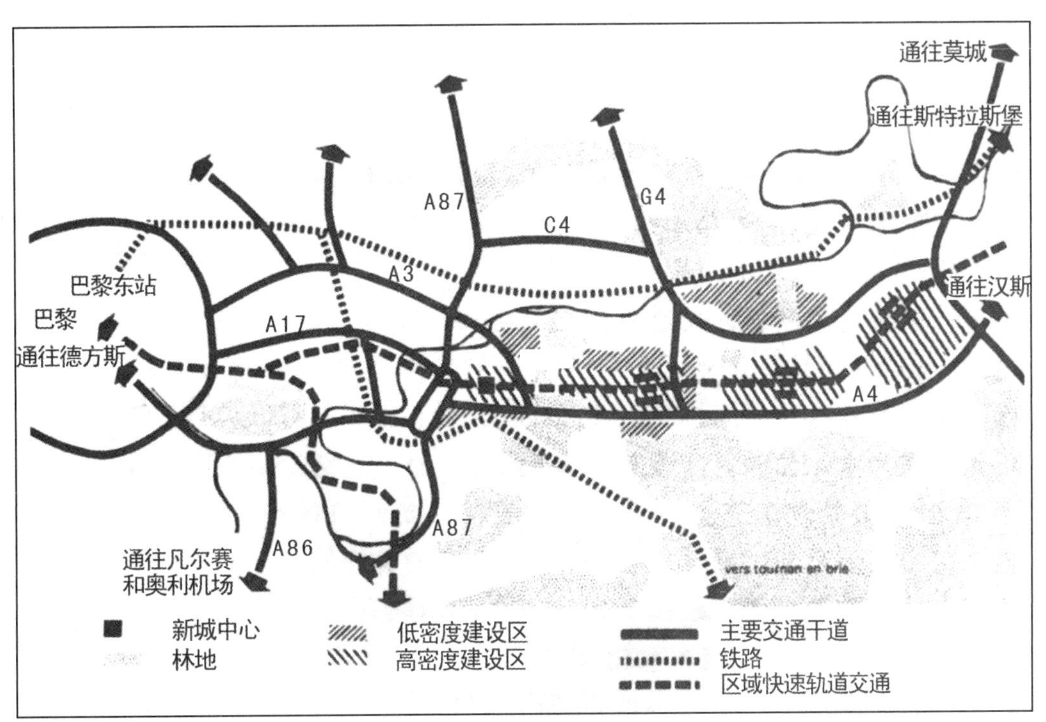

图 3–23 马恩拉瓦莱新城空间发展规划示意

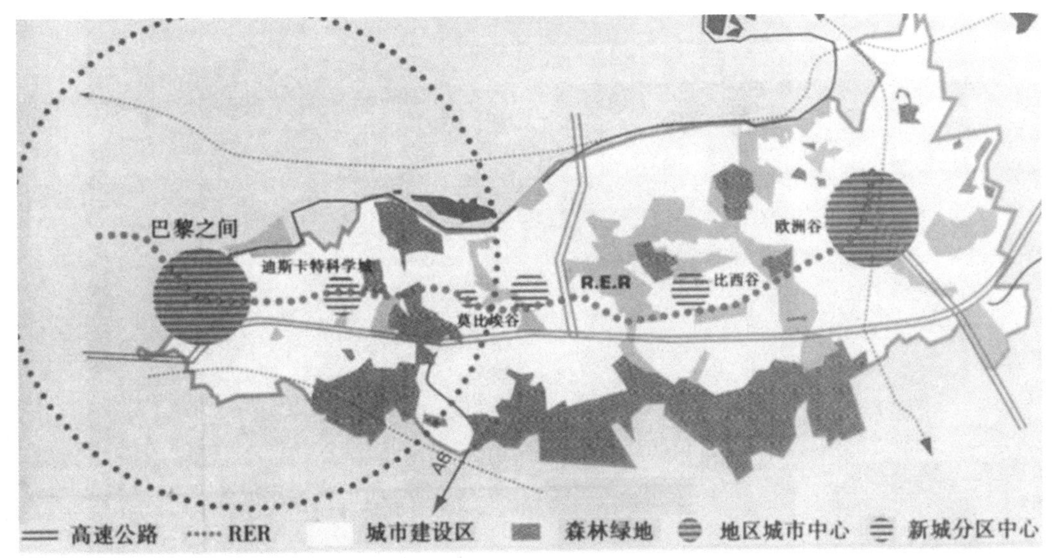

图 3–24 马恩拉瓦莱新城四个分区

(3) 不同分区的城镇景观建设

1) 巴黎之门

巴黎之门是马恩拉瓦莱新城建设的第一个分区，包括商业、办公、教育、体育等公共服务设施以及住宅和城市公园。区内第三产业发展迅速，有巴黎地区商业活动最活跃的购物中心和著名的办公机构，是巴黎郊区的第三大发展中心（图 3-25、图 3-26）。

2) 莫比埃谷

莫比埃谷作为第二分区，充分利用了当地优越的自然条件，林地、河流、植被形成了遍布区域内的绿色脉络，创造出舒适宜人的居住环境，吸引了大批的外来居民。区域内以综合性发展为目的，开拓了新型的城市功能空间，迪斯卡特科学城是区域开发的重要步骤之一，相继建设的马恩拉瓦莱建筑学院、法规城市规划学会等机构，使区域迅速成为了具有国际影响力的科研和培训中心（图 3-27、图 3-28）。

3) 比西谷

比西谷是马恩拉瓦莱新城中最大的一个分区，

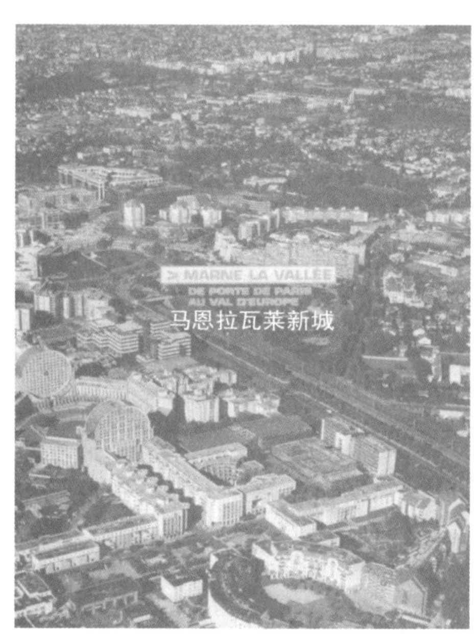

图 3-25 马恩拉瓦莱新城的第一个分区

图 3-26 马恩河畔

图 3-27 莫比埃谷区域内的公园景观

图 3-28 莫比埃谷的河畔景观

其中依托原有城镇中心发展起来的比西圣乔治新区具有典型的规划特征。城镇内的公共空间设计具有法国古典主义园林的典型特征，不仅采用了大量的几何形路网结构，而且使用了很多古典主义园林的设计语言。在区域内引入更多的绿色空间，与建成的城镇空间相互融合，大量采用院落式的布局结构使自然渗入生活之中（图 3-29、图 3-30）。

4）欧洲谷

作为新城的第四个分区，欧洲谷以巴黎迪斯尼主题乐园而闻名。该区域以主题公园的建设为依托，打造了集旅游、娱乐、商务、居住为一体的城镇综合体，发展势头十分强劲。迪斯尼乐园为该区创造了上万个就业岗位，并配套建设了国际商业中心，办公和服务建筑，国际企业园，这里已经成为享誉世界的新城中心，是欧洲国家旅游、休闲、度假的首选地之一（图 3-31、图 3-32）。

图 3–30　比西圣乔治新区

图 3–29 比西谷区域内的街道景观

图 3–31 欧洲谷发展展望

图 3–32 巴黎迪斯尼主题乐园

4 城镇园林景观设计的指导思想与基本原则

4.1 城镇园林景观设计的指导思想

城镇往往镶嵌于广阔的农村之中，相对于城市来讲，城镇与大自然的联系更为紧密，存在更多的人与人、人与社会的交融。城镇的园林景观同时具有了村庄的恬静与惬意和城市的喧哗与热闹。介于动与静之间的城镇的园林景观成为了地方特色风貌的重要展示平台，也更能够多方位、立体地展现出城镇特色风貌。为此，城镇的园林景观必须合理协调各景观要素，以营造优美环境、富有情趣并能够体现地方特色的城镇景观。

融于环境。城镇特殊的环境位置决定了它与自然的紧密联系，城镇的园林景观要充分认识到维护自然是利用自然和改造自然的基本前提。在城镇的园林景观规划和设计中，必须对整体山水格局的连续性进行维护和强化，尽可能地减少对自然的影响和破坏，以保证自然景观体系的健康发展。要尽可能地利用地形地貌、山川水系、森林植被、飞禽走兽及独特的气候变化等自然元素造景，使人工景观自然的融合到自然景观之中，从而保证城镇园林景观与乡村景观相互协调。

以人为本。在现代景观以人为本的思想指导之下，结合现代生产生活的发展规律及需求，在更深层的基础上创造出更加适合现代社会的园林景观。更多地从使用者的角度出发，在尊重自然的前提下，创造出具有良好的舒适性和活动性的园林景观。一方面在建筑形式和空间规划方面要有适宜的尺度和风格的考虑，居住环境上应体现对使用者的关怀；另一方面要对多年龄层的使用者加以关注，特别是适合老人和儿童的相应服务设施和精神空间环境。创造更多的积极空间，以满足大多数人的精神家园。

营造特色。这是树立城镇良好形象的关键。城镇范围的“小”决定了形成特色园林的景观要素的少，城镇园林景观的“小而精，少而特”就显得格外重要。要体现景观特色就需要对环境有敏感和独特的构思，在充分分析和利用当地的地理条件、经济条件、社会文化特征以及生活方式等多方面的因素的基础上，反映出地方传统和空间特征（包括植物、建筑形式等地方特色），努力塑造出园林景观特色。

4.1.1 融于环境

城镇的园林景观依托于周围广阔的自然环境，贴近于自然，田园风光近在咫尺，有利于创造舒适、优美的景观。自然资源是这一区域的最重要的景观优势，设计者应当充分维护自然，为利用自然和改造自然打好坚实的基础。

（1）创造良好的生态系统

随着城镇的发展与变化，人们的物质文化生活

图 4-1 意大利南部的城镇保留着优美的田园风光

水平也得到提高，人们对良好环境的要求也越发强烈，创造良好的生态系统成为城镇园林景观建设的重要原则。在保护好环境的前提下，坚持生态原则，对现有的生态系统进行尽可能小影响的人工景观改造，减少对自然景观的破坏（图 4-1、图 4-2）。

（2）园林景观与城镇景观相互协调

城镇的规模介于城市与农村之间，景观也兼顾了城市的喧闹与村庄的恬静，是动与静的交汇点。城镇的景观既需要有聚集的喧闹场所，也拥有相对安静的居住区域，较小的尺度使得这一区域具有很高的宜居性。园林景观就要照顾到城镇的双重角色，适应城镇的需求。

图 4-2 建筑与自然景观相互融合

（3）建立高效的园林景观

城镇的规模有限，对于园林景观的建设方面也应当以提高其使用效率来增加景观的价值。结合城镇自身环境、人文环境和经济格局等特点，设立具有多重功能的园林景观，在增加城镇生态环境和生活舒适度的同时，为当地居民的生产生活提供一个活动的场所。将有限的空间功能多样而丰富化。

未来与生态息息相关，城镇景观的生态化是一个必然趋势。以牺牲生态环境为代价进行景观建设，是对城镇景观缺乏宏观规划而造成的，往往导致城镇景观生态环境恶化。营造良好的城镇生态环境，应该成为城镇发展永恒的主题。城镇景观规划与设计的重点应把城镇置于区域内的自然生态系统之中，坚持生态的原则，使人工生态系统与自然生态系统协调发展，在建造人工景观的同时，尽量减少破坏自然景观。城镇接近自然，环境条件好，其规划与设计就应充分利用这个优势，以“绿”为主，将人工景观与自然景观融为一体，谋求人与自然和谐共生的城镇景观环境。

崇武大地岩雕群是我国目前规模最大的岩雕群，自 1992 年建成以来，备受艺术界专家学者和社会各界的赞誉，深为广大群众所喜爱，吸引了国内外大量游客。饮誉四海的崇武大地岩雕群促进了崇武古镇的园林景观建设。如今，崇武古镇已建成融于环境、绿树成荫、游客如织的海滨园林景观旅游区。它以大地岩雕、崇武古城、惠女风情为特色，在大海、沙滩、岩礁和蓝天的衬托下，极富情趣，令人流连忘返；同时，也为城镇园林景观建设提供了很好的参考素材（图 4-3 ~ 图 4-6）（详见 6.5.1）。

图 4-4 结伴听涛

4.1.2 以人为本

人与自然之间的关系和不同土地利用之间关系的协调在现代景观设计中越来越重要，以人为本的原则更是重中之重。这一原则应深入到城镇园林景观设计当中：尊重自然，满足人的各种生理和心理要求，并使人在园林中的生活获得最大的活动性和舒适性。具体地说，要从两个层次入手：

图 4-5 大师题壁

图 4-3 浪拍巨龟

图 4- 6 石鱼跃波

第一个层次是建筑造型上，应使人感到亲切舒服；空间设计上，尺度要适宜。能够充分体现设计者对使用者居住环境的关怀。

第二个层次是园林景观设计不应该只考虑成年人，还应当更多地考虑老人与儿童。增加相应的服务设施，使老人与儿童心理上得到满足的同时精神生活也更加的丰富和多姿多彩。将空间设计成为所有人心目中的精神家园。

总的来说，城镇园林景观设计就是要达到这样的一个目的，即充分利用自然环境的同时将人为环境加以改造，使之优美、清净、舒适，更加适合去建设、工作与生活。如福建省永定县坎市镇在镇区寨子山公园建设了一个投资仅几万元的院士亭，既弘扬传统文化，又展现时代新意，体现了对老人的关怀，对青少年也是一种激励（详见 6.5.3）。

一个建筑的好坏取决于人住在里面是否舒适与开心。而一个城镇的建设更是要满足人的需求。因此以人为本这一设计原则在城镇景观规划与设计中显得尤为重要。设计出来的城镇应该让人感觉到是自己的城镇，住在里面很舒适方便，对其很认同，心理上对其产生共鸣，并有一种想要在里面生活的强烈欲望。这就要求设计者应当对当地的人文景观及风土人情十分了解，在设计中加以保护并挖掘出其中的潜在内容，并在其中加入人的活动，使得城镇的景观富有乐趣与人情味。

4.1.3 营造特色

城镇能否树立一个良好形象的关键在于它是否拥有自己的特色。城镇小，能够产生园林景观特色的要素也不多，因此城镇的景观只能“小而精，少而特”。要达到这一要求，不能将景观要素简单地罗列在一起，而是应该总揽全局，有主有次，充分利用已有的景观要素，通过对当地环境、地理条件、经济条件、社会文化特征以及生活方式的了解，加入自己的构思，充分体现地方传统和空间特征（包括植物、建筑形式等地方特色），将其园林景观特色发挥得淋漓尽致。如福建惠安利用崇武古城海滨的岩礁随纹理加工创作的大地岩雕便是一个极有参考价值的实例。

（1）弘扬传统造园理论

“天人合一”是自古以来中国人的宇宙观，它影响着一代又一代人，同时它也是中国古代景观理论体系的核心。明代计成撰写的《园冶》，罗哲文先生 1998 年在《园冶注释》总序中指出：“《园冶》总结了中国古典园林的造园艺术，是我国第一部系统全面论述造园艺术的专书，促进了江南园林艺术的发展，是我国造园学的经典著作。此书的诞生。不但推动了我国园林历史的进程，而且传播到了日本和西欧。日本人大村西崖在他所撰的《东洋美术史》中所提到的刻本《夺天工》即是《园冶》，日本造园名家本多静六博士曾称《园冶》为世界最古之造园书籍。”由此可见，中国园林不仅仅只在中国源远流长，它还对日本以及欧美园林景观的发展产生了深刻的影响。我们在城镇园林景观设计中也应该认真学习并积极弘扬优秀传统的造园理论。

（2）体现文化特征和时代感

只有深入了解我国优良的传统造园文化，深入了解传统造园文化的精髓，才会明白该怎样在设计中体现出来这种文化的真与美，体现出来这种文化的底蕴与自信。同时，我们还要清楚地认识到自己所处的时代，认识到它的进步和优缺点，并从它的角度去设计城镇的园林景观，在设计中展现时代的气息，并彰显现代中国独特的新城镇园林景观特色。

（3）注重文化内涵

城镇有着深厚的历史文化背景，还有着独特的风俗习惯，这些在园林设计当中都可以体现出来。需要设计者对城镇本身的历史文化如古迹遗址、古树名木、历史人物、民间传说及民情风俗等要十分的熟悉，并在城镇的园林设计中体现出来。通过园林设计来宣扬当地的历史，保护当地的文物古迹，使园林设计的形式更加丰富并且具有地方特色，同时还能够展示当地的风土人情，使人在城镇里流连忘返。这样的园林景观设计才真正地具有文化内涵，才能真正在精神上使人产生共鸣，人们生活在这个城镇才会产生归属感。如福建省龙岩市新罗区东肖国家森林公园创建的“中华成语碑林”，以天然的碑石与原始森林互为呼应，融为一体，而森林公园科普教育又和成语碑文的文化内涵相映成趣，激活了森林公园的文化内涵。

（4）与当地实际情况相结合

《园冶》指出：园林巧于“因”“借”，精在“体”“宜”。我国的园林设计理论十分强调因地制宜，地形上完全随着地势的起伏而变化，取景的时候依山傍水，和当时当地的情况相一致。与大自然五光十色的环境融为一体，这对园林景观设计来说有着至关重要的意义。在设计材料的选择上要多运用具有当地特色的造景材料（如不同的石材、竹木和树种），虽然简陋，但十分自然，可以更好地体现当地的景观特色。从而使城镇的形象更加丰满，特色更加明显，为更多的人所喜爱。

一个建筑的特色是通过它和其他建筑的对比体现出来的。同样的道理，一个城镇想要拥有特色，那它必须要拥有不同于其他城镇的地方。不是去简单地罗列各种景观要素，而是通过多方面的手段去重新排列组合这些景观，使之能够体现“生态优化”“以人为本”的原则。之所以要深入研究城镇的景观设计与规划，是希望能够通过这些研究来提高设计者的设计水平，建造出更多具有多种地域特色、不同建筑风格、多样历史文化、独特生活习俗的城镇。

在龙岩市新罗区东肖森林公园创建《中华成语碑林》，是真正集知识性、学术性、艺术性、趣味性、实用性于一体的扛鼎之作，得到社会各界的热情支持。可以深信，《中华成语碑林》的创建，必将激活东肖森林公园的文化气息，使其更为吸引游客。（详见 6.5.3）

4.1.4 公众参与

无论是中国的园林还是世界各地的园林景观，在其出现之初，公共参与就与之相伴。然而园林景观发展到现在，现代理念不断更新，公众参与却逐渐消失。城镇园林景观的建设就要努力创造条件，从当地的环境出发，创造出可以使居民对周围环境产生共鸣和认同感的景观，对居民的行为进行引导，提高公众参与的兴趣与意识。结合当地的民风民俗及人文景观，利用当地政府企事业单位的带头作用，激发城镇园林景观的活力，形成公众参与的社会氛围（图 4-7、图 4-8）。

图 4-7 巴黎近郊公园的信息厅中展示着公园的模型，鼓励公众参与规划设计

图 4–8 公园中的信息厅

4.1.5 精心管理

靓丽的园林景观具有发展中的动态美，要始终展现出一个较为完美的景观状态是一个比较复杂的生物系统工程，需要社会各界人士的广泛支持，更需要公众对其有意识的围护。特别是在大力投资建设之后，管护的作用就更加凸显，要坚持“三分建设、七分管理”，特别要注重长期性、经常性的维护。首先，刚建成的园林景观通常都不能直接达到最佳景观效果，需要一个较长时间的养护过程。管理的好坏直接决定了植物及景观的发展趋势，良好的管理可以创造出意想不到的景观效果；其次，要对公众进行正确良好的引导和教育，让公众自觉自律自己的行为，主动地维护身边的优美环境，共同创造一个和谐的生态环境；再次就是要建立健全的管理和监督机制，加强管理的力度，建立和落实管护责任，保证人员、设备和资金到位。

4.2 城镇园林景观的设计原则

城镇的园林景观需要紧密结合当地的规划，综合考虑、全面安排，正确地处理好土地、环境的现状与园林景观建设的关系。将园林景观广泛地渗透在城镇的规划建设之中，发挥潜在力量，与工业区布局、居住区详细规划、公共建筑分布、道路系统规划密切配合与协作，不能孤立地进行。

结合当地特点，因地制宜。各城镇之间的自然条件差异较大，面临的景观现状与问题也各有不同，因此不同城镇的景观规划和设计都必须和当地实际情况紧密结合，从实际情况出发，创造性地设计独特地域风格的园林景观。

不均衡分布，比例合理，满足城镇居民休息、游览的要求。城镇园林景观结合城镇规模小、居民分散的特点，避免大型公共绿地的地段，将园林景观面积分散到街区、小型场地之间。在城镇居民相对集中的地区，结合当地功能上的需求，适当增加较少数量的大面积绿地。布局上综合考虑，以避免给将来城镇发展规划的完善改造工作造成困难。

制定分期规划目标，分批、分层次地设计完成，既要有远景目标，也应有近期安排，做到远近结合，同时还要照顾到由远及近的过渡措施。

注重地方特色的体现。城镇具有自身特殊的地理、自然、历史、文化等因素，且各具特色。在开发潜在的风景资源的同时弘扬历史文化，保护文物遗迹，最终形成别具一格的地方特色。注重对街道的景观与绿化，结合水系、山系等自然地理环境，配合植物及造景，创造出适合城镇自身特点的园林景观。

4.2.1 协调发展

耕地不多，可利用土地紧张是我国现有土地的总体情况，故合理利用土地是当务之急。在小城园林景观的设计建设中，首先要合理地选择园林景观用地，使得园林景观有限的用地更好地发挥改善和美化环境的功能与作用；其次在满足植物生长的前提下，要尽可能地利用不适宜建设和耕种的破碎地区，避免占用良田。

园林景观用地规划是综合规划中的一部分，要与城镇的整体规划相结合，与道路系统规划、公共建筑分布、功能区域划分相互配合协作。切实地将园林景观分布到城镇之中，融合在整个城镇的景观环境之间。例如，在工业区和居住区布置时，就要考虑到满足卫生防护需要的隔离林带布置；在河湖水系规划时，就要考虑水源涵养林带及城市通风绿带的设置；在居住区规划中，就要考虑居住区中公共绿地、游园的分布以及宅旁庭园绿化布置的可能性；在公共建筑布置时，就要考虑到绿化空间对街景变化、镇容、镇貌的作用；在道路管网规划时，要根据道路性质、宽度、朝向、地上地下管线位置等统筹安排，在满足交通功能的同时，要考虑到植物种植的位置与生长需要的良好条件。

4.2.2 因地制宜

中国的国土面积广阔，跨越多个地理区域，囊括了众多的地理气候，拥有各色自然景观的同时也具有各自不同的自然条件。城镇就星罗棋布地散落在广阔的国土上。因而在城镇的园林景观地设计中要根据各地的现实条件、绿化基础、地质特点、规划范围等因素，选择不同的绿地、布置方式、面积大小、定额指标，从实际需要和规范出发，创造出适合城镇自身的景观，切忌生搬硬套，脱离实际单纯追求形式的做法。

城镇是介于城市和乡村之间的过渡地带，它不同于大中城市，它贴近自然，建筑规模小，我们要充分发掘和利用城镇自然之美的特色。多数城镇由于其独特的地理形态，依山傍水，会形成山水城镇、水乡小镇或者海滨小城，其自然山水之美的特色使其具有任何一个大中城市无可比肩的优势。因此保护与利用自然之美的生态优先原则理应成为景观设计的首选。要实现生态优先的景观设计原则，应做到如下几点：

首先，在景观设计中，应大力保护城镇地方生态环境，充分利用自然界的光能、热能、风能；因地制宜有效利用土地、自然资源，治理污染；保护地方自然生态，走人与自然和谐共生、可持续发展之路。

其次，在城镇景观设计中应善待自然，善于借自然美景，应以自然景观资源为设计基础，切不可肆意设计，以人工取代天然。当前国际上一种先进的景观设计思想就是将自然原野地作为公园，然后再巧妙点缀一些石凳、园林灯、步行小径、自行车道等人工设施，使之成为一处宜人的休闲好去处。在城镇景观设计中务必要根据当地的地理特征，对地貌与水体进行合理的改造与利用，尽可能保持原生状态的自然环境，切不可照搬国内大中城市的错误做法。在很多的大城市中盲目地参照国外的模式，完全不视具体的国情情况，把城市仅有的自然地改造成花园式公园，其拙劣手法是将城郊山林的落叶乔木代之以“常青树”；乡土“杂灌”被剔除而代之以“四季有花”的异域灌木；自然的溪涧被改造成人工的“小桥流水”；滨水的曲线形自然河岸被拉直，变为人工石砌的岸壁直墙，再在岸边设计一些或方或圆的园林建筑、人工水池，使自然水岸景观荡然无存。这不仅耗费人力、物力、财力，更重要的是舍本逐末，是对大自然的亵渎。

再次，要合理选择建筑装饰材料，提倡就地取材、因地制宜的绿色设计。营造健康良好的城镇生态景观，切不可舍弃天然材质代之以瓷砖、不锈钢，将自然景观改造为人工草坪，将生长在山林的大树移进城镇，劳民伤财，破坏生态（图 4-9）。

4.2.3 均衡分布

城镇的规模无法与大、中城市相比，具有居民相对分散、大型公共绿地的区域有限等特点。随着城镇的发展，居民对周围服务环境有了更高的要求。园林景观均衡分布在城镇之中，在充分利用空间的基础上增加了新的功能。这种均衡的布局更方便公众的使用与参与，比较适合城镇的建设。在建筑密度较为低的区域可依据当地实际情况的要求增加数量较少的具有一定功能性质的大面积城镇绿地等，这些公共场所必将进一步提升城镇的生活品质。

4.2.4 分期建设

规划建设就是要充分满足当前城镇发展及人民生活水平的要求，更要制定出社会生产力不断发展所提出的更高要求，还要能够创造性地预见未来发展的总趋势和要求。对未来的建设和发展做出合适的规划，并进行适时的调整。在规划中不能只追求当前利益，要避免对未来的发展造成困难。在建设的同时更要注重建设过程中的过渡措施和整体资源利益。例如，对于建筑密集、质量低劣、卫生条件差、居住水平低、人口密度高的地区，应结合旧城改造，新居住区规划留出适当的绿化用地，待时机成熟时即可迁出居民，拆迁建筑，开辟为公共绿地。在远期规划为公园的地段内，近期可作为苗圃，既能为将来改造成公园创造条件，又可以防止被其他用地侵占，起到控制用地的作用。在园林景观养护的过程中，逐步地完善其他的基础设施，最终建立一个多功能、立体的景观。

图 4-9 坡地成为公园热闹环境和居住区安静环境的天然屏障

城镇园林景观的分期建设是城镇规划的重要组成部分，例如：舟山市的绿地系统规划中曾明确提出了近期、中期和远期的规划内容与目标。规划依照统一规划分期实施的原则编制，近期 2002~2005 年，中期 2006~2010 年，远期 2011~2020 年。近期（2002~2005 年）建设完成项目包括长岗山森林公园一期（137hm^2）、海山植物园（30% 建成）、西山公园（70% 建成）等十余个公园，以及全市各区主要河道的绿化、全市主要交通干道的绿化、全市老住宅小区环境改造建设（70% 完成）；中期（2006~2010 年）建设完成项目包括长岗山森林公园、海山植物园、西山公园、五奎山公园(70% 建成）等八个公园的建设，还包括临城至普陀间的生产苗圃建设，部分开发新区的绿化建设；远期（2011~2020 年）建设完成项目包括长春岭公园、黄杨尖公园等，各工厂、企业环境绿化建设全部完成，其他结合旧城改造的一些城区道路、街头绿地的建设完成。通过规划城镇不同阶段的园林景观建设内容，使城镇的景观能够高效地完成，并保证景观体系的完整性。

4.2.5 展现特色

我国的传统城镇、古村落，即使处于同一民族文化体系，它们建筑的构造、形态、审美在许多方面保持一致，但是，由于风水观念、地理气候环境、等级制度、宗教信仰深刻地影响着造城观念和建筑形制，因而使得传统的城镇景观能与地方环境紧密结合，呈现出风格迥异的乡土特色与地域特色。

地域性原则主要侧重的是城镇的历史文脉和具有乡土特色的景观要素等方面的问题。建筑是城镇景观形象与地域特色的决定因素，原生态建筑的形制、建筑群体的整体节奏以及所形成的城市整体面貌就是城镇的主体景观形象的体现。创造具有地方特色的城镇景观就是要在景观设计中保护和改造具有传统地方特色的建筑，以及由建筑组合形成的聚落、城镇（图 4-10、图 4-11）。

传统的城镇聚落中的街巷和院落也是体现城镇空间形象特色的重要因素。其适宜的尺度成了人活

图 4-10 徽州宏村独具特色的建筑群

图 4-11 建筑群之间的公共空间

动的发生点，促进了人的步行交通和户外的停留。传统村镇聚落中的街巷是由民居聚合而成的，充满了人情味，是一种人性空间，充分体现了“场所感”。这种巷道空间是居住环境的扩展和延伸，是最理想的交往空间，甚至是居民们最依赖的生活场所。很多城镇由于盲目不切实际的开发，忽略了当地人们的生活特色本质，在面貌和风格上趋向一致，使得人们对自身所陷入的居住环境感到茫然、矛盾和失衡，失去了凯文·林奇所说的“城市意象”，失去了场所认同感。而城镇园林景观设计的根本目的是为了创造人类自身健康愉快、舒适安全的生活。因此，无论是传统的还是现代的城镇，都应关注当地居民的生活，注重鲜明的地域景观特色，其景观设计不能脱离民情，更不能盲目搞不切实际的形象工程，而应保持城镇的整体风貌与地域特色，保持地方性、民族性和历史传统。古街古巷是一种不可再生的传统，体现了历史文脉，是一种具有地域特色的景观资源，因此在城镇景观设计中，应对某些历史地段、古街古巷实施历史景观保护性设计。在设计时维持现存历史风貌，确保其久远性、真实性的历史价值，从而体现其独特的历史人文景观与地域特色（图 4-12、图 4-13）。

4.2.6 注重文化

由于地域的不同和经济结构发展的不同，不同

图 4-12 意大利南部的巴洛克小镇

图 4-13 奥斯图尼白色小镇

的城镇会有不同的文化传统，这就形成了城镇不同的发展特色，在城镇的发展建设中我们要挖掘和保护这种文化景观。但是随着中国经济的快速发展，由于处于优势的地理区域位置，东南部的"温州模式、苏南模式、广东模式"等区域的城镇发展速度处于领先地位，在发展地方经济中起到了举足轻重的作用，为全国的城镇建设积累了宝贵的经验。但是它们都存在一个共同的缺陷，即在城镇现代建筑景观中对传统建筑、文化景观的保护与继承还不够，造成一些文化特色的殆尽和遗失。

文化景观包括社会风俗、民族文化特色、宗教娱乐活动、广告影视以及居民的行为规范和精神理念。它是城镇的气质、精神和灵魂。通常形象鲜明、个性突出、环境优美的城镇景观需要有优越的地理条件和深厚的人文历史背景做依托。无论城镇景观设计从何种角度展开，它必定是在一定的文化背景与观念的驱使下完成的，要解决的是城镇的文化景观和景观要素的地域特色等方面的设计问题。因此，成功的景观设计，其文化内涵和艺术风格应当体现鲜明的地域特色、民俗土风与宗教信仰。具有地域特色的历史文脉和乡土民俗文化是祖先留给我们的宝贵财富，在设计中应该尊重民俗土风，注重保护城镇传统特色，并有机地融入现代文明，创造具有历史文化特色的、与环境和谐统一的新景观（图 4-14、图 4-15）。

图 4-14 中国传统村落的牌坊

图 4-15 欧洲小镇中的教堂

5 城镇园林景观设计模式

5.1 城镇园林景观的形式与空间设计

容纳自然绿化是城镇园林景观必备的条件，它给予城市居民巨大的宁静感。树荫和水系给城镇人工化的环境带来令人欣喜的自然气息。就发展规律而言，城镇的发展是注定要破坏自然环境的原生形态的，这也是城镇本身的性质。如何在自然中再造出更合适的人造自然美成为城镇园林景观建设的首要问题。

有计划地保留绿化地带，加强城镇的园林景观建设是保存城镇绿地行之有效的方法之一。公共绿地分层次合理布局，点、线、面、环、网等多种布局形式的运用，是在城镇绿地系统规划中提高城镇绿化水平的坚实保证，绿地系统的建立更为城镇园林景观的建设增添几分秀气与灵气。

在城镇绿地系统规划建设中考虑城镇景观规划与设计，应注意以下几点：

（1）针对城镇园林绿地系统的规划布局，要整体全局的看问题，紧密地联系城镇周边环境，分析出适合地域环境特点的绿地系统。孤立地进行绿地系统建设不能形成真正有效的绿地景观生态系统。只有充分借助地区的自然基础，将城郊的防护林体系与城镇的绿地系统相结合，使城镇园林景观成为防护林带的环境延伸部分，才会在城镇环境中真正起到重要作用。

（2）要按规定标准划定绿化用地面积，力求公共绿地分层次合理布局；要根据当地情况，分别采取点、线、面、环、网等多种布局形式，切实提高城镇绿化水平。建立并严格实行绿化“绿线”管理制度，明确划定各类绿地范围控制线。对于平原地区，由于地势相对平整，其绿地的布局可沿原有的绿地基础“环”状或“带”状发展；对于海岛型城镇，可以充分利用区域大环境，形成“山、河、城、水、绿”互融共生的景观风貌，建立“环－心－轴”式的绿地系统空间结构模式；对于山地地区，应主动连接山体绿化，建立网状绿地系统结构模式，使人工绿化与山体自然绿化相互融合（图 5-1~ 图 5-4）。

（3）在量化指标上，应按照生态维护与建设用地功能的综合平衡要求，结合有关城镇园林绿地系统

图 5–1 湿地基塘体系景观模式

图 5-2 南方丘陵区多水塘系统景观模式

图 5-3 平原区农田防护林网络体系景观模式

图 5-4 平原区农田防护林

规划方面的研究探讨，2005 年新修订的《国家园林城市标准》规定，小城市人均公共绿地面积应大于 8.5m^2；城镇绿地率应不低于 34%~35%；绿化覆盖率应不低于 38%~40%。此外，还应提倡“集中使用绿地”的规划原则，并将现有公共绿地约占 1/3、单位附属绿地约占 2/3 的规划布局比例颠倒过来，强化城镇生态绿地的系统性。2017 年新颁布的《城市绿地分类标准》（CJJ/T 85—2017）对 2002 版进行了调整修编，新增城乡绿地率的概念。

（4）城镇绿地的建设质量也决不能放松。在绿地的建设上，应该成立相应的职能部门，提高绿地建设质量，形成良好的绿化景观。对于城镇绿地的建设，应在满足居民休闲娱乐的基础上，借助植物和园林小品设施营造美丽的绿地景观，提高绿化质量和品位。

经济效益、社会效益和环境效益是相一致的，是相互制约、相互促进的，环境生态效益将会带来长期的、无法估计的经济效益。在城镇建设中，还应舍得拿出城区土地中完整的大面积绿化系统来改善环境，提高人们的生活质量，使城镇成为吸引人才、吸引投资、吸引旅游者的乐土。

此外，还应树立科技兴绿的观点，把不断提高园林绿化的整体水平建立在依靠科技进步的基础上。创建园林型生态城镇，实现生态城镇的发展目标，必须依靠科技进步。

5.1.1 点——景观点

点是构成万事万物的基本单位，是一切形态的基础。点是景观中已经被标定的可见点，在特定的环境烘托下，随着背景环境的高度、坡度及其构成关系的变化，也使点的特性产生不同的情态。这些景观点通过不同的位置组合变化，形成聚与散的空间，起到界定领域的作用，成为独立的景点。具有标志性、识别性、生活性和历史性的城镇入口绿地、道路节点、街头绿地及历史文化古迹等景点是城镇园林景观规划设计中的重要因素（图 5-5、图 5-6）。

5.1.2 线——景观带

景观中存在着大量的、不同类型和性质的线形形态要素。线有长短粗细之分，它是由点不断延伸组合而成的。线在空间环境中是非常活跃的因素。由于线有直线、曲线、折线、自由线，从而拥有了各种不同的性格。如直线给人以静止、安定、严肃、上升、下落之感；斜线给人以不稳定、飞跃、反秩序、排他性之感；曲线具有节奏、跳跃、速度、流畅、个性之感；折线给人转折、变幻的导向感；而自由线即给人不安、焦虑、波动、柔软、舒畅之感。景观环境中对线的运用需要根据空间环境的功能特点与空间意图加以选择，避免视觉的混乱。

景观中充满着错综复杂的线的系统，这需要在规划设计中对景观带的功能和要求及其在景观体系中的作用进行多方位、多角度的研究分析，使其在统一中求变化，组织开合有序的带状景观体系，使其达到步移景换、引人入胜的景观效果（图 5-7、图 5-8）。

图 5–5 孙家庄小庙白求恩像成为景观节点

图 5–6 宽阔的田野处是村落的重要节点

图 5–7 水系与街道组成的带状景观

图 5–8 狭窄的街巷形成有尽端景观的线性结构

5.1.3 面——景观面

从几何学上讲，面是线的不断重复与扩展。面的形式有多种，不同的组合可以形成规则和不规则的几何形体，具有不同的性格特征。平面能给人空旷、延伸、平和的感受；曲面在景观的地面铺装及墙面的造型、台阶、路灯、设施的排列等方面广泛运用。平面图形从几何分布上有多种形式，景观造型中常见用的是矩形模式、三角形模式和圆形模式。

（1）矩形模式

在园林景观环境中，方形和矩形是较常见的组织形式。这种模式最易与中轴对称搭配，经常被用在要表现正统思想的基础性设计中。矩形的形式尽管简单，它也能设计出一些不寻常的有趣空间，特别是把垂直因素引入其中，把二维空间变为三维空间以后。由台阶和墙体处理成的下陷和抬高的水平空间的变化，丰富了空间特性（图 5-9 ~ 图 5-14）。

（2）三角形模式

三角形模式带有运动的趋势能给空间带来动感，随着水平方向的变化和三角形垂直元素的加入，这种动感会愈加强烈（图 5-15 ~ 图 5-18）。

（3）圆形模式

圆是几何学中堪称最完美的图形，它的魅力在于它的简洁性、统一感和整体感。圆被赋予了众多哲学思想的同时也象征着运动和静止双重特性，正如本杰明·霍夫所说：“圆规的双腿保持相对静止却能绘出完美的圆。”单个圆形设计出的空间将突出简洁性和力量感，多个圆在一起所达到的效果就不止这些了。而多圆组合的基本模式是不同尺度的圆相叠加或相交（图 5-19 ~ 图 5-31）。

图 5-9 矩形方案实例

图 5-10 矩形的结构简洁大方

图 5-11 矩形方案实例一

图 5-12 矩形方案实例二

图 5−13　矩形的应用一

图 5−14 矩形的应用二

图 5−15　三角形在广场的应用

图 5−16 三角形铺地

图 5−17 三角形砌墙

图 5−18 三角与矩形的叠合，给人强烈的视觉冲击

图 5–19　圆形中间视觉休息区

图 5–20　多圆组合细胞群效果

图 5–21　圆形组成的轴线

图 5–22　圆形成强烈围合感

图 5–23　圆组成的中心区

图 5–24　圆弧感觉柔和

图 5–25　圆形组合实例一

图 5–26　圆弧具有强烈的线条感

图 5–28　圆形组合实例二

图 5–27　圆形组合实例三

图 5–29　圆也可以如此浪漫

图 5-30　圆门组合视觉门

图 5-31　椭圆实例

（4）螺旋线模式

如果需要精确的对数式螺线可以从黄金分割矩形中按数学方法绘制，尽管用数学方法绘出的矩形有令人羡慕的精确性，但园林设计中广泛应用的还是徒手画的螺旋线，即自由螺线。

有两类主要的螺旋体对于螺旋形的自由发展是很重要的。一类是三维的螺旋体或双螺旋的结构。它以旋转楼梯为典型，其空间形体围绕中轴旋转，并同中轴保持相同的距离。另一类是二维的螺旋体，形如鹦鹉螺的壳。旋转体是由螺旋线围绕一个中心点逐渐向远端旋转而成。两类螺旋体都存在于自然界的生物之中。

5.1.4 体——景观造型

体属于三维空间，它表现出一定的体量感，随着角度的不同变化而表现出不同的形态，给人以不同的感受。它能体现其重量感和力度感，因此它的方向性又赋予本身不同的表情，如庄重、严肃、厚重、实力等。另外体还常与点、线、面组合构成形态空间。对于景观点、线、面上有形景观的尺度、造型、竖向、标高等进行组织和设计。在尺度上，大到一个广场、一块公共绿地，小到一个花坛或景观小品，都应结合周围整体环境从三维空间的角度来确定其长、宽、高。如座凳要以人的行为尺度来确定，而雕塑、喷泉、假山等则应以整个周围的空间以及功能、视觉艺术的需要来确定其尺度（图 5-32、图 5-33）。

5.1.5 园林景观设计的布局形态

（1）“轴线”

轴线通常用来控制区域整体景观设计与规划，

图 5-32　雕塑设计与座椅功能结合

图 5-33 雕塑小品与座椅结合，体量感很强

轴线的交叉处通常有着较为重要的景观点。轴线体现严整和庄严感，皇家园林的宫殿建筑周边多采用这种布局形式。北京故宫的整体规划严格地遵循一条自南向北的中轴线，在东西两侧分布的各殿宇分别对称于东西轴线两侧。

（2）“核”

单一、清晰、明确的中心布局具有古典主义的特征，重点突出、等级明确、均衡稳定。在当代建筑景观与城市景观中，多中心的布局形式已经越发常见。

（3）“群”

建筑单体的聚集在景观中形成“群”，体现的是建筑与景观的结合。基本形态要素直接影响“群”的范围、布局形态、边界形式以及空间特性。

（4）自然的布局形态

景观环境与自然联系的强弱程度取决于设计的方法和场地固有的条件。城镇园林景观设计是重新认识自然的基本过程，也是人类最小程度地影响生态环境的行为。人工的控制物，如水泵、循环水闸和灌溉系统，也能在城镇环境中创造出自然的景观。这需要设计时更多地关注自然材料如植物、水、岩石等的运用，并以自然界的存在方式进行布置。在人造的环境里，设计的形状和布局方式要遵循自然界的规律。这些形式可能是对自然界的模仿、抽象或类比。抽象是对自然界的精髓加以抽提，再被设计者重新解释并应用于特定的场地之中。平滑的流线型曲线看似自然界之物，但却不能看作是蜿蜒的小溪。类比来自基本的自然现象，但又超出外形的限制。通常是在两者之间进行功能上的类比。人行道旁明沟排水道是小溪的类比物，但看起来同小溪又完全不同（图 5-34、图 5-35）。

就像正方形是建筑中最常见的组织形式一样，蜿蜒的曲线是景观设计中应用最广泛的自然形式。它的

图 5-34 对自然小溪的模仿

图 5-35 小区内自然水体设计

特征是由一些逐渐改变方向的曲线组成，没有直线。从功能上说，这种蜿蜒的形状是设计一些景观元素的理想选择，如某些机动车和人行道适用于这种平滑流动的形式。在空间表达中，蜿蜒的曲线常带有某种神秘感。蜿蜒曲线似乎时隐时现，看不到尽头（图 5-36、图 5-37）。

一条按完全随机的形式改变方向的曲线能够刻画出自然气息浓郁的空间环境（图 5-38、图 5-39）。

5.1.6 园林景观设计的分区设计

（1）景观元素的提取

城镇园林景观应充分展现其不同于城市景观的特征，从城镇的乡村园林景观、自然景观中提取设计元素。城镇独具特色的景观资源是园林景观设计的源泉所在。城镇园林景观设计从乡村文化中寻找某些元素，以非物质性空间为设计的切入点，再将它结合到园林规划设计中，创造新的生命力与活力。景观元素可以是一种抽象符号的表达，也可以是一种意境的塑造，它是对现代多元文化的一种全新的理解。在现代景观需求的基础上，强化传统地域文化，在继承中求创新。

城镇园林景观元素的来源既包括自然景观也包括生活景观、生产景观。这些传统的、当地的生活方

图 5-36　曲线塑造另类效果图

图 5-38　自然形成的线条

5-37　曲线形水池

图 5-39 曲水流觞景观

式与民俗风情是园林景观文化内涵展现的关键要素。城镇园林景观的形式与空间设计恰恰是从当地的景观中提炼元素，以现代的设计手段创造出符合人们使用需求的景观空间，来承载城镇人群的生活与生产活动。

（2）景观形式的组织

城镇的园林景观具有很强的地域表象，如起伏的山峦、开阔的湖面、纵横密布的河流和一望无际的麦田等等，这些独特的元素形成的肌理是重要的形式设计来源。在这些当地传统的自然与人文景观肌理、形态基础上，城镇园林景观设计以抽象或隐喻的手法实现形式的拓展。

案例 1 ：格勒诺布尔新城公园

这个项目建于 20 世纪 60~70 年代，位于法国中部的格勒诺布尔新城。当时的法国和现在的中国有些相似，经济的快速发展对自然造成了破坏，城市一天天吞噬乡村。很多人喜欢自然、追寻自然，风景园林设计师通过这个项目向公众阐释了城市和自然并不矛盾，园林师可以把自然风光和城市风光融合在一起，或者说把自然元素引入到城市景观中。公园中设计了一些小山丘，山丘上栽植的树木基本在一定程度上反映了周边乡村树木生长的情况。通过这样的形式符号将乡村景观引入到城市中来，很好地将城市和乡村联系在一起（图 5-40~图 5-43）。

案例 2：法国波尔多植物园

法国波尔多植物园的设计理念与传统的分类植物园完全不同，设计师把注意力集中在乡土植物和

图 5−40 格勒诺布尔新城

图 5−41 地形与植物

图 5−42 公园起伏的地形和蜿蜒的小径

图 5−43 靠近城市的边缘是规则的景观形式

普通的自然生境中，设置了各块展现不同作物的“耕作田”。应用农作物材料高粱、小麦、燕麦、水稻、亚麻、油菜等，分布种植在21块排成6行的“耕作田”中，每一块旁边都配好属于自己灌溉用的小型金属储水池。每块田地中的不同农作物的发芽、生长、成熟的变化，是植物园不同季节景观变化的主体。农作物的应用，耕作形式的延续，都反映了设计师对于“融入城市”的乡村景观的关注。

（3）景观空间的塑造

城镇园林景观的空间设计以景观形式的表达为依托，将提炼的景观元素恰当地组织，形成符合当地人使用的景观空间，承载不同的使用需求与生活方式。空间的塑造多种多样，城镇人口密度与城市相比通常较低，活动空间的使用频率也并不高，园林景观通常依托于现有的自然景观或历史景观资源而存在。这就要求城镇园林景观空间的塑造过程中需要充分地考虑现有的资源情况，并以此为基础进行适当的改造，满足现代人的使用需求。

图5-44 植物围合休息的空间

图5-45 植物围合观赏的空间

城镇园林景观空间具有尺度小、分布广的特点，同时，因拥有较好的自然资源而形成多样丰富的空间体验。在景观设计的过程中要充分把握这些空间特征，以田野与树丛围合开敞的空间，以地域的构筑物遮挡休息的空间，以植物与水系围合活动空间，创造符合城镇地域要求的特色景观（图5-44、图5-45）。

5.2 城镇园林景观意境拓展

5.2.1 中国传统造园艺术

（1）如诗如画的意境创作

创造好的城镇景观与营建舒适的居住环境并不是等价的。因为有了好的环境，人们往往希望能拥有美好的心理感受，这就要求在景观设计中考虑到意境的创造。意境是强调景象关系的概念，它对城镇景观的理解通过“意”与“境”两者的结合来实现。“意”是人们心目中的自然环境和社会环境的综合，它包含了人的社会心理和文化因素。“境”是形成上述主观感受的城镇形象的客观存在。城镇景观的意境正是这种主客观、心理和现实两方面统一而形成的有机和谐的整体。

中国传统山水城市的构筑不仅注重对自然山水的保护利用，而且还将历史中经典的诗词歌赋、散文游记和民间的神话传说、历史事件附着在山水之上，借山水之形，构山水之意，使山水形神兼备，成为人类文明的一种载体。并使自然山水融于文明之中，使之具有更大的景观价值。中国传统山水城市潜在的朴素生态思想至今值得探究、学习、借鉴（图 5-46、图 5-47）。

1）“情理”与“情景”结合

在中国传统城市意境创造过程中，“象天法地”一直是意境创造的主旨。但同时也有“天道必赖人成”的观念，其意是指：自然天道必须与人道合意，意境才能生成。“人道”可用“情”和“理”来概括。在城镇园林景观中，“情”是指城镇意境创造的主体——人的主观构思和精神追求；“理”是指城镇发展的人文因素，如城镇发展的历史过程，社会特征、文化脉络、民族特色等规律性因素。

图 5-46 拙政园——拙者之为政也

图 5-47 颐和园“借”玉泉山玉泉塔

在城镇园林景观设计中，“人道”如何融入城镇景观意境中？其主要途径是将“情理”与“情景”结合，将城镇发展的规律性因素领悟透彻，融会贯通，通过人的主观构思，将景观空间情理体现于具体的山水环境及城镇空间环境之中。如传统风水术通过山水的象征意义寄情山水；通过“水口”环境的处理镇锁“气脉”；通过林木的“障空补缺”，来“调和阴阳”；通过“文笔锋”“方笔塔”的建造，将“兴文运”等情理融入情景。

2）对环境要素的提炼与升华

在城镇园林景观总体构思中，应对城镇自然和人文生态环境要素细致深入的分析，不仅要借助于具体的山、水、绿化、建筑、空间等要素及其组合作为表现手法，而且要在深刻理解城镇特定背景条件的基础上，深化景观艺术的内涵，对环境要素加以提炼、升华和再创造，营造蕴含丰富意境的“环境意”，建立景观的独特性，使之反映出应有的文化内涵、民族性格以及岁月的积淀、地域的分野，使其成为城镇环境美的核心内容，使美的道德风尚、美的历史传统、美的文化教育、美的风土人情与美的城镇园林景观环境融为一体（图 5-48 ~ 图 5-53）。

3）景观美学意境的解读和意会

城镇景观的人文涵义与意境被解读和意会，不仅需要提高全民的文化水准和审美情趣，还需要设计师深刻理解地域景观的特质和内涵，提高自身的艺术修养和设计水平，把握城镇景观审美心理，理解从形的欣赏到意的寄托的层次性和差异性，并与专门的审美经验和文化素养相结合，创造出反映大多数人心理意向的城镇景观，以沟通不同文化阶层的审美情趣，成为积聚艺术感染力的景观文化。如江南城镇大多依水而建，形成一个个亲“水”的城镇。

图 5-48 环秀山庄入口

图 5-49 框景

图 5-50 拙政园长廊

图 5-51 拙政园小飞虹对景和水面的分隔

图 5-52 扬州瘦西湖钓鱼台圆洞门所框五亭桥与白塔

图 5-53 留园花架形成的虚景与建筑的实景

水巧妙地将河桥、街路、宅院融汇成景。这样一种具有“水文化＋鱼文化＋稻文化＋蚕桑文化＋船文化”的才智艺术型地方文化，孕育于“重群体、尊道德、讲究和谐、崇尚中庸之道”的中华文化母胎之中，凝练出了它的智巧、细腻、素雅、平和的城镇文化特征。

(2) 理想的居住环境应和谐有情趣

诗意地居住并非今日才提出的概念。但多年以来，由于住房分配的福利性，人们只能被动地等待“单位”的恩赐，能分到住房已让人兴奋不已，哪还管什么是不是“诗意地栖居”。如今不同了，随着福利分房制度的终结，商品房开发的市场化运作，以及住房二级市场的逐步开放，人们已在很大程度上拥有了选择居住环境的自主权。那么，什么样的环境适宜“诗意地栖居”？一般而言，能够满足安全安宁、空气清新、环境安静、交通与交往便利，绿化率较高、院景及街景美观等要求，就是很好的居住环境。但这离“诗意地栖居”尚有一定的距离。笔者认为，“诗意地栖居”的环境，大体上应满足如下要求。

一是背坡临水、负阴抱阳。这是诗意栖居者基本的生态需求。背坡而居，有利于阻挡北来的寒流，便于采光和取暖。临水而居，在过去便于取水、浇灌和交通，现在它更重要的是风景美的重要组成。当代都市由于有集中供暖和自来水，似乎不背坡临水也无大碍。但从景观美学上考察，无山不秀、无水不灵，理想的居住环境还是要有坡有水的。从生态学意义上看，背坡临水、负阴抱阳处，有良好的自然景观生和态景观、适宜的照度、大气温度、相对湿度、气流速度、安静的声学环境以及充足的氧气等。在山水相依处居住，透过窗户可引风景进屋。杜甫唐诗“窗含西岭千秋雪，门泊东吴万里船”，与其说是写景，不如说是阐述他的环境观（图 5-54、图 5-55）。

二是除祸纳福、趋吉避凶。由于中国传统文化根深蒂固的影响，这二者今天依然是人们选择居所时基本的心理需求。住宅几乎关系到人的一生，至少与人们的日常生活密切相关。因此住宅所处的地势、方位朝向、建筑格局、周边环境应能满足“吉祥如意”的心理需求。

汉代刘熙在《释名》中说得明白：“宅，择也，择吉处而营之。”《黄帝宅经》中也说：“地善，苗旺盛。宅吉，人兴隆。”“故宅者，人之本，人以宅为家。居若安，即家代吉昌。”《阳宅撮要》进一步强调：“凡阳宅住宅，须地基方正，人眼好看方吉。如太高、太阔、太卑小，或东扯西曳，东盈西缩，定损丁财，即不吉利。”《阳宅十书》还指出“凡宅不居中冲口处，不居寺庙，不近祠社、窑冶、官衙，不居草木不生处，不居故军营战地，不居正当水流处，不居山脊冲处，不居大城门口处，不居对狱门处，

图 5-54 坐北朝南的自然阶梯看台

图 5-55 向阳的草坡

不居百川口处”。原因是这些地方不安静，也难以给人以心理上的安宁感。即使以今天的科学标准评判，这些论述也不无道理。

三是内适外和，温馨有情。这是诗意居住者精神层面的需求。人是社会的人，同时又是个体的，有空间的公共性和空间的私密性、领域性需求。很显然，如果两幢房子相距太近，对面楼上的人能把房间里的活动看得一清二楚，就侵犯了人们的私密性和领域感，会倍感不适，难以“诗意地居住”。但如果居住环境周围很难看到一个人，也同样会有不适感。鉴于人的这种需求特点，除楼间距要适宜外，居所周围也应有足够的、相对封闭的公共空间供住户散步、小憩、驻足、游戏和社交。公共空间尺度要适宜，适当点缀雕塑、凉亭、观赏石、小石几等小品，使交往空间更富有人情味，体现出温馨的集聚力。

四是景观和谐，内涵丰富。这是诗意居住者基本的文化需求。良好的居住环境周围应富有浓郁的人文气息。周边有民风淳朴的村落、精美的雕塑、碧绿的草坪、生机盎然的小树林是居住的佳地。极端不和谐的例子是别墅区内很精美，周围却是垃圾填埋场，或者一边是洋房，一边是冒着黑烟的大工厂。只有环境安宁、景观和谐、文化内涵丰厚的环境，才能给人以和谐感、秩序感、韵律感、归宿感和亲切感，才能真正找到“山随宴座图画出，水作夜窗风雨来”的诗情画意（图 5-56、图 5-57）。

（3）建设充满诗意的花园城镇和园林社区

如何适应现代人的居住景观需求，建设富有特色的城镇景观，开发人与环境和谐统一的住宅社区是摆在设计师面前的重要课题。由于涉及的技术细节是多方面的，这里仅谈几点建议。

其一，将建设“花园城市”“山水城市”“生态城市”“森林城市”作为城镇建设和社区开发的重要目标。没有良好的城镇大环境，诗意地居住将会“皮之不存， 毛之焉附”。因此，在建设实践中要高度重视建筑与自然环境的协调，使之在形式上、色彩运用上既统一，又有差别。在城镇开发建设中不能单纯地追求用地大范围，建设高标准，不能忽视城镇绿地、林荫道的建设，至于挤占原有的广场、绿化用地的做法更应极力避之。还要注意城镇景观道路的建设，如道路景观、建筑景观、绿化景观、交通景观、户外广告景观、夜景灯光景观等。景观道路虽是静态景观，但若以审美对象的人而言， 随着欣赏角度的变化，人坐在车上像看电影一样，又是动态的。

其二，在城镇建设或住宅开发中注意对原有自然景观的保护和新景观的营建。有人误以为自然景观都是石头、树木，没什么好看的，只有多搞一些人工建筑才能增加环境美。因此，在建设中不注意对

图 5-56 诗意的环境

图 5-57 舒适的乡村庭院

原有山水和自然环境的保护，放炮开山，大兴土木，撕掉了青山绿衣，抽去了绿水之液，弄得原有的青山千疮百孔。有很多城市市内本不乏溪流，甚至本身就是建在江畔、湖滨、海边，可走遍城市却难以找到一处可供停下来观赏水景的地方。有很多城市依山建城，或城中本来有小山，但山却被楼宇房舍所包围。这些都是应注意纠正的。

其三，建设富有人情味的园林型居住社区。所谓建设园林型社区，就是要吸收中国古典园林的设计思想，在楼宇的基址选择、排列组合、建筑布局、体形效果、空间分隔、人口处理、回廊安排、内庭设计、小品点缀等方面做到有机地统一，或在住宅社区规划中预留足够的空间建设园林景观， 使居住者走入小区就可见园中有景，景中有人，人与景合，景因人异。在符合现状条件的情况下，可在山际安亭，水边留矶，使人亭中迎风待月，槛前细数游鱼，使小区内花影、树影、云影、水影、风声、水声、无形之景、有形之景交织成趣。在社区中心应有足够的社区公共交往空间，可以建绿地花园，也可以设富有乡土气息的井台、戏台、鼓楼，或建设以自然景观为主题的空间。小区内的道路除供车辆出行所必需的道路外，尽可能铺一些鹅卵石小路，形成“曲径通幽”效果。住宅底层庭园或入口花园也可以考虑以栅栏篱笆、勾藤满架来美化环境，使居住环境更别致典雅。

其四，充分运用景观学和生态学的思想，建设宜人的家居环境。现代的住宅环境全部要求居住之所依山临水不大现实，但住宅新区开发中应吸收景观生态学的基本思想，建设景观型住宅或生态型住宅。可在建房时注意形式美和视觉上的和谐，注意风景予人心理上和精神上的感受，并使自然美与人工美结合起来。注意不要重复千篇一律的“火柴盒”、兵营式的建筑，应充分运用生态学原理和方法，尽量使建筑风格多样化，富有人情味，使整个居住环境生机盎然（图 5-58、图 5-59）。

5.2.2 乡村园林的自然属性

城镇景观中的自然景观元素以其自然的形态特征产生审美作用。与人造景观相比较，它受人类实践活动的影响少，主要是保持自然的本来面貌。当然，要成为人的审美对象，自然景观必定会与人类的实践发生联系。在城镇景观中，以自然和人工组合成的景观比单纯的自然美更重要。因此，在城镇景观中的自然景观元素应积极保护与合理利用，而非消极地保留。

（1）山谷平川

地壳的变化造成地形的起伏，千变万化的起伏现象赋予地球以千姿百态的面貌。在城镇景观的创作中，利用好山势和地形是很有意思的。

图 5-58 城镇住区庭院内的休息聚会场所

图 5-59 茶具组成的雕塑小品别具情趣

在城镇的整体景观形象的营造中，充分考虑山与建筑群构成的空间关系，构筑“你中有我，我中有你”的相依相偎的关系。当山为主体时，就要把城镇放在从属的地位。在这种情况下，城镇的空间布局必须把山峦作为主体，把人工的环境融合在自然环境之中。那里的建筑必须通过严格地控高，保持低矮的尺度，绝不能同山峰去比高低。使人远观城镇，能够看到山的美妙姿态和千般韵味。当山城相依时，城镇建筑就应很好地结合地形变化，利用地形的高差变化创造出别具特色的景观。这就要求建筑物的体量和高度与山体相协调，使之与山地的自然面貌浑然一体（图5-60、图5-61）。

（2）江河湖海

山有水则活，城镇中有水则顿增开阔、舒畅之感。不论是江河湖泊，还是潭池溪涧，在城镇中都可以被作为创造城镇景观的自然资源。当水作为城镇的自然边界时，需要十分小心地利用这个自然边界条件来塑造城镇的形象。精心控制界面建筑群的天际轮廓线，协调建筑物的体量、造型、形式和色彩，将其作为显示城镇面貌的“橱窗”。当利用水面进行借景时，要注意城镇与水体之间的关系作用。自然水面的大小决定了周围建筑物的尺度；反之，建筑物的尺度影响到水体的环境。当借助水体造景时，须慎重考虑选用。水面造景要与城镇的水系相通，最好的办法就是利用自然水体来造景而不是选择非自然水来造景。如我国江南的许多城镇，河与街道两旁的房屋相互依偎。有的紧靠河边的过街门楼似乎伸进水中，人们穿过一个又一个的拱形门洞时，步移景异，妙趣横生。此外，也可以充分利用城镇中水流，在沿岸种植花卉苗木，营造“花红柳绿”的自然景观。

（3）植物

很多城镇或毗邻树林，或有良好的绿带环绕，这些绿色生命给它带来的不仅仅是气候的改善，还有心理上的满足。从大的方面来讲，带状的防护林网成为中国大地景观的一大特色。在城镇园林景观设计过程中，可以把这些防护林网保留并纳入城镇绿地系统规划中。对于沿河林带，在河道两侧留出足够宽的用地，保护原有河谷绿地走廊，将防洪堤向两侧退后或设两道堤，使之在正常年份河谷走廊可以成为市民休闲的沿河绿地；对于沿路林带，当要解决交通问题时，可将原有较窄的道路改为步行道和自行车专用道，而在两林带之间的地带另辟城镇交通性道路。此外由于城镇中建设用地相对宽余，在当地居民的门前屋后还常常种植经济作物，到了一定季节，花开满院、挂果满枝，带来了独具生活气息的独特景观。与植物相对应，自家院落里养殖的牛、羊等牲畜也点缀了风景。晋陶渊明有诗写道“方宅十余亩，草屋八九间，

图5-60 海岸山地小镇

图5-61 海滨城镇

榆柳荫后檐，桃李罗堂前，暖暖远人树，依依墟里烟，狗吠深巷中，鸟鸣桑树颠。”正是这样美好景象的写照（图 5-62、图 5-63）。

此外，城镇中的自然景观元素还应包含日月星光、虹霞蜃景、自然声像、云雾霜露等，由于它们的形成与当地的气候、地理位置有密切的关系，景观的呈现具有非同一般的独特性。城镇的园林景观建设应及时对这种自然景观加以保护，不要人为地去破坏珍贵的景观资源。

总之，“一方水土养育一方人家”，大自然给予的山川河流、峡谷险滩、飞禽走兽、花草树木，为城镇特色景观的形成提供了生长环境。这种自然的环境不同于人文景观，很难“创造”。城镇赖以存在的自然环境一经确定，就不容易通过人类活动再进行二次选择。人们只能适应和在一定程度上改善自然环境，否则将不利于自然环境资源的可持续发展，得不偿失。

图 5–62 城镇的农田景观

图 5–63 城镇的天然林地

5.2.3 城镇园林景观的文化传承

改革开放，踯躅多年后的城市化进程终于开始发力，自 2000 年始，以每年 1% 的增速改变着城镇空间景观。WTO 协议签订后，全球化浪潮对于传统文化的冲击也随之而来。中国在阵痛中迎来了城镇园林景观发展的今生。将西方工业革命几次变革压缩在短期内完成的中国，跃进式的发展并不能在短期内将积淀了几千年的、以农业文明为基石的传统文化冲淡。灼刻在城镇园林景观之中的地域景观特征根植于城镇的文化当中，融化在日常的生活里面，并表现在城镇景观环境的方方面面。

由于没有了相适应的城镇空间作为依托，一些传统文化成为漂浮在当代城镇上空的浮云，只有当它们遮住了现代文明的光芒，在城镇景观空间上投下阴影时，人们才意识到这样的文化遗存的存在。例如每个城镇都会出现各种各样的侵蚀街道公共空间、破坏城镇景观的失谐现象，这实际上是传统市井文化在现代城镇空间中突围时造成的尴尬境遇。不单如此，由于乡村生活的文化基因并没有断链，在许多的城镇中，具有明显乡村特征的景观空间并没有在城市化的进程中消亡，而以另一种斑块的形式间杂在城镇当中，成为另一种城镇景观文化失谐现象。

快速的城镇化脚步已将城镇的灵魂——城镇文化远远地甩在了奔跑的身影之后。在这个景观空间已经由生产资料转化为生产力的时代，又有哪个城镇会为传统文化中的“七夕乞巧”“鬼节祭祖”“中秋赏月”“重阳登高”等人文活动留下一点点空间？创造新的城镇景观空间成为了一种追求，为了更快、更高、更炫，可以毫不犹豫地遗弃过去。但城镇的过去不应只是记忆，它更应该成为今天生存的基础、明日发展的价值所在。瑞士史学家雅各布·布克哈特曾说：所谓历史，就是一个时代从另一个时代中发现的、值得关注的东西。无疑，传统文化符合这样的判断，它是历史，值得关注，但更应该依托于今天的城镇园林景观，不断发展并传承下去。

5.2.4 城镇园林景观的适应性

从历史上看，城镇园林景观与城镇文化二者平行发展的时间并不多，更多时候表现为文化进步引发景观空间的变革，或是城镇建设促进文化发展的螺旋交替上升的过程。在观念上可以用寻常心来看待当前城镇文化转型过程中节律的错乱、面对全球化时的手足无措以及在城镇园林景观发展中出现的各种混乱现象。但这不代表要消极地等待城镇景观建设与城镇文化合拍发展的到来，寻找有效的方法、运用积极的手段来减少两者的错位差距，对于当今城镇园林景观建设具有重要的现实意义。

因此，在当今城镇园林景观发展中拓展其适应性，并成为维系景观空间与文化传承之间的重要纽带，同时也是避免因城镇空间的物质性与文化性各自游离甚至相悖而造成园林景观文化失谐现象的有效措施。通过梳理城镇的文化传承脉络，重拾传统文化中“有容乃大”的精神内涵，创造博大的文化底蕴空间以减轻来自物质基础的震荡，建立柔性文化适应性体系，进而催化出新的城镇文化，是从根本上消融城镇园林景观文化失谐现象的有效途径。同时，这也是提高城镇传统文化抵御全球化冲击的能力，融于城镇现代化进程中，使之得到传承和发展的必要保证。

传统文化中“海纳百川”的包容性、适应性精神也构成了中国传统城镇园林景观设计理念的重要核心，以“空”的哲学思辨作为营建空间的指导思想是最具有价值的观念。城镇园林景观设计及管理中缺少对文化的传承，应该重新审视设计中对不同的气候、土壤等外界条件的适应性考虑，加大对于人的行为、心理因素等内在需求的适应性探索，最为重要的是对于城镇园林景观设计中“空”的本质理念的回归。“空”是产生城镇园林景观功能性的基础，是赋予景观空间生活意义的舞台，更是激发人们在城镇中进行人文景观再创作热情的行动宣言。

5.3 城镇园林景观设计实例分析

5.3.1 约克威尔村公园分析

地点：加拿大安大略省多伦多市约克威尔村

设计：Ken Smith, landscape architect Schwartz, Smith, Meyer

公园是在1991年多伦多市发起的国际竞赛中标方案基础上建成的，竞赛要求在一个地铁站顶不足1英亩的场地上创造一种新型的公园，使公园成为城市居民的生态休闲场所；为城市创造一片绿洲，成为城市生态、教育、当地历史及区域个性的展示。

约克威尔村公园设计的这种理念可追溯到20世纪50年代后期，当时因多伦多市地铁系统的修建将坎伯兰街南侧的维多利亚王朝风格的成排房屋拆除。当地的居民强烈要求在地铁站上修建公园，但只修建了一个停车场。当地居民继续强烈要求，直到1973年修建公园才得到批准。公园设计及修建花了20多年的时间。

公园设计反映了约克威尔村的历史及加拿大景观的多样性。设计的目的是要反映、加强和延续原来小镇的尺度和特点，从而为介绍和展示独特的内陆城市本土的植物种类和群落提供极好的生态学习的机会。设计也试图创造多种空间和感官体验、提高景观质量、加强公园功能，并且将公园与现有人行道和邻近的街区连接起来。

为实现这些目标，公园设计了一系列庭院，他们在宽度上有所变化，他们的框架用以象征那些曾经建在这块地上的成排的房屋。公园最东端的每一个庭园都包含着一个不同的植物群落，从高地的松柏类植物到落叶植物；公园的中心部分是低地和湿地的植物群落和一块巨大的花岗岩；西端是荫棚花园。最大的造景要素是一块置于地上的700t大岩石，它是从241km远的地方搬运过来的，成为公园雕塑般的中心景观。

公园的设计思想是沿着以前房屋的轮廓位置将维多利亚风格的集合转变为加拿大不同空间景观的集合。这些思想使传统庭园转变为一个现代庭园，这种转变为解读现代城市中自然的传统概念提出了新的思路（图 5-64 ~ 图 5-70）。

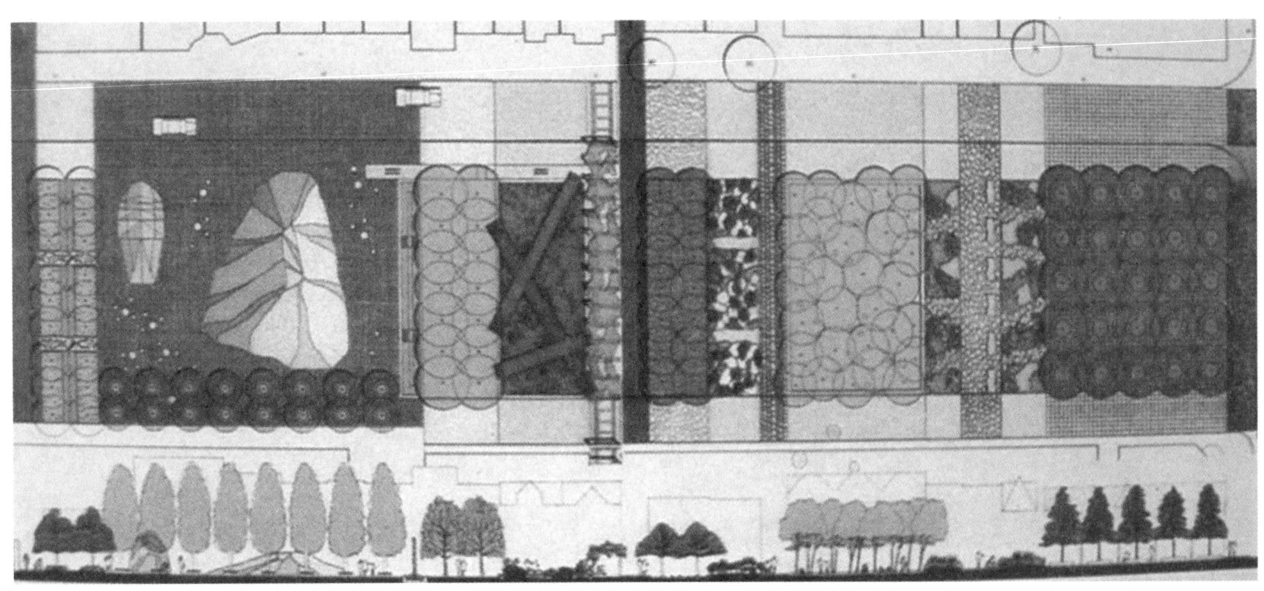

图 5-64 约克威尔村公园的平面图和剖面图

图 5-65 公园俯

图 5-66 树池与座椅

图 5-67 公园周边的建筑

图 5-68 公园的灯光设计

图 5-69 公园中的天然石雕

图 5-70 休息的座椅

5.3.2 长绍社区公园分析

地点：日本长绍

设计：Yoji Sasaki， Ohtori Consultants

长沼社区公园位于北海道长绍镇，该镇坐落于 Maoi 山脚下的广阔的牧场和田野间，距离 Chitose 机场约 30 分钟车程。这个公园是根据 1989 年设计竞赛中的方案修建的，位于政府经营的长绍温泉社区中心的中部，供当地居民使用。它以地区性的规模促进温泉能量的利用和休养娱乐功能的开发。

第一个实现的项目是 Maoi 停车场地，它是一个郊外的“汽车营地”，与周围的田园风光相融合。每个营地都“之”字排列而向自然景观开敞。同时，建筑物也在绿阴中若隐若现。这些场地用 3 种基本颜色统一起来，基本颜色的应用使每块用地相呼应，也保持着些许轻微的张力。设计的意图是创造一个促进与自然交流的设施。

作为一个相邻的开放空间，水上公园是一个以北海道夜景为背景的水上舞台。公园成为观光者与自然接触的场所，而且空间尺度十分宏伟（图 5-71~图 5-75）。

图 5–71 公园俯

图 5–73 以景观建筑为中心的布局

图 5–72 形式感很强的建筑

图 5–74 矩形设计模式

图 5–75 公园建筑及周边台阶

6 城镇园林景观设计要素

6.1 城镇园林景观设计的植物造景

6.1.1 植物造景的原则与观赏特性

植物造景是城镇园林景观设计的重要组成部分，适宜的植物景观能够更好地彰显城镇的景观特征，恰当的植物品种选择也能有效地减少投资和维护费用。城镇的园林景观设计中，树种选择首先要遵循适地适树的原则，以适应当地生长的树木作为基调树和骨干树，从而形成独具特色的植物景观。选择繁殖容易，移植后易于成活，生长迅速而健壮的乡土树种作为骨干树，适当地搭配株型整齐、观赏价值较高的树种，如花型、叶形或果实奇特，花色鲜艳，花期较长的植物，形成基础绿化和重点绿化相结合的植物造景模式。

城镇园林景观中植物通常自然气息较强，植物种植方式以群植或树林草地为主，规则式的种植形式较少。城镇因靠近乡村，自然环境较好，植物生长的空间更广阔，所以植物品种和数量相对较多，这为园林景观的建设提供了优势资源（图 6-1~ 图 6-4）。

6.1.2 街道广场的植物配植

城镇的街道广场通常规模较小，道路并不很宽，在选择植物品种时要适当考虑其冠幅与冠型的标准，以适应城镇的空间尺度。另外，街道广场是人与车辆活动较多地方，应选择适应管理粗放，对土壤、水分、肥料要求不高的树种。同时又要选择适应城镇的生态环境，有一定耐污染、抗烟尘能力的树种。街道广场由于人流较大，植物的选则应考虑发叶早、落叶迟

图 6–1 周边植物围合了宽阔的草坪

图 6–2　竹类植物配置体现统一与变化

图 6-3 植物色彩、体量配置体现协调与对比

图 6-4 水岸芦苇丛

的树种。根据城镇的当地自然条件，选择一些晚秋落叶期在短时间内就能落光的树种，便于集中清扫。对于道路两侧的行道树，要选择树干端直、分枝点较高、主枝与地面角度不小于 30°、叶片紧密的树种。行道树的冠型由栽植地点的环境决定。一般较狭窄的巷道可以选择自然式冠型的乔木为主。凡有中央主干的树种，如杨树，侧枝点高度应在 2.5m 以上，下方裙枝需根据具体情况修剪。特别是在交通视线不良的弯道和岔路口等地段，要以安全考虑为主，注意视野的开阔性，以免引发交通事故。无中央主干的树种，如柳树、榆树、槐树，分枝点高度宜控制在 2~3m。城镇的行道树间距可在 6~8m，苗木规格分别以胸径 7~8cm、3~4cm 为宜。树体大小尽可能整齐划一，避免因高低错落不等、大小粗细各异而影响审美效果，并给管理造成不便。

图 6-5 南方人工栽培植物群落

图 6-6 凤凰木

街道广场的植物配置通常是点与线的种植方式相结合。道路两侧的植物绿化可根据道路绿地的宽度设计不同高低层次的植物群落，如大乔木、小乔木、花灌木和地被植物，以形成屏风形式的植物布景。同时要注意不同植物之间的生长特性，不同生理特性和生态特性的植物组成的群落，生长状态也会有所差别，丰富的复层植物群落结构有助于生物多样性的实现。广场景观作为道路系统的节点，可适当种植观赏性植物，形成植物景观的焦点，同时也可以为使用者

图 6-7 大王椰子

图 6–8 杭州西湖边城市道路绿化

图 6–9 公园中的园路景观

图 6–10 江阴市天桥公园道路交通植物景观

图 6–11 道路周边的公园

图 6–12 植物围合的草坪景观

提供舒适的休闲观赏空间（图 6-5~ 图 6-12）。

6.1.3 住户庭院的植物配置

绿色的植物是住户庭院的重要设计元素，正是因为有了植物的生长才使优美的庭院犹如大自然的怀抱，处处散发着浓郁的自然气息。绿色植物除了有效地改善庭院空间的环境质量外，还可以与庭院中的小品、服务设施、地形、水景相结合，充分体现它的艺术价值，创造丰富的自然化庭院景观。底层庭院能否达到实用、经济、美观的效果，在很大程度上取决于对园林植物的选择和配置。园林植物种类繁多，形态各异。在庭院设计中可以大量应用植物来增加景点，也可以利用植物来遮挡私密空间，同时利用植物的多样性创造不同的庭院季相景观。在庭院中能感觉到四季的变化，更能体现庭院的价值。

在住户庭院的景观元素中，植物造景的特殊性在于它的生命力。植物随着自然的演变生长变化，从成熟到开花、结果、落叶、生芽，植物为庭院带来的是最富有生机的景观。在庭院的种植过程中，植物生长的季相变化是创造庭院景观的重要元素。“月月有花，季季有景”是园林植物配置的季相设计原则，使得庭院景观在一年的春、夏、秋、冬四季内，皆有植物景观可赏。做到观花和观叶植物相结合，以草本花卉弥补木本花木的不足，了解不同植物的季相变化进行合理搭配。园林植物随着季节的变化表现出不同的季相特征，春季繁花似锦，夏季绿树成荫，秋季硕果累累，冬季枝干苍劲。根据植物的季相变化，把不同花期的植物搭配种植，使得庭院的同一地点在不同时期产生不同的景观，给人不同的感受，在方寸之间体会时令的变化。庭院的季相景观设计必须对植物的生长规律和四季的景观表现有深入的了解，根据植物品种在不同季节中的不同色彩来创造庭院景观。四季的演替使植物呈现不同的季相，而把植物的不同季相应用到园林艺术中，就构成了四季演替的庭院景观，赋予庭院以生命（图 6-13~ 图 6-18）。

园林植物作为营造优美庭院的主要景观元素，本身具有独特的姿态、色彩和风韵之美。既可以孤

图 6–13　庭院植物景观

图 6–14 庭院灌木与花卉搭配种植

图 6–15　南天竹与粉墙的协调配置

图 6-16 金黄的银杏打破林子的幽深

图 6-17 酒瓶椰子等阔叶常绿植物组成的热带植物景观

图 6-18 杭州白堤上桃树柳树间隔排列体现韵律感和变化

植展示个体之美，又可参考生态习性，按照一定的方式配置，表现乔灌草的群落之美。如银杏干通直，气势轩昂，油松苍劲有力，玉兰富贵典雅，这些树木在庭院中孤植，可构成庭院的主景；春、秋季变色植物，如元宝枫、栾树、黄栌等可群植形成“霜叶红于二月花”的成片景观；很多观果植物，如海棠、石榴等不仅可以形成硕果累累的一派丰收景象，还可以结合庭院生产，创造经济效益。色彩缤纷草本花卉更是创造庭院景观的最好元素，由于花卉种类繁多，色彩丰富，在庭院中应用十分广泛，形式也多种多样。既可露地栽植，又可盆栽摆放，组成花坛、花境等，创造赏心悦目的自然景观。许多园林植物芳香宜人，如桂花、腊梅、丁香、月季、茉莉花等，在庭院中可以营造“芳香园”的特色景观，盛夏夜晚在庭院中纳凉，种植的各类芳香花卉微风送香，沁人心脾。

利用园林植物进行意境创作是中国古典园林典型的造景手法和宝贵的文化遗产。在庭院景观创造中，也可借助植物来抒发情怀，寓情于景，情景交融。庭院植物的寓意作用能够恰当地表达庭院主人的理想追求，增加庭院的文化氛围和精神底蕴。如苍劲的古松不畏霜雪严寒的恶劣环境；梅花不畏寒冷傲雪怒放；竹子“未曾出土先有节，纵凌云处也虚心”。三种植物都具有坚贞不屈和高风亮节的品格，其配置形式的意境高雅而鲜明（图 6-19、图 6-20）。

除了植物的各类特性的应用，在庭院景观设计中还应注意一些细节的绿化美化。如住宅屋基的绿化，包括墙基、墙角、窗前和入口等围绕住宅周围的基础栽植。墙基绿化可以使建筑物与地面之间形成自然的过渡，增添庭院的绿意，一般多采用灌木作规则式配置，或种植一些爬蔓植物，如爬山虎、络石等进

图 6-19 竹林与睡莲形成了雅致的庭院景观

图 6-20 竹林与精致的铺装

图 6-21 垂吊植物造景

图 6-22 庭院一角的植物配置

行墙体的垂直绿化。墙角可种植小乔木、竹子或灌木丛，打破建筑线条的生硬感觉。住宅入口处多与台阶、花台、花架等相结合进行绿化配置，形成住宅与庭院入口的标志，也作为室外进入室内的过渡，有利于消除眼睛的强光刺激，或兼作“绿色门厅”之用（图 6-21、图 6-22）。

6.1.4 公园绿地的植物配置

城镇公园绿地是面积相对较大的绿地类型，其植物配置在不同的功能分区内表现出不同的特征。城镇公园绿地的体育活动区是居民们经常健身娱乐的区域，要求有充足的阳光，其植物不宜有强烈的反光，树种及颜色要单纯，以免影响运动员的视线，最好能将球的颜色衬托出来，足球场用耐踩的草坪覆盖。体育场地四周应用常绿密林与其他区分开。树种选择应避免选用有种子飞扬、结果、易生病虫害、分蘖性强、树姿不齐的树木。

儿童活动区是公园绿地中不可缺少的功能分区，采用的植物种类应该比较丰富，这些可以引起儿童对自然界的兴趣，增长植物学的知识。儿童集体活动场地应有高大、树冠开展的落叶乔木庇荫，不宜种植有刺、有毒或易引起过敏症的开花植物、种子飞扬的树种，尽量不用要求肥水严格的果树或不用果树。主要配置富于色彩和外形奇特的植物，要用密林或树墙与其他活动区分开。总之，该区的绿化面积，一般不宜小于公园用地总面积的 50%。

图 6–23 白玉兰形成的植物景观

图 6–24 红叶李的植物景观

图 6–25 藤本野蔷薇所形成的景观

图 6–26 色叶树种——红枫形成的植物景观

城镇公园绿地的安静休息区用地面积较大，应该采用密林的方式绿化，在密林中分布很多的散步小路、林间空地等，并设置休息设施，还可设庇荫的疏林草地、空旷草坪，设置多种专类花园，再结合水体效果更佳。此区内以自然式绿化配置为主（图 6-23~ 图 6-26）。

文娱活动区在较大的公园绿地中占主要的位置，常常有大型的建筑物、广场、道路、雕塑等，一般采用规则式的绿化种植。在大量游人活动集中的地段，可设开阔的大草坪，留出足够的活动空间，以种植高大的乔木为宜。

城镇公园绿化的种植比例与城市相似，一般常绿树与阔叶树在不同地域表现出不同的比例特征：华南地区常绿树占 70%~80%，落叶树占 20%~30%；华中地区常绿树占 50%~60%，落叶树占 40%~50%；华北地区常绿树占 30%~40%，落叶树占 60%~70%（图 6-27~ 图 6-34）。

6.2 城镇园林景观建筑及小品

6.2.1 园林建筑

（1）园亭

《园冶》中说“亭者，停也。所以停憩游行也。”说明园亭是供人停留歇息赏景的地方。园亭在园林景观中起画龙点睛的作用。建亭位置要从两方面考虑，一是由内向外好看，二是由外向内也好看。园亭要建

图 6-27 色叶树种——红枫形成的植物景观

图 6-28　南方植物的植被群落

图 6-29　南方植物的植被群落

图 6-30 耐荫植物——龟背竹、蕨类等

图 6-31 杭州太子弯公园的植物景观

图 6-32 杭州太子弯公园的林下植物景观

图 6-33 林下植被

图 6-34 杭州植物园裸子植物区景观

在风景好的地方，使入内歇足休息的人有景可赏，留得住人。更要考虑建设成为一处园林美景，园亭在这里往往可以起到画龙点睛的作用。《园冶》中有一段精彩的描述：“花间隐榭，水际安亭，斯园林而得致者。惟榭只隐花间，亭胡拘水际，通泉竹里，按景山颠，或翠筠茂密之阿；苍松蟠郁之麓；或借濠濮之上，入想观鱼；倘支沧浪之中，非歌濯足。亭安有式，基立无凭。”

园亭的设计首先要确定传统或现代、中式或西洋式、自然野趣或奢华富贵等风格。其次，同种款式中，平面、立面、装修的大小、形样、繁简也有很大的不同。再次，所有的形式、功能、建材是在不断变化和进步之中的，常常是相互交叉的，必须着重于创造。例如，在中国古典园亭的梁架上，以卡普隆阳光板作顶代替传统的瓦，古中有今，洋为我用，可以取得很好的效果。以四片实墙、中国古典园亭的外轮廓为边框，组成虚拟的亭，也是一种创造。还可采用悬索、布幕、玻璃、阳光板等材料技术，层出不穷。

1）亭的造型变化多样（图 6-35、图 6-36）

①按平面形状分类

a. 单体亭

（a）正多边形，包括正三角形亭、正四角形亭、正六角形亭、八角形亭等。

（b）非正多边形，包括圆亭、扇亭、长方形亭等。

b. 组合亭

（a）单体亭组合，包括双三角形亭、双方亭、双圆亭等。

（b）亭与廊、花架、景墙结合。

②按立面造型分类

单檐：最常见，较轻巧。

重檐：较少见，稳重。

③按屋顶形式分类

古代：攒尖顶、歇山顶、卷棚顶等。

现代：平顶、蘑菇顶、空顶、伞顶灯。

2）亭的选址灵活机动

①根据地势：亭应用于山地时，如设在山顶，则视野开阔，最适于远眺；如设在山腰，则视线可仰观可俯视，适于休憩观景。无论亭在山地设于何位置，要求不被树木遮掩视线，同时亭的外形丰富了山的轮廓，起到点景作用。但亭的大小、外形一定要与庭院协调，不能喧宾夺主。

②根据水形：亭可以置于岸上、水边甚至水中。由于人有亲近水的天性，亭应尽量靠近水体、贴近水面。需要注意的是亭不要置于水面的中心，这样会丧

图 6-35 草亭

图 6-36 木亭

失水面的自然感。

③根据绿化：亭可以在绿地、树林中随需布置，能打破地形上的平淡，成为构图中心（图 6-37、图 6-38）。

3）亭的施工方便迅速

亭一般由地基、亭柱和亭顶三部分组成。其中地基多以混凝土为材料，地上部分负荷如果较重，要经过结构计算后加钢筋；地上部分较轻的，则只需挖穴灌砼即可。亭柱的材料较多，水泥、石材、砖、木材、竹均可。亭子无墙，因此柱的形式、色泽要讲究美观。亭顶的梁架可以用木材，也可以钢筋砼或金属；亭顶的覆盖材料可以用瓦、稻草、树皮、芦苇、树叶、竹片、铝片等。

4）亭的变化趋势

①式样越来越多，甚至出现了不对称形状（图 6-39）。

②色彩越来越丰富，不再拘泥于传统的皇家园林的黄色、私家园林的素色，颜色更加明快、大胆、丰富。

③材质的选择多元化，钢材、铁材、塑料、不锈钢、张力膜、铝塑板、玻璃等现代材料被广泛运用到亭子的各个结构中。即使是传统的木质材料，现在也出现了耐蛀、防腐的新木材（图 6-40）。

④体量变大。传统亭总是以小巧为宜，有的开间只有 1m 多，20 世纪 80 年代的小游园，开间 4m 的亭子就觉得很大了。现代公园、绿地、广场的面积较大，相应人流量大，有的亭开间在 10m 以上，只

图 6-37 圆亭

图 6-38 四角攒尖亭

图 6-39 与入口相结合的半边亭

图 6-40 半球型钢结构屋顶的欧式亭

要符合人的需要和美的要求，亭的增大也是顺理成章的。

⑤亭的功能向更为实用的方向转化。亭的立面，虽因款式的不同有很大的差异，但有一点是共同的，那就是内外空间的相互渗透。园亭原先都是由柱子支撑着屋盖，为了实用，也有在周边装上门窗的，如苏州拙政园的塔影亭，既保留着园亭立面的开敞通透又可避风雨，使其更具实用价值。

(2) 廊架

廊架是廊和花架的统称，它是园林中空间联系与分割的重要手段。廊架不仅具有交通联系、遮风避雨的实用功能，而且对游览路线的组织串联起着十分重要的作用。廊架自身的长短、开合、高低，能把景区进行大小、明暗、起伏、对比的转换，从而形成有特色变化的不同景区。

1）廊计成《园冶》："廊者，庑出一步也，宜曲宜长则胜……随形而弯，依势而曲。或蟠山腰、或穷水际，通花渡壑，蜿蜒无尽……"，这是对园林中廊的精炼概括。

廊是建筑物前面增加的"一步"（古建筑的一个柱间），有柱，有的还设栏杆。不但是厅堂内室、楼、亭台的延伸，也是由主体建筑通向各处的纽带。廊的物质功能是使室内不会受到风雨的吹打，夏秋之交也不会受阳光的曝晒。廊在江南园林中运用较多，它不仅是联系建筑的重要组成部分，在园林建筑中起穿插、联系的作用，而且有划分空间、增加空间层次的作用。如苏州留园的石林小院，院周设一圈廊，建筑与院子以廊作为过渡空间。廊是组成一个个景区的重要手段，是园林景色的导游线，还是组成园林动观与静观的重要手法。再如北京颐和园的长廊，它既是园林建筑之间的联系路线，或者说是园林中的脉络，又与各样建筑组成空间层次多变的园林艺术空间。

①廊架的特点与功能密切相关

a. 廊由连续的单元"间"组成。"间"，一般古代的尺寸为 1.2~1.5m，现代的尺寸为 2.5~3m。廊架常做到十几间长，也有数十间组成的廊架，它将各景区、景点联成有序整体，配合园路，以"线"联系全园。

b. 廊敞开通透的特点使它可以围合、分隔景区，做到隔而不断，丰富了层次。

c. 廊选址的随意性几乎可以不受限制地造景。"或蟠山腰，或穷水际，通花渡壑，蜿蜒无尽"。同时，有顶的廊架可防风吹日晒，给人提供良好的休憩环境。

②廊的类型

廊有许多类型，有曲廊、直廊、波形廊、复廊等。按所处的位置分为沿墙走廊、爬山走廊、水廊、回廊、桥廊等。除了上面的形式外，还有单独而设的廊，有的绕山，有的缘水，有的穿花丛草地。曲廊多迤逦曲折，一部分依墙而建，其他部分转折向外，组成墙与廊之间不同大小、不同形状的小院落，在其中栽花木叠山石，为园林增添了无数空间层次多变的优美景色。爬山廊大多建于山际，这样不仅可以使山坡上下的建筑之间有所联系，而且廊随地形有高低起伏的变化，使得园景丰富。水廊一般凌驾于水面之上，既可增加水面空间层次的变化，又与水面的倒影相映成趣。桥廊是在桥上布置亭子，既有桥的交通作用，又具有廊的休息功能。复廊的两侧并为一体，中间隔有漏窗墙，或两廊并行，又有曲折变化，起到很好的分隔与组织园林空间的重要作用。苏州怡园就以复廊着称，此廊将园分为东、西两大部分。上海豫园也有复廊，此处空间曲折多变，情趣无穷。拙政园的中部和西部景区，也以复廊分开，廊的西侧用水廊，即廊的地面似桥面，下部是水面，柱下设墩插入水中，廊水交融，和谐得体；而且此廊较长，做得既弯曲而又有些起伏，十分动人。

a. 从廊的剖面来看分为四种类型。

(a) 双面空廊：指只有屋顶用柱支撑、四面无墙的廊，能两面观景，适于景色丰富的环境。

(b) 单面空廊：在双面空廊的一侧筑实墙或半实墙，能使景色半掩半露，引人入胜。

(c) 复廊：在双面空廊中夹一道墙，可以不露痕迹地分割出两面空间，同时使空间双向渗透与联系，景观层次饶有情趣（图 6-41）。

(d) 双层廊：廊分为上下两层廊道，可以连接不同的标高景点，在立面上高低错落，丰富了廊架的外轮廓（图 6-42）。

b. 从廊的总体造型及与地形、环境的结合来分，廊有直廊、曲廊、爬山廊、水廊、桥廊等（图 6-43、图 6-44）。

2）**花架**

花架在绿地中出现的频率很高，随着时代而不断地发展变化。花架在造型上有着很多变化，现代园林最为常见的是双排列柱，双面通透的花架。只有中间一排列柱的“单支柱式廊”运用得最广。新材料给花架带来了高度、跨度、弧度上的自由，使其更加多变。疏朗、开敞、空透、灵动，成为花架的设计时尚。在结构形式上，花架的观赏性越发引起重视，更加强调仰视、俯视以及远眺、近观的效果。一些花架造型细腻，干脆不用植物，让人欣赏建筑的造型美，表现出灵活的自由度（图 6-45~ 图 6-48）。

（3）榭与舫

“榭者，藉也。藉景而成者也。或水边，或花畔，制亦随态。”——《园冶》。

榭与舫的相同之处都是临水建筑，不过在园林

图 6-41 苏州怡园的复廊

图 6-42 双层廊

图 6-43 爬山廊内部

图 6-44 爬山廊的局部

图 6-45 单柱钢构花架

图 6-46 紫藤花架

图 6-47 扇形花架

图 6-48 水泥花架

中榭与舫在建筑形式上是不同的。榭又称为水阁，不但多建于水边，而且多设于水之南岸，使人视线向北而观景。如网师园中的“濯缨水阁”（图 6-49）、怡园中的“藕香榭”等，都是朝北的。建筑在南，水面在北，所见之景是向阳的；若反之，则水面反射阳光，很刺眼，而且对面之景是背阳的，也不够优美。

榭形式随环境而不同。它的平台挑出水面，实际上是观览园林景色的建筑，较大的水榭还有茶座和水上舞台等。榭的临水面开敞，也设有栏杆；基部一半在水中，一半在池岸，跨水部分多做成石梁柱结构。

舫又称旱船，是一种船形建筑，必建于水边，多是三面临水，使人有虽在建筑中，却又有着犹如置身舟楫之感。船首的一侧设平板桥与岸相连，颇具跳板之意。舫体部分通常采用石块砌筑（图 6-50）。

（4）轩

园林中的轩多为高而敞的建筑，但体量不大。其形式类型也较多，有的做得奇特，也有的平淡无奇，如同宽的廊。在园林建筑中，轩这种形式也像亭一样，是一种点缀性的建筑。《园冶》中说得好，“轩式类车，取轩欲举之意，宜置高敞，以助胜则称”。意思是轩的式样类似古代的车子，取其高敞而又居高之意（车子前面坐驾驶者的部位较高）。轩建于高旷的地方对于景观有利，并以此相称。为此，造园者在布局时要郑重考虑何处设轩，因为它既非主体，但又有一定的视觉感染力，可以看做是引景之物。如网师园中的“竹外一枝轩”，可谓引人入胜，经此处可通向“月到风来亭”，又作为“濯缨水阁”之对景（图 6-51）。拙政园中的“与谁同坐轩”，是从中部园区经“别有洞天”至西部园区的第一眼所见之建筑，它是一座扇形的建筑，形象生动、别致。留园中的“揖峰轩”，是石林小院中的一座主要建筑，体量不大，又有廊院及院中石林相伴，是一处园中之园。院内空间有分有合，隔中有透，层次分明。

（5）楼

《园冶》称：“《说文》云重屋曰楼。言窗牖虚开，诸孔慺慺然也。造式，如堂高一层者是也。”

楼在园中是一个较大的建筑，高耸，所以是园中的主要视觉对象。楼有窗户，窗户上整列着窗孔，使建筑形象赋有空灵感。楼应造于高处，以便于赏景。园中之楼，是构成一个景区的主体，要选择好位置，因此对其所处位置的选择至关重要，务必慎之。其周围再配以适当的山石、池水、林木，使得楼与园景融为一体，展现建筑与自然的和谐美。另外，楼之所以造的高耸，主要是为了观景（图 6-52）。

（6）阁

阁的外形类似楼，四周常常开窗，攒尖顶，每层都设挑出的平坐等。阁的建筑，多为多层，颐和园的佛香阁（图 6-53）为八面三层四重檐，高达 41m，其下部砌有一座高 20m 的大石台基，沿台基的四周建了一圈低矮的游廊作为陪衬。整个建筑庄重华丽，金碧辉煌，气势磅礴，具有很高的艺术性，是整个颐和园园林建筑的构图中心。但也有如苏州拙政园的浮翠阁、留听阁等单层建筑；临水而建的就称为水阁，如苏州网师园的“濯缨水阁”等。

图 6–49 濯缨水阁

图 6–50 舫

图 6–51 竹外一枝轩

图 6–52 拙政园见山楼

图 6–53 颐和园佛香阁

图 6–54 远香堂

（7）厅与堂

厅与堂在园林中一般多是园主进行各种生活、娱乐的主要场所。从结构上分，用长方形木料做梁架的一般称为厅，用圆木料者称堂。

1）厅

厅有大厅、四面厅、鸳鸯厅、花厅、荷花厅、花篮厅。

①大厅往往是园林建筑中的主体，面阔三间五间不等。面临庭院的一边，柱间安置连续长窗（隔扇）。在两侧墙上，有的为了组景和通风采光，往往也开窗，这样既解决了通风采光的要求，又成为很好的取景框，构成活的画面，如苏州留园中的五峰仙馆等。

②四面厅是为了四面景观的需要，不但四面设置门窗，而且四周围以回廊、长窗装于步柱之间，不砌墙壁，廊柱间设半栏坐槛，供坐憩之用，如苏州拙政园的远香堂（图 6-54）。

③鸳鸯厅如留园的林泉耆硕之馆，平面面阔五间，单檐歇山顶，建筑的外形比较简洁、朴素、大方。厅内以屏风、落地罩、纱隔将厅分为前后两部分，主要一面向北，大木梁架用方料，并有雕刻；向南一面为圆料，无雕刻饰。整个室内装饰陈设雅静而又富有（图 6-55）。

④花厅主要供起居、生活或兼作会客之用，多接近住宅。厅前庭院中多布置奇花异草，创造出情意幽深的环境，花厅室内多用卷棚顶，如拙政园的玉兰堂。

⑤荷花厅为临水建筑，厅前有宽敞的平台，与园中水体组成重要的景观。如苏州怡园的藕香榭、留园的涵碧山房等，皆属此种类型。荷花厅室内也都用

图 6–55 鸳鸯厅

卷棚顶。

⑥花篮厅与花厅、荷花厅基本相同，但花篮厅的中心步柱不落地，代以垂莲柱，柱端雕花蓝，梁架多用方木。

2）堂

园林中的堂，以其高大而居正中之位，多为园中之主体建筑。堂不仅高大而对称，而且居于园林之中轴线。在多以自由布局构园的中国古典园林中，堂是唯一必须居中轴线布置的建筑，其余布局皆透蜿曲折，表现出我国文人的观念形态——于自在中还需有一定的规矩制约自己。

6.2.2 园林小品

（1）门与窗

门窗在建筑中都是采光、通风和采景的作用，因此常常把门窗联系在一起。我国的先人们极为重视建筑与景观的关系。因此，在园林建筑中，对门窗的设置十分讲究。

1）门

门是中国民居最讲究的一种形态构成。“门第”“门阀”“门当户对”，传统的世俗往往把功能的门精神化了，家家户户刻意装饰；作为功能的门，它是实墙上的虚，而作为精神上的意象或标志，它又是实墙“虚”背景上的“实”。在乡村园林景观中，村口、寨口也往往设门，从少数民族中哈尼族“巢居”到侗家寨前第一道门——风雨桥，汉民族村落的入口牌坊到一组环境构成的“水口”门户（优秀传统建筑文化风水学称水口为地域之门户），这些无异都是领域的标志，使乡民寄托着“聚合感”“归宿感”和“安全感”。

门作为中国传统建筑中极其重要的组成部分，它是沟通内外空间的关键所在，往往被人们认为是民居的颜面、咽喉，甚至是兴衰的标志。

园林中的门，有进出厅堂、楼、阁等建筑物来沟通室内外空间的门；也有作为沟通两个空间设置在隔墙上的门；还有一类属于象征性的门。但不管是什么门，也都是园林主人地位、等级和文化修养的展现，也是进出两个空间的标志，门上的匾额和题额更是内部空间特性的展示。例如，进颐和园之前，先要经过东宫门外的一系列门，即象征门的“涵虚”牌楼、东宫门、仁寿门、玉澜堂大门、宜芸馆垂花门、乐寿堂东跨院垂花门、长廊入口邀月门这七种形式不同的门，穿过九进气氛各异的院落，然后才能步入700m余的长廊。这一门一院形成不同的空间序列，既展现了不同的空间园林景观变化，又具有明显的节奏感，给人以步移景异的享受。

如南京瞻园的入口，虽仅小门一扇，但墙上藤萝攀绕，于街巷深处显得清幽雅静，游人涉足入门，空间则由“收”而“放”。一入门只见庭院一角、山石一块、树木几枝，经过曲廊，便可眺望到园的南部山石、池水建筑之景。这种欲露先藏的处理手法，达到了“景愈藏境界愈大”的空间效果，把景物的魅力蕴含在强烈的对比之中。

苏州留园的入口处理更是匠心独运。园门粉墙、青瓦、古树，构思极为简洁。入门后是一个小厅，过厅东行，先进一个过道，空间为之一收。在过道尽头是一横向长方厅，光线透过漏窗，厅内亮度较前厅稍明。从长方厅西行，又是一个过道，过道内左右交错布置了两个开敞小庭院，院中亮度又有增强。这种随着人的移动而光线由暗渐明、空间时收时放的布置，使游人产生了扑朔迷离的游兴。过了门厅继续西行，便见题额“长留天地间”的古木交柯门洞。门洞东侧开一月洞空窗，细竹摇翠，指示出眼前即为佳境。在这建筑空间的巧妙组合中，门起到了非常重要的作用。

在杭州“三潭印月”中心绿洲景区的竹径通幽处，通过圆洞门可看到竹影婆娑中微露的羊肠小径，这就是先藏后露、欲扬先抑的造园手法，这正如说书人说到紧要处来一个悬念，引人入胜，这都说明我国造园的艺趣。苏州拙政园的别有洞天门（图 6-56）更是一处耐人寻味的景框。又如苏州沧浪亭，门外有木桥横架于河水之上，这里既可船来，又可步入，形成与众园不同的入口特点。

2）窗

在园林建筑中，窗不仅是采光通风的重要部位，更是观赏和组织景观的重要位置和构成。南齐谢朓诗云：“窗中列远岫，庭际俯乔林。”唐代白居易诗曰：“东窗对华山，三峰碧秀落。”凭借门窗观赏自然风光，可以陶冶情操，颐养身心。在中国古典园林的营造中，也极为重视窗的设置和艺术塑造。

为了适应园林景观设计和组景的需要，景窗的形式多种多样，有空窗、花格窗、博古窗、玻璃花窗等，一般与墙连为一体（图 6-57）。

粉墙漏窗是我国古典园林建筑的特点之一。在我国的古园林中，经常都能观赏到精巧别致、形式多样的景墙。它既可用以划分空间，又兼有采景和造景的作用。在园林的平面布局和空间处理中，它能构成灵活多变的空间关系，既能化大为小，又能构成园中之园，也能以几个小园组合成大园。这也是“小中见大”的巧妙手法之一。景窗窗框的丰富多变，还为采景入画构成了情趣各异的画框。

作为景墙，就是在粉墙上开设玲珑剔透的景窗，使园内空间互相渗透。如杭州“三潭印月”绿洲景区的“竹径通幽处”的景墙，既起到划分园林空间的作用，又通过漏窗起到园林景色互相渗透的作用。

上海豫园万花楼前庭院的南面有一粉墙，上装有不同花样的漏窗，分割空间的同时又起到空间相连的作用，即使空间分而不裂。而那水墙的作用则更为巧妙，既分割了庭院，丰富了万花楼前庭院的空间关系，粉墙横于水系之上，又使溪水隔而不断，意趣无穷。同时，粉墙横于水系之上，与其在水中的倒影一起，极大地丰富了水面景色。

北京颐和园中的灯窗墙，是在白粉墙上饰以各式灯窗，窗面镶有玻璃。在明烛之夜，窗墙倒映在昆明湖上，水光、灯影以及灯影上生动的图案，令人叹为观止。

图 6-56 拙政园别有洞天门

图 6-57 景窗

苏州拙政园中的枇杷园，其园中园的景观就是用高低起伏的云墙分割形成；而苏州留园东部多变的园林空间，大部分是靠粉墙的分割来完成的。

(2) 墙

墙是园林中分隔、围合空间的人工构筑物。墙在平面上是呈现线形分布，相对简单，而立面上却自由生动，异常丰富。园林中的墙使空间变化多端，层次分明，起着控制立面景观、引导游览路线的作用，墙本身也是被观赏的景物，同时还具有工程上的实际作用。

1）墙的分类

①围墙：主要作为界墙，起着安全防护、便于管理的作用，给人提供相对封闭、安静、美观的环境。

②景墙：主要功能是造景与装饰。正如《园冶》中所说，“如内花端、水次、夹径、环山之垣……从雅遵时，令人欣赏，园林之佳境也。”

③挡土墙：作用是防止土坡坍塌，承受侧向压力，还可以消减高差，运用广泛（图 6-58、图 6-59）。

2）墙的特点

现代景观中墙的设计除了满足其不同类型的基本功能外，又延伸了许多新的特点。

①注重内涵：墙作为一种载体，反映设计者的立意与构思。由于墙上可以方便地融入各类门类的艺术创作，如雕刻、书法、绘画，甚至标牌说明，可以说更直接地向人们传达信息（图 6-60）。

②注重装饰：墙越来越在线条、质感、色彩上力求精致与多变。墙的外形不再是简单的长方形，出现了各种几何形体。墙的材质有天然的、人工的，林林总总。粗犷的石材传达着古朴的气息，植物材料（竹、树皮等）体现着自然，玻璃、金属、马赛克等又创造了现代氛围。就连光影也被用来创作立面效果，因为设计家认为“光影也是一种材料，活动的材料”（图 6-61）。

③注重整体：墙是独立的构筑物，但并不是孤立的，要与绿化、水景、园路、山石等紧密结合（图 6-62）。

④注重生态：生态不应只是空洞的修饰词，而要落实到具体的实际中。生态墙透气、透光、透水，为小型动植物提供了生长栖息地，特别适合于野生动物园、植物园、高速公路选用（图 6-63）。

(3) 雕塑

雕塑的历史悠久，题材广泛，是视觉焦点。按艺术形式可以把雕塑分为两大类：一类是以写实和

图 6–58 墙体与艺术的结合

图 6–59 石砌挡土墙使得有高差的场地也能得到利用

图 6-60 书简与文字的运用使得景墙带有的浓郁的中国文化韵味

图 6-61 墙体中光影的运用

图 6-62 这堵墙被设计的既似水景又似屏风

图 6-63 绿墙

再现客观对象为主的具象雕塑；另一类是以对客观形体加以主观概括、简化或强化，或运用点、线、面、体块等进行组合的抽象雕塑。

设计雕塑要把握好下列原则：

1）内容与形式的统一

雕塑都有一定的主题，必须通过视觉形象来体现、反映主题。即使是现代的“无题”雕塑，也像无标题音乐一样，还是表现设计者的思想感情的。关键在于雕塑的形体表现是否能让大众理解到设计者的意图。在我国，大众对雕塑的欣赏大多停留在“是什么”“像什么”的层面上，设计者需要在抽象与具象上掌握最佳的结合点。

2）环境与雕塑的协调

雕塑要置于一定的空间范围，因此雕塑与环境应是相辅相成的关系。

雕塑与观赏效果之间的联系也很重要。雕塑有无基座、观赏视线长短、距离远近、质感如何都直接影响到雕塑效果（图 6-64、图 6-65）。

(4) 景观装置

景观装置一般没有雕塑体量大，摆放位置也很随意，但它们种类多样、数量繁多、精美新颖、富有创意、饶有趣味、引人遐思。

图 6–64 庭院雕塑小景

图 6–65 乾隆碑

图 6–66 天然石、金属、陶瓷相结合的观赏性小品

图 6–67 天然石材小品

无论是雕塑还是景观装置，从材质上分为天然石、金属、人造石、高分子、陶瓷几大类，或质朴天成，或自由现代，根据需要选定（图 6-66~ 图 6-70）。

(5) 园林栏杆

栏杆在绿地中起分隔、导向的作用。栏杆是一种长形的、连续的构筑物，因为设计和施工的要求，常按单元来划分制造。栏杆的构图既要单元好看，更要整体美观，在长距离内连续地重复，产生韵律美感，因此某些具体的图案、标志，例如动物的形象、文字，往往不如抽象的几何线条组成给人的感受强烈。栏杆的构图还要服从环境的要求（图 6-71、图 6-72）。

不同的栏杆高度会产生不同的空间围合感，低栏 0.2~0.3m，中栏 0.8~0.9m，高栏 1.1~1.3m，要因不同情况来选择。一般来讲，草坪、花坛边缘用低栏，明确边界，也是一种很好的装饰和点缀，在限制入内的空间、人流拥挤的大门、游乐场等用中栏；强调导向；在高低悬殊的地面、动物笼舍、外围墙等，用高栏，起分隔作用。

(6) 假山、置石

1）假山

假山艺术最根本的艺术原则是“有真为假，做假成真”。大自然的山水是假山创作的艺术源泉和依据。真山虽好，却难得经常游览。假山布置在城镇园林景观中，作为艺术作品，比真山更为概括、更为精炼，可寓以人的思想感情，使之有“片山有致，寸石生情”

图 6-68 高分子材质

图 6-69 人造石材质

图 6-70 金属材质

图 6-71 木栏杆

图 6-72 栅栏

的魅力。人为的假山又必须力求不露人工的痕迹，令人真假难辨。与中国传统的山水画一脉相承的假山，贵在似真。

假山按材料可分为土山、石山和土石相间的山（土多称土山戴石，石多称石山戴土）；按施工方式可分为筑山（版筑土山）、掇山（用山石掇合成山）、凿山（开凿自然岩石成山）和塑山（传统是用石灰浆塑成的，现代是用水泥、砖、钢丝网等塑成的假山）；按在园林中的位置和用途可分为园山、厅山、楼山、阁山、书房山、池山、室内山、壁山和兽山。假山的组合形态分为山体和水体。山体包括峰、峦、顶、岭、谷、壑、岗、壁、岩、岫、洞、坞、麓、台、磴道和栈道；水体包括泉、瀑、潭、溪、涧、池、矶和汀石等。山水宜结合一体，才相得益彰。

假山的主要理法有相地布局，混假于真，宾主分明，兼顾三远，依皴合山。依皴合山是按照水脉和山石的自然皴纹，将零碎的山石材料堆砌成为有整体感和一定类型的假山，采用包括大小、曲直、收放、明晦、起伏、虚实、寂喧、幽旷、浓淡、向背、险夷等对比衬托的手法，使其达到远观有“势”，近看有“质”的艺术景观效果。在工程结构方面的主要技术是要求有稳固耐久的基础，递层而起，石间互咬，等分平衡，达到“其状可骇，万无一失”的效果。[1]

[1] 相地布局是指选择和结合环境条件确定山水的间架和山水形势。（宋代画家郭熙《林泉高致》说：“山有三远。自山下而仰山巅谓之高远；自山前而窥山后谓之深远；自近山而望远山谓之平远。”）

图 6-73 苏州留园的冠云峰

图 6-74 在园入口对置山石形成稳定与均衡感

2）置石

置石在园林中有多种运用方法：

①特置。又称孤置，江南又称“立峰”，多以整块体量巨大、造型奇特和质地、色彩特殊的石材作成。常用作园林入口的障景和对景，漏窗或地穴的对景。这种石也可置于廊间、亭下、水边，作为局部空间的构景中心。如苏州留园的冠云峰，形成全园的构景中心（图 6-73）。

特置选石宜体量大，轮廓线突出，姿态多变，色彩突出，具有独特的观赏价值。石最好具有透、瘦、漏、皱、清、丑、顽、拙的特点。为突出主景并与环境相谐调，特置山石前有框（前置框景），后面有“背景”衬托，并使山石最富变化的那一面朝向主要观赏方向，同时利用植物或其他方法弥补山石的缺陷，使特置山石在环境中犹如一幅生动的画面。此外，特置山石作为视线焦点或局部构图中心，应与环境比例合宜。

②对置。这是指在建筑物前两旁对称地布置两块山石，以陪衬环境、丰富景色。对置由于布局比较规整，给人严肃的感觉，常用于规则式园林或入口处。对置并非对称布置，作为对置的山石在数量、体量以及形态上无须对等，可挺可卧，可坐可偃，可仰可俯，只求在构图上均衡和在形态上呼应，以给人稳定感（图 6-74）。

③散置。又称散点，即“攒三聚五”的做法。常用于布置内庭或散点于山坡上作为护坡。散置按体量不同，可分为大散点和小散点，北京北海琼华岛前山西侧用房山石作大散点处理，既减缓了对地面的冲刷，又使土山增添奇特嶙峋之势。小散点，显得深埋浅露，有断有续，散中有聚，脉络显隐。

④群置。应用多数山石互相搭配布置称为群置或称聚点、大散点。群置常布置在山顶、山麓、池畔、路边、交叉路口以及大树下、水草旁，还可与特置山石结合。群置配石要有主有从，主次分明，组景时要求石之大小不等、高低不等、石的间距远近不等。群置有墩配、剑配和卧配三种方式，不论采用何种配置方式，均要注意主从分明、层次清晰、疏密有致、虚实相间。

⑤山石器设。为了增添园林的自然风光，常以石材作石屏风、石栏、石桌、石儿、石凳、石床等都使园林景色更有艺术魅力（图 6-75）。

⑥山石花台。布置石台是为了相对地降低地下水位，安排合宜的观赏高度，丰富庭园空间，使花木、山石显出相得益彰的诗情画意。园林中常以山石作成花台，种植牡丹、芍药、红枫、竹、南天竺等观赏植物。花台要有合理的布局，适当吸取篆刻艺术中“宽可走马，密不容针”的手法，采取占边、把角、让心、交错等布局手法，使之有收放、明暗、

图 6-75 石几、石凳结合水景与植物形成趣味的园林景观

图 6-76 汀步丰富水面景观并引导游览线路

远近和起伏等对比变化。对于花台个体，则要求平面上曲折有致，兼有大弯小弯，而且曲率和间隔都有变化。如果利用自然延伸的岩脉，立面上要求有高下、层次和虚实的变化，有高擎于台上的峰石，也有低隆于地面的露岩，如苏州留园“涵碧山房”南面的牡丹台。

⑦同园林建筑相结合的置石。它们减少了墙角线条平板呆滞的感觉而增加了自然生动的气氛。建筑入口的台阶常用自然山石做成“如意踏跺”，两旁再衬以山石蹲配。

置石运用的山石材料少，结构简单，如果置石得法，可以取得事半功倍的效果。置石的布局要点有：造景目的明确、格局谨严、手法洗炼、寓浓于淡、有聚有散、有断有续、主次分明、高低起伏、顾盼呼应、疏密有致、虚实相间、层次丰富、以少胜多、以简胜繁、小中见大、比例合宜、假中见真、片石多致、寸石生情。

置石作为主景，在环境中被赋予一定的目的和感情色彩，使置石具有独特的艺术感染力，吸引人们观赏。

置石还可划分和组织空间，引导游览路线，丰富景观层次。例如用石做踏步、汀步，具有划分空间、丰富地面水面景观和引导游览路线的多重功能（图 6-76）。

置石可与植物组景。用石来填充植物下部或围合根部，或用石衬托优美的树姿，二者能互为补充，在对比和调和中营造轻松自然的园林景观。使得本来呆板、僵硬的山石线条在植物的点缀、映衬下，会显得自然随意，富有野趣（图 6-77）。

置石可与水体组景。水体在浑厚的石块衬托下更显轻盈、活泼、明澈，再配以佳树，树木使石与环境融为一体，石块在植物的点缀下随意自然。水石相依的幽静环境，令人流连忘返（图 6-78）

图 6-77 置石与植物组景

图 6-78 置石与水体、植物所组成的自然园林景观

图 6-79 广场庭院灯

图 6-80 天桥公园庭院灯

(7) 景观灯

景观灯是景观设计照明系统的重要服务设施，科学合理的设计照明系统能够展示更加丰富生动的景观效果，塑造独具特色的城镇夜景，同时能够提供居民夜晚的活动场所，激发城镇公共空间的活力。按照不同的照明需求，选择富于特色、照明效果好的景观灯，包括庭院灯、高杆灯、草坪灯、局部射灯、埋地灯、侧壁灯等。景观灯的布局既要考虑城镇夜晚的照明效果，也要考虑白天的园林景观，庭院灯在夜晚会有强烈的导向性。

在喷水池、雕像、入口、广场、花坛、园林建筑等重要的场所要有重点的照明，并创造不同的环境气氛，形成夜景中的不同节奏。城镇中心广场可用有足够高度和亮度，装饰性较强的柱灯。铺装地面可预埋地灯或 LED 灯，增加广场的趣味性。水池有专用的水下灯，强化水景的灯光效果（图 6-79、图 6-80）。

沿园路布置照明设施时，应按照所在园林的特点、交通的要求，选择造型富于特色、照明效果好的庭院灯或草坪灯。定位时既要考虑夜晚的照明效果，也要考虑白天的园林景观，沿路连续布置。一般庭院灯间距保持在 25~30m，草坪灯 6~10m 的间距，这样具有强烈的导向性。

喷水池、雕像、入口、广场、花坛、亭台楼阁等局部和重点的照明，要创造不同的环境气氛，形成夜景中的高潮。园林广场空间常用有足够高度和照度、装饰性强的庭院灯，广场地面可预埋地灯，树下预埋小型投射灯。入口、雕像、亭台楼阁除了“张灯结彩”，还常以大型聚光灯照射。游乐场所、商场以霓虹灯招徕顾客。喷水池有专用的水下灯。古典园林用宫灯、走马灯、孔明灯、石灯笼等。各种照明设施中，一部分是固定设施满足基础照明要求，一部分是节假日临时设施，以达到五彩缤纷、灯红酒绿的节假日效果。因此，园林供电管网设计时，要预留接线点，预留耗电量。

除了“点”“线”上的灯，为了游人休憩和管理上的需要，绿地各处还要保持一定的照度，这是“面”上的照明。此类照明间距因地形的高低起伏、树丛的疏密开朗而有所不同。大致每亩地一盏灯，其照度密度约为道路的 1/5。

在重要景观场所的灯，造型可稍复杂、堂皇，并以多个组合灯头提高亮度及气势；在“面”上的灯，造型宜简洁大方，配光曲线合理，以创造休憩环境并力求效率。一般园林庭院灯高 3~5 m，处于一般灌木之上、乔木之下的空间；广场、入口等处可稍高，7~11 m。足灯型（草坪灯、花坛灯）不耀眼、照射效果也好，但易损坏，多在宾馆房、地产开发等专用绿地和公共绿地的封闭空间中使用，其灯具设计有模仿自然的，也有简洁抽象的现代造型。

(8) 桥

在自然山水园林中，由于地形、水体的变化，需要桥来连接两端的道路，沟通景区。在一些景区，由于桥的优美身姿、流畅曲线、多边造型，使桥成为主景。

在园林中，桥的形象要比路明显。桥的作用大体有三：一是通行，物质性的功能；二是观赏桥的形态，精神性功能；三是组景。人在桥上行，由于水面空阔，所以此处是赏景佳处。桥可分割水面空间，使水面空间有层次，所以园中水面设桥，总是将池面分割得有大有小，使水面主次分明（图 6-81）。

桥是人类跨越山河天堑的技术创造，给人带来生活的进步与交通的方便，自然能引起人的美好联想，固有人间彩虹的美称。在中国自然山水园林中，地形变化与水路相隔，非常需要用桥来联系交通，沟通景区，组织游览路线，而且造型优美形式多样的桥也是园林中重要造景建筑之一。因此小桥流水成为中国园林及风景绘画的典型景色。在规划设计桥时，桥应与园林道路系统配合，方便交通，联系游览路线与观景点。设计应注意水面的划分与水路的通行通航，还应注意组织景区分隔与联系。有管线通过的园桥，应同时考虑管道的隐蔽、安全、维修等问题。

1）园桥的主要类型

园桥的主要类型分为平桥（板式桥、梁式桥）、拱桥、亭桥与廊桥、吊桥与浮桥、步石五大类型。桥由两部分组成：一是主体部分的上部结构，它和路面一样设面层、基层、防水层；二是桥台、桥墩部分，它是桥的支撑部分（图 6-82、图 6-83）。

图 6-81 水上木桥

图 6-82 平桥

图 6–83 中山公园荷花桥

图 6–85 桥的设计上要处理好桥岸交接处

图 6–84 为了行人的安全，临水的桥一定要设置扶手

图 6–86 旱桥让人感觉“桥下无水，但水自生”

2）园桥的设计要领

①安全。一些桥片面强调美观而埋下了安全隐患。一些楼盘的水上小桥，水体很深，桥体为了造型美不设栏杆，不时发生儿童落水的意外。因此，要把桥的安全性作为桥梁设计时考虑的第一要素。从这个角度上说，桥的牢固、安全比美观更为重要（图 6-84）。

②园桥的造型、体量与园林的环境相适应。在选址上，一般选水体最狭处或风景最佳处设桥；在形式上，根据水下深度及交通状况考虑是设拱桥还是平桥；在景观上，除了本身桥体、栏杆的装饰外，要处理好桥岸交接处的山石、绿化（图 6-85）。

3）园桥的功能

现代景观设计中把桥作为造景的重要手段，赋予它更多的点景、赏景功能。例如：桥作为“线”运用到绿地的设计构成中，出现了超百米的长桥。在木质桥仍被人喜爱的同时，设计者开始大胆运用钢、铁、玻璃、不锈钢等现代材料建造新桥。在无水的地方也可根据需要造桥，只要点缀些卵石、水中湿生植物，桥下无水，但水自生（图 6-86）。

6.3 城镇园林景观设计的水景设计

6.3.1 因地制宜的水景设计

水是生命之源，在人的生命过程中发挥着积极的作用。在日常生活中除了满足人们生理机能需求外，在调节生态环境和满足人们视觉需求上也发挥着极其重要的作用，在这里所论述的水体环境主要是满

图 6–87 儿童戏水

图 6–88 屋顶花园的泳池

足视觉需求（图 6-87、图 6-88）。

(1) 水与人的心理感受

由于水在人类生命力的重要作用，人们把水和人们的心理审美意识结合起来。孔子有“智者乐水，仁者乐山；智者动，仁者静”的话，把水比喻成“智者”。我国古代的风水术，对水也特别重视，“有山无水休寻地”，可见水对人的日常行为和心理有很大的影响（图 6-89、图 6-90）。

图 6–89 智者乐水，仁者乐山

(2) 人与水体的视觉效应

人具有亲水性，人一般都喜爱水，和水保持着较近的距离。当距离较近时人可以接触到水，用身体的各个部位感受到水的亲切，水的气味，水雾、潮湿、水温都能让人感到兴奋。当人距离水面较近时，通过视觉感受到水面的存在，会吸引人们到达水边，实现近距离的接触。在有些城镇环境中水体设置得较为隐蔽，可以通过水流声吸引人们到达这里（图 6-91、图 6-92）。

由于人具有亲水性，那么，尤其是在城镇的住宅环境中应缩短人和水面的距离，在较为安全的情况下，也可以让人融入到水景中，如通过水面上布置浮桥、浮萍以及置于水中的亭台，使人置身于水中。人们在观赏水体时一般有仰视、平视、俯视和立于水中。仰视主要应用于人们在观赏空中落水时候；小型水池以喷泉为主，人们一般采用平视的姿态，会觉得

图 6–90 山水环境使人心情放松

图 6-91 在水景旁，游人总是驻足倾听水声

图 6-92 辽阔的水面让心情变得安静祥和

和水体较为接近；俯视是指登高望水面，水面一般比较辽阔，可使人有心旷神怡之感。这三种观赏形式都能看到水面，但身体和水面接触较少。在实际生活中，人们最喜欢立于水中，直接接触到水面，尤其是儿童喜欢在浅水中嬉水，而有些建筑直接建在水中或水边，如一些亭、舫、桥等，人们从建筑上、桥上以及水中的小岛观水，会被周围的水面所包围，一方面人们和水面保持亲近性，同时又会产生畏惧感（图 6-93、图 6-94）。

图 6-93 住区庭院水景

6.3.2 水景的类型选择

在城镇园林景观环境中水体的平面形式可采用几何规整形和不规整两种。西方古典园林的水体一般采用几何规整形，在现代城市环境中一般也采用这种形式，如圆形、方形、椭圆形、花瓣形等，水面一般都不大，多采用人工开凿。而我国古典园林则讲究崇尚自然，师法自然，对于理水也多采用自然的、不规则的水形，从江南园林中水面的形态我们可以领会到。

图 6-94 住区庭院的水景增加了愉快的氛围

(1) 水池

水池是城镇公园或者住宅环境中最为常见的组景手段，根据规模一般分为点式、面式和线式三种形态。

①点式是指较小规模的水池或水面，如一些承露盘、小喷泉和小型瀑布等。在城镇环境中它起到点景的作用，往往会成为空间的视线焦点，活化空间，使人们能够感受到水的存在，感受到大自然的气息。由于它体量比较小，布置也灵活，可以分布于任何地点，而且有时也会带来意想不到的效果，它可以单独

设置，也可以和花坛、平台、装饰部位等设施结合（图6-95、图6-96）。

②面式是指规模较大，在城镇园林景观中能有一定控制作用的水池或水面，会成为城镇环境中的景观中心和人们的视觉中心。水池一般是单一设置，形状多采用几何形，如方形、圆形、椭圆形等，也可以多个组合在一起，组合成复杂的形式如品字形、万字形，也可以叠成立体水池，面式水池的形式和所处环境的性质、空间形态、规模有关。有些水面也采用不规则形式，底岸也比较自然，和周围的环境融合得较好。水面也可以和城镇环境中的其他设施结合，如踏步，把人和水面完全融合在一起。水中也可以植莲，养鱼，成为观赏景观，有时为了衬托池水的清澈、透明，在池底摆上鹅卵石，或绘上鲜艳的图案。面式布局的水池在城镇环境中应用是比较广泛的。很多城镇住宅小区的中心绿地中，水池底多以马赛克或各种瓷砖铺成多种图案，突出海洋主题富有动感（图6-97~图6-99）。

图6–95 水体以一种活动的方式应用在环境中

图6–96 水池的上下两部分完美连接

图6–97 面式的水景

图6–98 面式水景与动水结合

图 6–99 现代居住小区里的游泳池

图 6–100 线式水景

图 6–101 规则的台地式水景

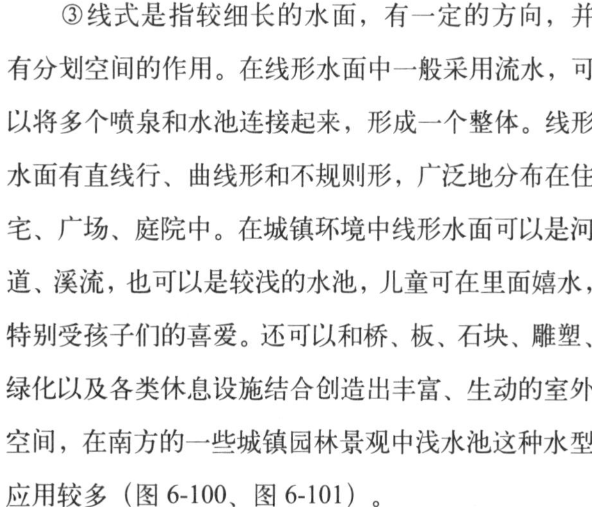

③线式是指较细长的水面，有一定的方向，并有分划空间的作用。在线形水面中一般采用流水，可以将多个喷泉和水池连接起来，形成一个整体。线形水面有直线行、曲线形和不规则形，广泛地分布在住宅、广场、庭院中。在城镇环境中线形水面可以是河道、溪流，也可以是较浅的水池，儿童可在里面嬉水，特别受孩子们的喜爱。还可以和桥、板、石块、雕塑、绿化以及各类休息设施结合创造出丰富、生动的室外空间，在南方的一些城镇园林景观中浅水池这种水型应用较多（图 6-100、图 6-101）。

(2) 喷泉

主要是以人工喷泉的形式应用于现代的城镇中。喷泉是西方古典园林常见的景观形式。喷泉分布在城镇的中心广场等处，起到饰景的作用，很好地满足了人们视觉上的需求，特别以其立体而且动态的形象，在环境中起到引人注目的中心焦点的作用。不同的人群对喷泉的速度、水形等都有不同的要求。在私家庭院中它常是一个小型的喷点，速度也不快，分布在角落中；在城镇公园或者广场中，喷泉水景通常是规模较大的景观节点（图 6-102~ 图 6-110）。

(3) 瀑布

由于瀑布有一定的落差，要有一定的规模，这样才能产生壮观的效果，一般是利用地形高差和砌石形成小型的人工瀑布，以改善景观环境。瀑布有多种形式，有关园林营造把瀑布分为“向落、片落、传落、棱落、丝落、重落、左右落、横落”等十种形式。

图 6–102 适合在住宅庭院中的雕塑喷泉

图 6–103 精致的喷泉景观增加了庭院的设计感

图 6–104 水池喷泉

图 6–105 旱池喷泉

图 6–106 某小区水景

图 6–107 现代壁泉

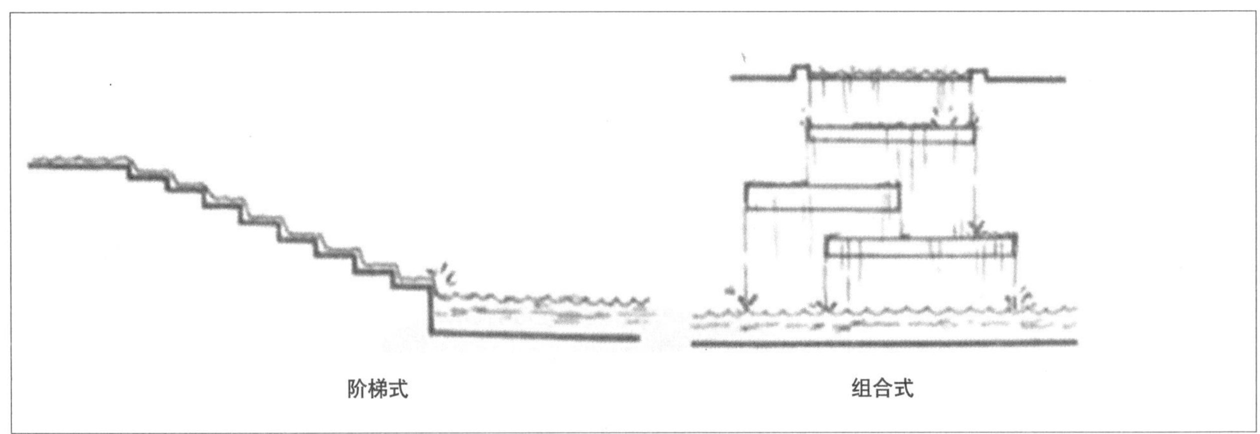

图 6–108 叠水的常见形式

图 6–109 叠水景观

图 6–110 雪浪湖水幕喷泉

图 6–111 庭院中自然的瀑布景观

人工瀑布中水落石形式和水流速度决定了瀑布形式，一般根据人们对瀑布形式的要求，选择水落石和水流速度，把它们综合起来，使瀑布产生微小的变化，传达不同的感受（图 6-111~ 图 6-113）。

(4) 堤岸的处理

水面的处理和堤岸有着直接的关系。它们共同组成景观，以统一的形象展示在人们面前，影响着人们对水体的欣赏。这里所述的堤岸一方面是人们的视觉对象，另一方面又是人们的观赏点。

在城镇景观环境中，池岸的形式根据水面的平面形式也分为规则式和不规则式。规则几何式池岸的形式一般都处理成让人们坐的平台，使人们能接近水面，它的高度应该以满足人们的坐姿尺度为标准，池岸距离水面也不要太高，以人伸手可以摸到水为好。规则式的池岸构图比较严谨，限制了人和水面的关系，在一般情况下，人是不会跳入池中嬉水的。相反不规则的池岸与人比较接近，高低随着地形起伏，不受限制，而形式也比较自由。岸边的石头可以供人们乘坐，树木可以供人们纳凉，人和水完全融合在一起，这时的岸只有阻隔水的作用，却不能阻隔人与水的亲近，反而缩短了人和水的距离，有利于满足人们的亲水性需求。

水景设计是景观设计的重点，也经常是点睛之笔。水的形态多种多样，或平缓或跌宕，或喧闹或静谧，而且淙淙水声也令人心旷神怡，景物在水中产生的倒影色彩斑驳，有极强的欣赏性。水还可以用来调节空气温度和遏制噪音的传播。

在设计水景时要注意水景的功能，是观赏类、嬉水类，或是为水生植物和动物提供生存环境。嬉水类的水景一定要注意水不宜太深，以免造成危险，

图 6–112 跌水瀑布

图 6–113 台阶跌水

在水深的地方要设计相应的防护措施。另外，在寒冷的北方，设计时应该考虑冬季时水结冰以后的处理（图6-114～图6-116）。

(5) 渊潭

渊潭是小而深的水体，一般在泉水的积聚处和瀑布的承受处。岸边宜作叠石，光线宜幽暗，水位宜低下，石缝间配置斜出、下垂或攀缘的植物，上用大树封顶，造成深邃气氛。

(6) 溪涧

溪涧是泉瀑之水从山间流出的一种动态水景，宜多弯曲以增长流程，显示出源远流长，绵延不尽的意境。多用自然石岸，以砾石为底，溪水宜浅，可数游鱼，又可涉水。游览小径须时缘溪行，时踏汀步，两岸树木掩映，表现山水相依的景象，如杭州"九溪十八涧"。有时造成河床石骨暴露，流水激湍有声，如无锡寄畅园的"八音涧"。曲水也是溪涧的一种，今绍兴兰亭的"曲水流觞"就是用自然山石以理涧法做成的。有些园林中的"流杯亭"在亭子中的地面凿出弯曲成图案的石槽，让流水缓缓而过，这种作法已演变成为一种建筑小品（图6-117、图6-118）。

(7) 河流

河流水面如带，水流平缓，园林中常用狭长形的水池来表现，使景色富有变化。河流可长可短，可直可弯，有宽有窄，有收有放。河流多用土岸，配置适当的植物；也可造假山插入水中形成"峡谷"，显

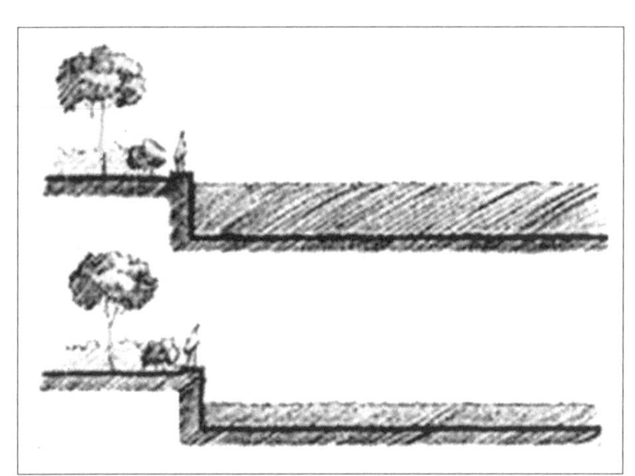

图6-114 不同的堤岸处理手法

图6-115 自然式的堤岸

图6-116 规则式的堤岸

图 6-117 溪涧植物配置形成的景观

图 6-118 溪流与植物景观

图 6-119 湖边植物配置形成自然式的景观

图 6-120 湖面的荷花景观

出山势峻峭。两旁可设临河的水榭等，局部用整形的条石驳岸和台阶。水上可划船，窄处架桥，从纵向看，能增加风景的幽深和层次感。例如北京颐和园后湖、扬州瘦西湖等。

(8) 池塘、湖泊

指成片汇聚的水面。池塘形式简单，平面较方整，没有岛屿和桥梁，岸线较平直而少叠石之类的修饰，水中植荷花、睡莲、荇、藻等观赏植物或放养观赏鱼类，再现林野荷塘、鱼池的景色。湖泊为大型开阔的静水面，但园林中的湖，一般比自然界的湖泊小得多，基本上只是一个自然式的水池，因其相对空间较大，常作为全园的构图中心。水面宜有聚有散，聚散得体。聚则水面辽阔，散则增加层次变化，并可组织不同的景区。小园的水面聚胜于散，如苏州网师园内池水集中，池岸廊榭都较低矮，给人以开朗的印象；大园的水面虽可以散为主，仍宜留出较大水面使之主次分明，并配合岸上或岛屿中的主峰、主要建筑物构成主景，如颐和园的昆明湖与万寿山佛香阁，北海与琼岛白塔。园林中的湖池，应凭借地势，就低凿水，掘池堆山，以减少土方工程量。岸线模仿自然曲折，作成港汊、水湾、半岛，湖中设岛屿，用桥梁、汀步连接，这也是划分空间的一种手法。岸线较长的，可多用土岸或散置矶石，小池亦可全用自然叠石驳岸。沿岸路面标高宜接近水面，使人有凌波之感。湖水常以溪涧、河流为源，其下泻之路宜隐蔽，尽量作成狭湾，逐渐消失，产生不尽之意（图 6-119、图 6-120）。

6.3.3 各类水体的植物种植

(1) 水体植物种植的基本原则

首先，水生植物占水面的比例要适当。在河湖、池塘等水体中种植水生植物，切记不能将整个水面填满。一方面影响水面的倒影景观而失去水体特有的景观效果，另一方面也会产生安全问题，人们在看不到水面的情况下极有可能不小心跌入水中。水体的植物种植设计的目的是进一步美化水体，为水面增加层次，植物的布置要有疏有密、有断有续，富于变化，使水景更加生动。面积较小的水面，植物种植占据的面积以不超过 1/3 为宜。

其次，因“水”制宜是水景植物种植的基本原则。选择植物种类时要根据水体的自然环境条件和特点，适宜地选择合适的植物品种进行种植。例如，大面积的水体植物种植可以结合生产，选择莲藕、芡实、芦苇等，与城镇当地的自然条件和经济条件相结合；较小面积的水体，可以点缀种植观赏性的水生花卉，如荷花、睡莲、王莲、香蒲、水葱等。

大部分的水生植物生长都很迅速，需要加以控制，防止植物快速生长后蔓延至整个水面，影响景观效果。在种植设计时，可在水下设计植物生长的容器或植床设施，以控制挺水植物、浮叶植物的生长范围。漂浮植物也可以选用轻质浮水材料（如竹、木、泡沫草索等）制成一定形状的浮框，可将浮框固定下来，也可在水面上随处漂移，成为水面上漂浮的绿岛、花坛景观（图 6-121、图 6-122）。

(2) 水体植物的种植方法

水体中如果大面积地种植挺水或浮叶水生植物，那么，一般使用耐水建筑材料，根据设计范围砌筑种植床壁，植物种植于床壁内侧，以形成水体固定位置和固定面积的植物景观。较小的水池可根据配植植物的习性，在池底用砖石或混凝土做成支撑物以调节种植深度，将盆栽的水生植物放置于不同高度的支撑物上。

图 6–121 水生植物荸荠、慈姑等配置形成的景观

图 6–122 小型水景园

(3) 水体植物的管理维护

首先要采取适当措施保持水体的清洁，尤其是一些观赏性的水生花卉需要比较清澈的水资源才能健康生长。对于一些具有水体净化功能的水生植物可放宽管理，保持水生植物的自然性，例如一些湿地景观的自发生长可以优胜劣汰，自发选择适宜环境生长的植物品种，最终形成符合自然规律的植物群落。

水生植物的冬季管理维护是至关重要的，水生植物对温度的要求较高，冬季结冰后会产生植物的冻伤、冻害。所以，在冬季来临时，要将一些放置在水中的植物钵移至室内（图 6-123、图 6-124）。

图 6-123 水边植物造景

图 6-124 耐水湿植物景观

6.4 城镇园林景观设计各构成要素之间的组合规律

6.4.1 多样与统一

多样统一是最具规范美的形式美原则，使各个部分整体而有秩序地排列，体现一种单纯而整齐的秩序美，运用比较多的是理性空间，这种秩序感象征着庄重，威严、力量、权利。综合运用各种规律的综合表达能体现整体形象的多样化。自然现象的差异性、个性都必须蕴藏在整体的共性之中。差异性由于有造型、材质、色彩、质感等方面的多样变化，给人以刚柔、轻重、质感等方面的多样变化，从而给人以刚柔、轻重、聚散、升降的不同感受，但在体量、色彩、线条、形式、风格方面要求有一定程度的相似性和一致性，给人统一感，形成整体环境独有的个性特点。

多样统一包括形式统一原则，材料形式统一原则，局部与整体统一原则等方面。这些形式美的原则不是固定不变的，它随着人类生产实践，审美观的提高，文化修养的提高，社会的进步，而不断地演化和更新。

在城镇园林景观设计中，风格上的统一可使整个城镇面貌富有特色。城镇有它的地方习惯、地方材料及地方传统，因此在园林景观系统中以某一个重点为主，其他景点、小品等均应在格调统一的基础上处于陪衬地位，成为统一的整体。如浙江的城镇园林景观中建筑一般是以与环境协调的小体量、坡顶、白墙、灰瓦为主，朴素大方。在城镇园林景观设计中，应保持特色，即使在处理大面积的园林景观时，亦应考虑古朴、简洁的风格，切忌抄袭硬搬没有个性、破坏协调气氛。

变化统一是美学的基本规律，首先表现在其内容与形式的高度统一。其次在形式上，表现在景观要素自身的局部关系和整体结构上的和谐统一。只有变化，没有整齐统一，就会显得纷繁散乱；如果只有整齐统一，没有多样变化，就会显得呆板单调。多样统一包括两种基本类型，一种是各种对立因素之间的统一，另一种是各种非对立因素相互联系的统一。无论是对立还是调和，都要有变化，在变化中体现出统一的美。道路景观与周围环境要保持协调统一，保持与周围的自然环境、社会环境、人文环境以及其他道路景观风格的协调统一（图 6-125、图 6-126）。

6.4.2 对称与均衡

对称与均衡同属形式美的范畴，它们所不同的是量上的区别，对称是以中轴线形成左右或上下绝对的对称和形式上的相同，在量上也均等。对称形式常

图 6-125 木质栈道与自然环境相融合

图 6-126 自然质朴的陡坎强化了自然野趣

图 6-127 矩形的形体简洁协调

图 6-128 充满野趣的植物与曲线形式相互映衬

常在景观规划中被运用，也是人们比较乐于接受的一个规划形式，体现庄重、严整，常用于纪念性景观和古典园林的布局中。均衡是在形式上不相等，在体量上大致相当的一种等量的布局形式。由于自然式景观规划布局受到功能、地形、地势等组成部分的条件限制，常采用均衡的手法进行规划。运用材质、色彩、疏密及体量变化给人以轻松、自由、活泼的感受，常运用于比较休闲的空间环境。

均衡不论在园林景观建筑立面造型及平面布局上都是一种十分重要的艺术处理手法，同样也是景观设计的重要手法。对称是最简单的均衡，不对称式也能达到均衡，如高低相结合的园林建筑，不对称的广场布置，以塔式建筑与大体量的低层建筑组合在一起，通过均衡的艺术处理，都能求得不规则的平衡。

规则或不规则的均衡是园林景观规划设计在艺术上的根基，均衡能为外观带来力量和统一，均衡可以形成安宁，防止混乱和不稳，有控制人们自然活动的微妙力量。

各景物在左右、前后、上下等方面的布局上，其形状、质量、距离、价值等诸要素的综合处于对应相等的状态，称为均衡。在视觉艺术中，均衡中心两边的视觉中心分量相当，则会给人以美的感觉。最简单的一类均衡是对称，对称轴两旁是完全一样的。另一种均衡形式是不对称均衡。不对称均衡的均衡中心应做一定强调（图 6-127、图 6-128）。

6.4.3 对比与协调

对比与协调是矛盾的统一体，我们习惯调和的协调，不大接受对立的表现，在某种环境中定量的对比可以取得更好的环境协调效果，它可以彼此对照、互相衬托，更加明确地突出自己的个性特点，鲜明、醒目，令人振奋，显现出矛盾的美感，如体量对比、方向对比、明暗对比、材质对比、色彩对比等。协调，一方面反映在不同领域、不同环境，若干层次的意向冲突中，通过一定的组合形式，达到矛盾的统一。另一方面通过相近的不同事物相融组合而达到完美的境界和多样化的统一，这两方面的协调都使人感到调和、融合、亲切、自然。

园林景观设计中的对比与协调，它们既对比又统一，在对比中求协调，在协调中有对比，如果只有对比容易给人以零乱、松散之感；只有协调容易使人感到单调乏味。只有对比中的协调才能使景观丰富多彩、生动活泼、主题突出，才能使人感受景观带来的兴奋与感动。

在园林景观设计中，采用诸如虚实、明暗、疏密对比等，使视觉没有单调感，在建筑群体周围布置绿化，使环境多姿、多变，这是一种很好的对比手法。另外，沿街建筑应该注意虚实对比，一般是以虚为主，实为辅，给人以开敞的感觉。

对比，即事物的对立和相互比较、相互影响的关系。对比是强化视觉刺激的有效手段，其特征是使质与量差异很大的两个要素在一定条件下共处于一个完整的统一体中，形成相辅相成的呼应关系，以突出被表现事物的本质特征。和谐是指事物各组成部分之间处于矛盾统一、相互协调的状态，能使人在柔和宁静的心境中获得审美享受（图 6-129、图 6-130）。

6.4.4 比例与尺度

比例即尺度，万物都有一定的尺度，尺度的概念是根深蒂固的。无论是广场本身、广场与建筑物、道路宽度与城镇规模的大小、道路与建筑物以及建筑物本身的长与高，都存在一定的比例关系，即长、宽、高的关系，它们之间均需达到彼此协调。比例来自形状、结构、功能的和谐，比例也来自习惯及人们的审美观，比例失调会给人以厌恶的感觉。

图 6−129 黄叶植物与红色的座椅形成了对比的色彩

图 6−130 粗质的石头在细腻的环境中格外醒目

比例是指整体与局部之间比例协调关系，这种关系使人产生舒适感，具有满足逻辑和视觉要求的特征。为了追求比例的美与和谐，人们为之努力，创造了世界公认的黄金分割，即 1∶0.618 为最美的比例形式。但在人们的生活中，由于审美活动的不断变化，优秀的形式不仅仅限于黄金比例，还包括比例与尺度的和谐。比例是相对的，是物体与参照物之间的视觉协调关系。如以建筑、广场为背景，来调节植物大小的比例，可使人产生不同的心理感受，植物设计得近或大，建筑物就相对缩小，反之则显得建筑物高大，这是一个相对的比例关系。如日本庭院面积与体量，植物都以较小的比例来控制空间，形成亲切感人的亲近感。

尺度是绝对的，可以用具体的度量来衡量，这种尺度感的大小尺寸和它的表现形式组成一个整体，成为人类习惯环境空间的固定的尺度感，如栏杆霜、扶手、台阶、花架、凉亭、电话亭、垃圾筒等。尺度的个性特征是与相对的比例关系组合而体现出来的，适当的尺度关系让人产生亲切感，尺度也因参照物之间的变化而失掉应有的尺度感，合理地运用尺度与比例的关系，才能实现其舒适而美的尺度感。

比例是指事物的整体与局部、局部与局部之间的数量关系。一切事物都是在一定尺度内得到适宜的比例。形式要素之间的匀称和比例，是人类在实践活动中通过对自然事物的总结抽象出来的。尺度使人们产生寓于物体尺寸中的美感。人本身的尺度是衡量其他物体比例美感的因素。尺度的实质是反映人与建筑之间关系的一种性质。建筑物的存在应让人们去喜欢它，当建筑物与人在身体与内在感情上建立某种紧密与间接的关系时，这种建筑就会更加适用与美观（图 6-131、图 6-132）。

6.4.5 抽象与具象

具象以其真实、写实的手法展示其自身的美，写实的形象和表现的手法是能迎合人们的审美欣赏习惯；抽象则是对事物特征中精华的部分经过提炼加工的艺术表现形式，使形象更加生动、有个性。如座椅的艺术造型，抽象雕塑与自然环境的结合而使抽象与具象相互依存。许多景观设计师试图从抽象形体中找到新的个性突破点，更加淋漓尽致地表达自己的艺术主张（图 6-133、图 6-134）。

6.4.6 节奏与韵律

节奏是指单纯的段落和停顿的反复，韵律即指旋律的起伏与延续、节奏与韵律有着内在的联系，是一种物质动态过程中，有规则、有秩序并且

图 6−131 水生植物的高度可以形成半私密的感受

图 6−132 水墙的高度刚好可以遮挡外界的视线

图 6-133 阳光、玻璃与植物组成了抽象的形式感

图 6-134 夏洛特花园抽象的平面设计

富有变化的一种动态连续的美，如何把握延续中的停顿、韵律中的节奏，就必须遵循节奏与韵律美的规律。

重复韵律是一种简单的韵律连续构成形式，强调交替的美，如路灯的重复排列和树木的交替排列形成整体的重复韵律。

间隔韵律是两种以上单元景点间隔、交替地出现，如一段踏步，一行花坛，这样不断重复形成有节奏的间隔美。

渐变韵律是指一个单元要素的逐渐变小或放大而形成的节奏感，如体量由小变大、质感由粗变细，它能在一定的空间范围内，造成逐渐远去和上升感。

起伏曲折韵律是物体通过起伏和曲折的变化所产生的韵律，如景观设计中地形的起伏，墙面的曲折，道路有花草、树林都能产生韵律感。

整体布局的韵律是将景观环境整体考虑，使山山水水、每一个景观都不会脱节，纳入整体的布局中，有轻有缓、有张有弛，令人感受到整体韵律，如在园林布局中，有时一个景观往往用多种韵律节奏方式表现，在满足功能要求的前提下，采用合理的组成形式，创造出理想的园林景观。

韵律，即有规律的重复。韵律感可以反映在平面上，亦可以反映在立面上。韵律所形成的循环再现，可产生抑扬顿挫的美的旋律，能给人带来审美上的满足，韵律感最常反映在全景轮廓线及沿街建筑的布置上。

节奏是一种有规律的周期性变化的运动方式。在视觉艺术中，节奏主要通过线条的流动、色块的形体、光影明暗等因素反复重叠来体现。韵律节奏是各物体在时间和空间中，按一定的方式组合排列，形成一定的间隔并有规律地重复。韵律节奏具有流动性，是一种运动中的秩序。节奏主要通过线条的流动、色块的形体、光影明暗等因素反复重叠来体现。在建设过程中，研究和应用这些规律，可以改善景观环境。同时，景观的美不仅是形式的美，更是表现生态系统精美结构与功能的有生命力的美，它是建在环境秩序与生态系统良性运转轨迹之上的。人类活动必须符合自然规律，在创造景观的时候应符合美学规律，“晴峦耸秀，绀宇凌空，极目所至，俗则屏之，嘉则收之”。使得各景观要素比例恰当，均衡稳定，形成和谐的统一体，创造出生态平衡、赏心悦目的环境，满足人们的需求（图 6-135、图 6-136）。

图 6-135 爱德华公园中的绿篱图案

图 6-136 植物的枝干形成富有节奏的幕帘

7 城镇园林景观的规划设计

7.1 规划设计内容及步骤

7.1.1 规划设计内容

（1）城镇园林景观的空间环境设计

城镇园林景观的空间环境设计主要指城镇的山体、水系、植被、农田等自然要素的规划设计，以及城镇的街道、广场、构筑物、园林小品等人工要素的规划设计。城镇的园林景观要素以自然要素为主，也包含着重要的人文景观要素，它们共同构成了城镇园林景观的体系，并通过周密、恰当的组合形成城镇的景观空间体系。

城镇园林景观的空间环境体系与城镇的总体规划有十分密切的联系，通常形成多个景观区、景观点和景观轴，具体的布局形式则由总体规划的体系限定。城镇的景观区通常有古镇历史保护区、特色风貌展示区、工业景观区，商业景观区、中心广场区等，根据不同的城镇现实情况，会有所不同。每一个景观区域都以不同的功能和不同的景观特色展现出城镇特有的景观特质。园林景观轴线通常是指城镇的道路绿化系统、滨河绿带系统或景观带等，景观轴线形成城镇园林景观的基本骨架，是线形的空间系统。园林景观节点在城镇的景观空间中分布最广，具有集聚人气的功能。景观节点通常表现为市民活动中心、交通绿化节点、城镇出入口景观、中心标志性景观或历史文化遗迹点灯。城镇园林景观点是空间环境设计的关键，直接影响空间体系的合理性，同时也是居民利用自然空间的基础保障。

（2）城镇园林景观的文化环境设计

城镇园林景观的文化环境建设也可以说是城镇的精神空间环境的塑造，它直接影响城镇的特色风貌以及正确定位。在文化环境设计中，城镇的历史、传统、风俗、民俗是基本的要素。很多城镇的历史文化遗迹不仅是当地千百年的城镇中心，是居民们的精神依托，也是外来游人体味城镇丰富文化底蕴的重要途径。在很多欧洲的小镇，古老建筑物前的文化广场常常是居民聚集最多的地方，广场布置着古典的喷泉，铺设着被磨得斑驳透亮的石材，简单的咖啡座、报刊亭，这样的场所是生活的空间，更是历史洪流淹没后沉淀下来的空间，独具味道和别样的气氛。

除了城镇中居民的日常活动空间，历史文化保护区也是展现城镇独特历史文脉和文化环境的重要途径。杭州良渚镇是中国五千年前新石器时代的文化遗址区。为了弘扬良渚文化，保护历史遗迹，城镇建设了良渚文化遗址保护区与良渚文化博物馆，造就了城镇独特的文化氛围。

特色文化活动是城镇文化环境的活力来源，民间艺术的发扬不仅有利于丰富中国古老的文化传统，也有利于突出城镇的民俗特色。很多珍贵的民俗风情不应该在城镇园林景观建设的过程中丢失，相反，是要积极地利用与保护的。通过鼓励居民参与和开展民俗活动，适当地吸引外来的游人，并传承古老的文化特色，使园林景观环境更加具有底蕴。很多欧洲的小镇每年都会有不同的节日庆典或特色集市，不仅成功吸引了外来游人，为城镇增加经济收入，也延续了城镇特殊的精神信仰和历史传统。例如，意大利南部的旅游城镇陶尔米纳，在每年的6~9月都会举办陶尔米纳电影节，它是除威尼斯国际电影节之外，意大利最古老的电影节。世界著名的演员、导演、编剧，包括好莱坞著名的作曲家都会来参加这个盛大的庆典。除了颁奖仪式外，还会有其他特定的主题活动。这些文化艺术节通常在夏季举行，所以在每年的这一时期陶尔米纳的酒店都要提前预订，这大大提升了城镇的经济收入。另一个意大利南部的小镇希拉的宗教文化节日也是独具特色的，在每年的8月16日，小镇都会举行圣·罗科纪念日庆典。活动持续两天多，除了游行，在晚上还有盛大的烟花表演。希拉的守护神庆典活动非常有名，很多来自意大利其他城市和欧洲的旅游者都会专程来参加城镇的这个节日庆典。

7.1.2 规划设计步骤

（1）对现状进行深入调查和踏勘，对总体规划进行深入的分析研究，针对小镇的特点，确定设计的主题立意和整体构思。

主题立意应特别强调必须注重对传统文化和民情风俗的研究，切应避开民间的禁忌，福建省福清市把“五马城雕”改为“八骏雄风”便是一个例子。

（2）对已确定的主题和整体构思，依据布点均衡的规划原则，在总体功能需要的前提下对景观设计的规模和功能进行系统地规划。

（3）根据景观规划的布局和主题，确定详细规划的原则和特色定位。既要确定整个城镇景观建设的统一性，又要具有鲜明的特色。

（4）制定设计方案、实施办法和管理方案。

7.2 城镇住宅小区中心绿地的园林景观设计

7.2.1 城镇住宅小区园林景观的设计原则

（1）与住宅小区整体环境协调

城镇住宅小区内各组群的绿地和环境应注意整体的统一和协调，在宏观构思、立意的基础上，采用系列、对比等手法，加强住宅小区园林景观的整体性，增加特色。在城镇的住宅小区园林景观设计中，要以城镇的整体环境风格为基础，从整体出发进行设计。作为住宅小区环境的一部分，园林景观的设计形式和材料、质感等，都直接影响到住宅小区整体环境的统一性和协调性。园林景观的整体构图和布局一定要参考住宅小区的整体景观设计。同时，在细节的处理上可以有一些变化和不同，要处理好主与次，统一与变化的关系。

中心绿地景观作为小区整体规划的重要一部分。要保持一种“绿地不作为建筑附属品”的设计观念，在保证绿地的生态模式与绿地率的条件下，尽量要做到不破碎和不狭小。

（2）满足住宅小区邻里交往的需求

在城镇，由于人口规模较小，信息交流和现代化程度比城市要弱，所以住宅小区内的邻里交往会更加频繁，居民们对交流的迫切程度也会更高。住宅小区园林景观的宗旨即是满足住宅小区居民的日常活动娱乐，要求在尺度上和设计风格上符合使用者的活动需求和审美需求，为他们创造适宜于交往、聚会的场所。优秀的城镇住宅小区园林景观是会促进人们对环境设施的使用，从而使住宅小区的交往活动增加，带动整个住宅小区的活力，甚至整个城镇的活力。在很多新建的城镇中，也不乏有一些住宅小区内的绿地无人使用，甚至废弃或演变成为犯罪场所，这与住宅小区内的园林景观设计是否合理有着重要的关系。不合理的选址、不恰当的尺度和不舒适的环境都会影响人们对空间的使用频率和喜爱程度，从而影响整个住宅小区的邻里交往关系。

城镇的住宅小区园林景观应首先考虑方便居民使用，同时最好与住宅小区公共活动中心相结合，形成一个完整的居民生活中心。如果原有绿化较好要充分利用其原有绿化，这是符合城镇建设的现实状况的。同时，要满足户外活动及邻里间交往的需要。住宅组群及绿地贴近住户，方便居民使用。其中主要活动人群是老人、孩子及携带儿童的家长，所以在进行景观设计时要根据不同的年龄层次安排活动项目和设施，重点针对老年人及儿童活动，要设置老年人休息场地和儿童游戏场，整体创造一个舒适宜人的景观环境。

住宅小区园林景观设计的目的就是为人们创造一个舒适、健康、生态绿色的居住地。作为住宅小区的主体——人，对住宅小区环境有着物质和精神两方面的要求。具体来说有着生理的、安全的、交往的、休闲的和审美的要求。环境景观设计首先要了解住户的各种需求，在此基础上进行设计。在设计过程中，要注重对人的尊重和理解，强调对人的关怀。体现在活动场地的分布、交往空间的设置、户外家具及景观小品的尺度等方面，使他们在交往、休闲、活动、赏景时更加舒适、便捷，创造一个更加健康生态、更具亲和力的居住宅环境。

中心绿地景观是所有住宅绿地景观中使用最集中的，所以它的使用率在设计时要得到更多的重视。首先，绿地空间的组织与划分应考虑到不同层次人群的需要，还要考虑不同人群使用的机率、时间和规模，以便能最科学地划分不同面积、不同位置的活动空间；其次，设施、小品的设置要以符合和方便居民使用为前提，在规划布局时，要考虑设施的便利性、安全性、尺度比例等问题，尽量做到可以物尽其用。

（3）较少使用雕塑小品

城镇住宅小区园林景观的建设，必须考虑到城镇人力、财力的现实情况，不可过于铺张浪费。在园林景观的建设过程中，尽量充分利用城镇特有的自然山水条件，对于基地原有的自然地形、植物及水体等要予以保留并能充分利用，设计结合原有环境，创造出丰富的景观效果。利用植物、建筑小品合理组织空间，选择合适的灌木、常绿和落叶乔木树种，地面除硬地外都应铺草种花，以美化环境。根据群组的规模、布置形式、空间特征，配置绿化环境；以不同的树木花草，强化组群的特征。铺设一定面积的硬质地面，设置富有特色的儿童游戏设施；布置花坛等环境小品，使不同组群具有各自的特色。由于住宅小区园林景观通常用地面积不大，投资少，因此，一般不宜建许多园林建筑小品。

（4）以植物绿化为主

城镇的突出特色就是自然环境良好，自然要素丰富，这是住宅小区建设的优势所在。设计过程中一定要在尊重、保护自然生态资源的前提下，根据景观生态学原理和方法，充分利用基地的原生态山水地形、树木花草、动物、土壤及大自然中的阳光、空气、气候因素等，合理布局、精心设计，创造出接近自然的绿色景观环境。

在植物景观的组合上，应以生态理论做指导，以常绿树为主基调，适当穿插四季花卉，力求树木高低错落有致、疏密有序，形成优良的植物总体和局部效果。绿地的规划尽量减少草坪的应用，因为草坪的生态效益比起乔木和下层灌木相对较差。据科学分析，10m^2 的乔木所能提供的碳氧平衡需要 25m^2 的草坪才能达到相似效果；至于其他的如吸烟、滞尘等功效，草坪更是无法比拟的。因而多用乔灌木，创造植物群落景观，既增加单位面积上的绿量，又有利于人与自然的和谐，这是非常符合可持续发展原则的。此外，在设计中不仅要考虑植物配置与建筑构图的均衡，还要考虑其对建筑的衬托作用。

在做好平面绿化的同时，相应也要注意设计垂直的绿化层次。例如墙面绿化，即在一些装饰性不强，而又朝西的墙面适当应用爬墙虎、常春藤等攀爬性的植物来绿化美化；墙头绿化，在小区的围墙和其他用来分隔空间的墙体，也可用攀爬植物绿化；构筑物绿化，在绿地规划设计时应设计一些可以垂直绿化的园林建筑或建筑小品，如花架、棚架、凉亭等。由此，不但扩大了绿化面积，还可借此创造立体景观，增强花架设施小品等的实用功能，并有助于缓和其生硬的线条（图 7-1~ 图 7-4）。

根据城镇的地理、气候条件，选用生长健壮、管理粗放、少病虫害的乡土树种和适应性较强的外来优良乡土树种，减少后期管理投资，确保植物的最佳生长状态和景观表现。为了人们的健康和安全，绿地中要忌用有毒、带刺、多飞絮以及易引起过敏的植物。要充分利用具有生态保健功能的植物来提高环境质量，杀菌和净化空气等，以利于人们的身心健康。通常杀菌的有松、柏类植物、丁香等，它们都能分泌出植物杀菌素，杀灭有害细菌，为空气消毒；吸收有害气体的有山茶花、海桐、棕榈、桂花等，他们能有效吸收大量的二氧化硫、氯化氢、氟化氢等有害气体；另外，还有一大批吸滞烟尘和粉尘的保健植物，如樟树、广玉兰等。这些保健植物如能在小区绿地中得到合理应用，会给人们带来健康和增加居住环境效益等好处（图 7-5~ 图 7-8）。

图 7-1 可移动的花坛

图 7-2 植物绿化与台阶坡道结合，避免生硬感

图 7-3 植物在墙上形成图案

图 7-4 植物图案增加了墙体的美感

图 7–5 丁香

图 7–6 广玉兰

图 7–7 银杏

图 7–8 植物群落整体景观

7.2.2 城镇住宅小区园林景观的空间布局

城镇住宅小区园林景观的空间布局在内容上包括空间意境的塑造、空间色彩的规划、空间结构的组织等，从形式上可分为规则式布局、自由式布局和混合式布局。

规则式布局是平面布局采用几何形式，有明显的中轴线，中轴线的前后左右对称或拟对称，地块划分主要分成几何形体。植物、小品及广场等呈几何形有规律地分布在绿地中。规则式布置给人一种规整、庄重的感觉，但形式不够活泼。

自然式的平面布局较灵活，道路布置曲折迂回，植物、小品等较为自由地布置在绿地中，同时结合自然的地形、水体等将会更加丰富景观空间，植物配植一般以孤植、丛植、群植、密林为主要形式。自然式的特点是自由活泼，易创造出自然别致有特点的环境。

混合式布局是规则式与自然式的交错组合，全园没有或形不成控制全园的主轴线或副轴线。一般情况下可以根据地形或功能的具体要求来灵活布置，最终既能与建筑相协调又能产生丰富的景观效果。主要特点是可在整体上产生韵律感和节奏感。

通过园林景观设计的手段来形成不同形态的景观空间，包括空间结构的处理、使用功能的处理、视觉特征的处理和围合界面的处理，最终使城镇的住宅小区空间获得独具特色的审美意境、艺术感染力和观赏价值。景观空间的各种处理手段是互相补充、互相联系的一个系统，空间的处理手法应该是多样化的，灵活的和创新的，要将住宅小区的景观空间与整个城镇的景观空间看作一个整体进行设计，构成适宜的空间形态，为人们创造优美宜人、风格多样的城镇优美环境。景观空间的设计涉及空间的形态和比例、空间的光影变化、空间的划分、空间的转折和隐现、空间的虚实、空间的渗透与层次、空间的序列等。设计的目的在于使场所的形态更加宜人，使空间增添层次感和丰富感，使室内外空间增添融合的气氛。

图 7–9 现在的兴庆宫遗址公园

在城镇的住宅小区园林景观设计中，很多优秀的中国古典园林的设计手法是值得借鉴的，如用亭廊等通透建筑物围闭，用花窗和洞门围闭，借助山石环境和植物围闭等完成空间的围合和隔断，可以创造丰富的庭院空间体验。还可以利用空廊、窗棂互为因借，互为渗透，形成空间的渗透与延续。这些手法在现代景观中如运用恰当，可以收到很好的空间效果。

上海梅园新村三、四街坊的组群绿地的环境设计以“梅”为主题，将中华文化艺术融于园林之中，富有诗意（图 7-9~ 图 7-14）。

图 7–10 王维辋川别业图

图 7–11 杭州灵隐寺

图 7-12 碧霞祠

图 7-13 乡村田野间点缀的房屋

图 7-14 起伏的乡村田野

另外，在住宅小区中，空间的组织应大中有小。城镇因为地形地貌的限制常常出现用地较局促的情况，所以在住宅小区内，特别要注意小尺度空间的运用及处理，合理设置小景，善于运用一树、一石、一水成景；还要采用“小中见大”的造景手法，协调空间关系。在做空间分隔时，要综合利用景观素材的组合形式分割空间，如水面空间的分隔，可设置小桥、汀步，并配以植物等来划分水面的大小，形成高低不同、情趣各异的水上观赏活动内容；提倡软质空间“模糊”绿地与建筑边界的造景手法，扩大组成绿地空间、加强空间的层次感和延续性。绿地空间可通过植物的适当配置营造出不同格局、或闭或开的多个空间，例如利用树木高矮、树冠疏密，配置方式等的多种变化来限制、阻挡和诱导视线，可使景观显、蔽得宜。通过对、借、添、障、渗透等手段，利用植物自身构建空间。若要创造曲折、幽静、深邃的园路环境，不妨选用竹子来造景。通过其他造园要素，如景墙、花架及山石等，再适当地点缀植物，同样可以在绿地创造出幽朗、藏露、开合及色彩等对比有变、景色各异的半开半合、封闭、开敞的空间形式。中心绿地可以静态观赏为主，所以静态空间的组织尤为重要。绿地中应设立多处赏景点，有意识地安排不同透景形式、不同视距及不同视角的赏景效果。绿地内所设的一亭、一石或一张座椅都应讲求对位景色的观赏性。面积大一些的绿地空间，应注意节奏的变化，达到步移景异的观景效果。在园路的设计中应迂回曲折，延长游览路线，做到绿地虽小，园路不短，增加空间深度感。

城镇的住宅小区环境不同于一般的公共环境，它要求领域性强，层次多样。美国学者奥斯卡·纽曼提出的空间概念认为，人的各种活动都要求相适应的领域范围，他把住宅小区环境归结为由公共性空间、半公共性空间、半私密性空间和私密性空间四个层次组成的空间体系。从居住心理出发，给居民规划出舒适、合理的景观空间层次。城镇住宅小区的景观围合应以虚隔为主，达到空间彼此联系与渗透，造成空间深远的感觉。在空间的界定时，可多选用稀植树木、空廊花架、漏窗矮墙等划分空间，使人们透过树木、柱廊、窗洞等的间隙透视远景，造成景观上的相互渗透与联系，从而丰富景观的层次感，增加景深感（图7-15）。

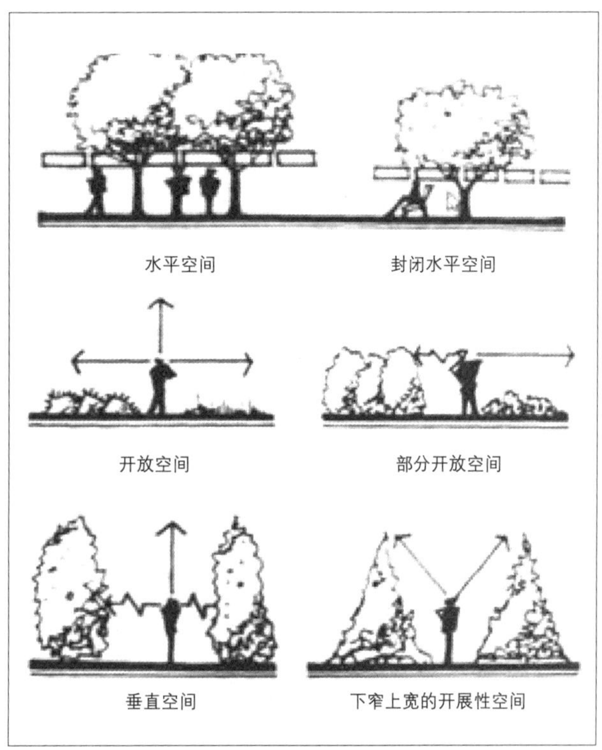

图 7-15 庭院不同的空间布局感受

除了流动性的空间交流、社区互动以外，一个好的居住宅小区室外景观绿地必须能为人们提供舒适的居家生活体验。住宅小区景观绿地中的私密空间以及半私密空间增强了景观的院落感和归属感，具有更强的家园感。

居住心理是社会发展在人们意识中长期积累形成的，人们在世世代代的生活中完成居住心理的传承和发展。它是住宅小区景观绿地设计中一种较为稳定的影响因素，也是直接能够体现住宅小区景观特殊的因素。居住心理受区域文化的影响，具有当地文化特色。城市、城镇、乡村聚落中都会有不同的居住心理。城镇的住宅小区环境更多地介于乡村大院的开敞性与城市高楼的封闭性之间。在城镇的住宅小区内，会比城市要求更多小尺度的交往空间。例如，单元楼入口前面设计的景观绿地是整栋楼的居民共同拥有的庭院，形成了一个独特的大家庭，同时也在一定程度上满足居住者对外部空间的界定要求。

城镇原有的住宅小区建设在住宅小区级公共绿地方面是个“空白”。伴随村镇小康住宅示范工程，住宅小区级、组群级公共绿地的规划与建设开始得到重视，但缺乏足够的经验。城市住宅小区通过二十多年的摸索，特别是通过5批“城市住宅试点小区”和“小康住宅示范工程”的实施，在小区、组团、组群的环境建设方面积累了一些经验，城镇住宅小区的建设从中可以得到一定的启示（图 7-16~ 图 7-19）。

7.2.3 城镇住宅小区园林景观的设计要素

（1）植物设计

植物具有生命，不同的园林植物具有不同的生态和形态特征。由于它们的干、叶、花、果的姿态，大小，形状，质地，色彩和物候期不相同，以至于它们在幼年、壮年、老年以及一年四季的景观也颇有差异。所以，植物自然的生长，能表现出独特的观赏价

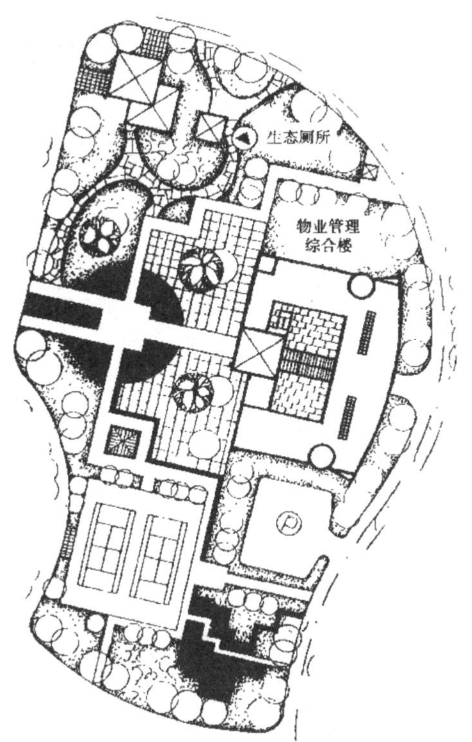

图 7–16 横店小康生态村中心绿地环境设计

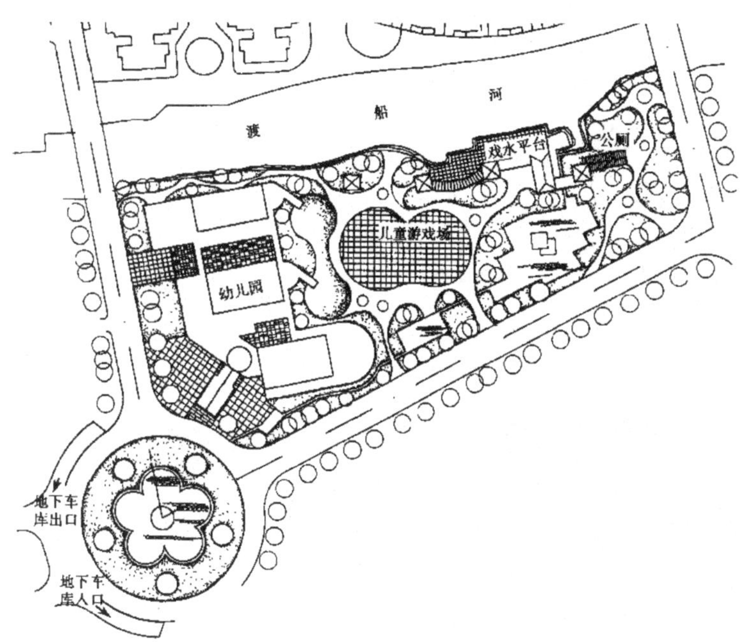

图 7–17 嘉兴穆湖住宅小区中心绿地环境设计

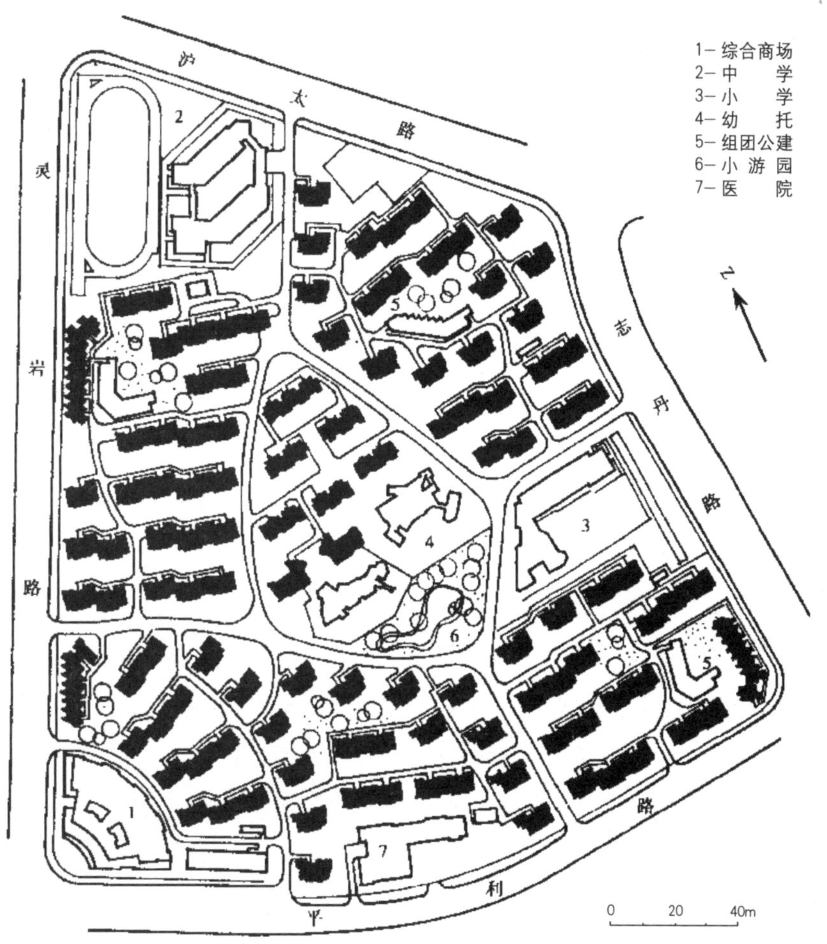

图 7–18 上海甘泉新村总平面图

图 7–19 上海甘泉新村北街坊中心绿地全貌

图 7–20 住宅小区庭院中的植物绿化景观

图 7–21 丰富的植物景观使庭院更加宜人

值。如：彩叶植物与绿篱组成的具有巴洛克风格的花园；荷兰花园中，以古典风格营造的绿篱模纹花坛；郁金香与勿忘我等形成的花坛景观；草坪的布置与分割也是造景的重要手段。

植物配置要根据城镇住宅小区内居民的活动内容来进行，实现城镇住宅小区以植物自然环境为主的绿地空间的营造，并使住宅小区内每块绿地环境都具有个性，并丰富多彩。为了方便人们的活动要求，在获得较高的覆盖率的同时，还要确保一定面积的活动场地，绿化可采用铺装地面留种植池栽大乔木的方法。绿地边缘种植观叶、观花灌木，园路旁配置体量较小但又高低错落的花灌木及草花地被植物，使其起到装饰和软化硬质铺装的作用。这样既组织了空间，又满足了活动和观赏的要求（图 7-20、图 7-21）。

城镇的乡土植物往往品种较城市更多，加之较少的污染、与自然的贴近，使得植物的生长更加茂密，植物品种也相对较多。在住宅小区的园林景观设计中，在完成基本的植物绿化基础上，适当考虑植物的色彩规划，色彩是住宅绿地中视觉观赏内容的重要组成部分。为了丰富其色彩，除运用观花植物外，还可以充分利用色叶地被植物，使绿地五彩缤纷。例如可用矮小的灌木来组成各种颜色的色块，常见的有组成红色块的红花继木，绿色块的福建茶，黄色块的黄叶榕，黄绿色块的假连翘等进行色彩构图。同时，通过植物的物候变化，合理组织季相构图，根据绿地环境特点采用色彩的对比、协调、渐变等手法对植物进行复层结构的色彩搭配，使植物色彩随四季的更替而发生变化。中心绿地应注重生态效益，植物配置除了考虑植物在形、色、闻、听上的效果，

图 7–22 野生的植物烘托了宁静轻松的氛围

图 7–23 藤蔓植物的垂直绿化

图 7–24 紫藤花架形成了植物遮阴棚

还要采用多层次立体绿化，创造群落景观，注意乔、灌木，花卉，草坪等的合理搭配。这样既丰富植物品种，又能使三维绿量达到最大化；减少空旷大草坪及花坛群的应用（图 7-22）。

在做好平面绿化的同时，相应也要注意设计垂直的绿化层次。例如墙面绿化，即在一些装饰性不强，而又朝西的墙面适当应用爬墙虎、常春藤等攀爬性的植物来绿化美化；墙头绿化，在小区的围墙和其他用来分隔空间的墙体，也可用攀爬植物绿化；构筑物绿化，在绿地规划设计时应设计一些可以垂直绿化的园林建筑或建筑小品，如花架、棚架、凉亭等。由此，不但扩大了绿化面积，还可借此创造立体景观，增强花架设施小品等的实用功能，也有助于缓和其生硬的线条（图 7-23、图 7-24）。

为了人们的健康和安全，绿地中要忌用有毒、带刺、多飞絮以及易引起过敏的植物。要充分利用具有生态保健功能的植物来提高环境质量，杀菌和净化空气等，以利于人们的身心健康。通常杀菌的有松、柏类植物，丁香等，它们都能分泌出植物杀菌素，杀灭有害细菌，为空气消毒；吸收有害气体的有山茶花、海桐、棕榈、桂花等，它们能有效吸收大量的二氧化硫、氯化氢、氟化氢等有害气体；另外，还有一大批吸滞烟尘和粉尘的保健植物，如樟树、广玉兰等。这些保健植物如能在小区绿地中得到合理应用，会给人们带来健康和增加居住环境效益等好处。

最后，要根据不同城镇的具体环境选择合适树种。因为，居住小区房屋建设时，对原有土壤破坏极大，建筑垃圾就地掩埋，土壤状况进一步恶化。中心绿地景观由于面积大，后期管理的难度也随之增加，一旦出现问题对美化效果的影响极大，因此应选择耐贫瘠、抗性强、管理粗放的树种为主，以保证种植成活率和尽快达到预期的环境效果。还应做到四季有景，普遍绿化。中心绿地景观设计应采用重点与一般相结合，不同季相、不同树形、不同色彩的树种配置，并使乔、灌、花、篱、草相映成景，增加植物的景观层次。再次就是要种类适宜， 避免单调植物材料的选用，应彰显出中心绿地的特色，主体植物要烘托绿地设计主题，配景植物则应在空间分隔，立面变化，色彩表现等方面丰富其景观内容，而避免景色的单调。

总之，城镇的住宅小区植物绿化应充分发挥城镇植物品种丰富的优势，以植物绿化为主要造景手段，为城镇的居民提供舒适的自然居住环境。

（2）铺装设计

城镇住宅小区环境的铺装设计，不仅是看材料的好坏，也要注意与住宅小区环境、城镇的整体风貌相谐调。铺装的质感与样式直接受到材料的影响。铺装硬质的材料可以和软质的自然植物相结合，如在草坪中点缀步石，石的坚硬质感与植物的柔软质感相对比，形成强烈的艺术美感。铺地的材料、色彩和铺砌方式应根据庭院的功能要求和景观的整体艺术效果进行处理。在进行铺装图案设计时，要与庭院景观设计意境相结合，使之与环境协调。根据中心绿地景观特点，选择铺装材料、设计线形、确定尺度、研究寓意和推敲图案的趣味性，使路面更好地成为庭院景观的组成部分。

在城镇住宅小区的园林景观设计中，应尽量采用朴实不奢华，经济不浪费的铺装材料，这可以与城镇的整体风格相协调，也能够使环境更加自然。同时，也应根据不同的功能需求和审美需求进行铺装材料和样式的选择。如安静休息的场地，适宜设计精致细腻、简洁的铺装图案，材料适当运用卵石、木材等，以质朴自然的气息营造安逸亲切的氛围。在娱乐活动区适宜选择耐用、排水性和透气性强的铺装材料，如混凝土砌块砖等，以形成大面积的活动场地供居民休闲娱乐。同时要注意铺装的平坦、防滑特性，既不能凹凸不平又不能光滑无痕，要考虑到居民活动的舒适性与便利性。在儿童活动区的铺装可以选择颜色艳丽，易于识别的软质铺装材料，如塑胶、木材等，一方面增加安全性，另一方面可形成儿童活动区活泼欢快的氛围。另外，在住宅小区庭院的铺装设计中，可运用一些独具寓意或象征的铺装图案，突出庭院主体或寓教于乐，增添住宅小区庭院的景观趣味性（图7-25~ 图 7-28）。

图 7–25 鹅卵石铺成的图案

图 7–26 碎木屑铺装既环保又舒适

图 7–27 铺装与灯光结合设计

图 7–28 庭院中的趣味性铺装

（3）水景设计

城镇住宅小区园林景观的水景设计基本原则之一是充分利用现有资源，充分认识现状条件。在现状有水系存在的住宅小区内，可适当改造，形成符合人们观赏和休闲娱乐的水景。如果是缺水的城镇，或现状没有水资源的城镇，尽量不要设计喷泉、水池等水景，这种做法既浪费资金，又与城镇质朴的自然环境不符。

当然，有很多城镇，尤其是我国的南方地区，城镇的山水自然条件优越，并可作为城镇的特色景观。在这样的城镇之中，住宅小区可适当设计水景，增加住宅小区的居住舒适度。从我国的传统文化来看，山泉、池水也是传统造园的重要手法之一。水是自然界中与人关系最密切的物质之一，水可以引起人们美好的情感，水可以“净心”，水声可以悦耳，水又具有流动不定的形态，水可形成倒影，与实物虚实并存，扣人心弦，这些特有的美感要素，使古今中外很多庭院空间都以水为中心，并取得了完美的观赏效果。

我国是水资源缺乏的国家，故宜设置以浅水为主要模式的水景，还要注意地方气候，如在北方，冬天池岸的底面的艺术图案的处理以满足视觉审美的需要。住宅小区的水景设计可调节局部环境的小气候，也可营造可观、可玩的亲水空间。在设计时要注意根据不同的规模和现状，采用不同的水体景观形态，如池、潭、渠、溪、泉等。

一般的水景设计必须服从原有自然生态景观、自然水景线与局部环境水体的空间关系，正确利用借景、对景等手法，充分发挥自然条件，形成纵向景观、横向景观和鸟瞰景观。融和水景的中心绿地景观，一方面能更好地改善局部小气候，另一方面由于光和水的互相作用，绿地环境产生倒影，从而扩大了视觉空间，丰富景物的空间层次，增加景观的美感（图 7-29~图 7-31）。

图 7–29 住宅小区庭院中的无边水池

图 7-30 住宅小区庭院中的喷泉水池

图 7-31 住宅小区庭院中的水池与木平台

图 7-32 庭院灯光设施

图 7-33 仿木桩汀步与草坪结合

图 7-34 汀步与水景结合

（4）构筑物设计

在城镇住宅小区内，出于投资与环境氛围的考虑，并不提倡过多地使用构筑物点缀，但基本的服务设施是必要的，包括照明设施、栅栏、座椅、门等，它们既是住宅小区中的服务设施，也常常是起到点缀作用的造景元素。

城镇住宅小区内的服务设施，包括照明、垃圾桶、洗手池等，除了满足日常使用需求外，应增强审美情趣以及表现景观风格和特色。环境照明除夜间照明功能外，还可以起到装饰和美化环境的作用（图 7-32~图 7-34）。

同时，住宅小区内的构筑物设计要注意与周围环境相协调。因为自身具有材质、色彩、体量、尺度、题材的特点，常常对整个住宅小区的景观起到画龙点睛的作用。这些服务设施应以贴近居民为原则，切忌尺度超长过大。如果起到装饰性作用，造型设计应有特色，具有识别性。从居民的安全性，设施的环

图 7–35 雕塑增强了标识感

图 7–36 彩色马赛克座椅也是庭院中的雕塑

图 7–37 彩色的座椅增加了活跃的气氛

保性、实用性以及环境的美观性的角度出发，材质的选择可多考虑原木及天然石材，也可以通过废物利用的方式，形成住宅小区内靓丽的风景（图 7-35~图 7-37）。

7.3 城镇道路的园林景观设计

7.3.1 城镇道路的园林景观特征

城镇的道路景观是指在城镇道路中由地形、植物、构筑物、铺装、小品等组成的各种景观形态。城镇的道路景观展示的是在道路使用者视野中的道路线形、道路周边环境，包括自然景物和人工景物。由于城镇靠近乡村，道路景观往往以自然景物为主。各种景观要素构成了道路表面的色彩、纹理、路旁景物的形式和节奏。城镇的道路园林景观不仅为车行提供观赏效果，也提供了行人的观赏、游览和路边绿地中的休闲活动。它是城镇整体形象的重要基础，是人们感知城镇景观的重要途径。作为线性的景观形式，城镇的道路景观是城镇景观体系中重要的布局框架。

首先，城镇道路的园林景观是一个城镇风貌的体现。道路两侧的植物景观，道路的尺度，道路两侧建筑物的风格、色彩，以及道路上装饰的城市家具等都是一个人初到城镇最容易留下印象的场景。简·雅各布曾在《美国大城市的死与生》一书中提到，街道及两边的人行道，作为一个城市的主要公共空间，是非常重要的器官，当你想象一个城市的时候，是什么会首先印入脑海？答案是街道。如果一个城市的街道看起来充满趣味性，那么城市也会显得很有趣；如果街道看上去很沉闷，那么城市也是沉闷的。城镇道路景观一方面展示城镇风貌，另一方面是人们认识城镇的重要视觉、感觉场所，是城镇综合实力的直接体现者，也是城镇发展历程的忠实记录者，它总是及时、直观地反映着城镇当时的政治、经济、文化总体水平以及城市的特色，代表了城镇的形象（图 7-38、图 7-39）。

其次，道路景观作为带状的景观是联系城镇各个景观区域的纽带。凯文·林奇在《城市的意象》一书中指出：“道路，在许多人印象中占统治地位，也是组织大都市的主要手段，与别的构成要素关系密

图 7-38 人行道花池

图 7-39 道路节点处花坛

图 7-40 行道树

图 7-41 林荫下的人行道

切。”城镇之中的各个不同景观区域就是通过城镇道路紧密联系在一起的，从而形成完整而统一的城镇景观系统。

最后，城镇的道路景观能够改善城镇的生态环境。城镇道路是线性污染源，汽车产生的尾气、噪声、尘埃、垃圾等污染物沿着道路分布与扩散。城镇道路的走向，对空气的流通、污染物的稀释扩散起了一定的作用。道路绿地中的绿色植物对于环境有改善作用，具体表现为绿色植物对空气、水体、土壤的净化作用和对环境的杀菌作用，同时，也能改善城镇小气候。在炎热的季节，绿地中平均温度低于绿地外的温度；在寒冷季节，绿地中的平均温度比没有树的地方低；在严寒多风的大气，绿地中的树木能够降低风速。绿地中的树木的蒸腾作用使绿地中的空气湿度远远大于城镇的空气湿度，这为人们在生产、生活中创造了凉爽、舒适的气候环境。同时绿色植物还有降低噪声和保护农田的作用。城镇道路景观使人们提升了行驶时的安全性与舒适性，改善城镇道路空间环境，给人以愉悦的心理感受。

城镇道路景观主要包括道路的绿化带、交通岛绿地、街边绿化和停车场绿地等，在改善城镇的生态环境和丰富城镇景观方面发挥重要的作用。在不影响交通安全的情况下，根据道路周边的用地性质，特别是居住宅小区密集的地区，让道路景观在功能上多样化，使周边居民可以方便进入使用，这也是道路景观设计的方向之一。例如，在居民抵达最方便的道路绿地设置出入口，尽量以大乔木为主，配置其他花灌木和地被植物，用框景、障景、对景、借景等手法，在道路绿地中围合出变化丰富的空间层次，还可设置方便居民使用的活动设施（图 7-40、图 7-41）。

7.3.2 城镇道路景观的构成要素

城镇道路景观的构成要素大致分为以下几种：

(1) 道路主体

城镇道路的主体即是指承载车辆或行人的铺装主体，不同的道路功能对应不同的尺度，道路的宽度由道路红线所限定。城镇道路的宽度通常小于城市道路，车行道以四车道、两车道为主，常常会有大量的单行车道或人行道、胡同等，它们是道路景观存在的基础和依托。

(2) 景观主体

包括道路两侧的建筑物（商业、办公楼、住宅等），广告牌、路灯、垃圾桶等城市家具，围栏、空地（广场、公园、河流等），植物绿化。它们是体现城镇整体风貌的重要元素，也是道路景观的主体。在景观主体中，植物绿化是最重要的，也是所占比例最大的部分。其中行道树绿化是城镇的基础绿化部分。行道树绿带是设置在人行道与车行道之间，以种植行道树为主的绿带。宽度一般不宜小于 1.5m，由道路的性质、类型及其对绿地的功能要求等综合因素来决定。

行道树绿带的主要功能是为行人和非机动车遮阴。如果绿带较宽则可采用乔灌草相结合的配置方式，丰富景观效果。行道树应该选择主干挺直枝下高较且遮阴效果好的乔木。同时，行道树的树种选择应尽量与城市干道绿化树种相区别，应体现自身特色及住宅小区亲切温馨而不同于街道嘈杂开放的特性，其绿化形式与宅旁小花园绿化布局密切配合，以形成相互关联的整体。行道树绿带的种植方式主要有：

1）树带式。在人行道与车行道之间留出一条大于 1.5 m 宽的种植带。根据种植带的宽度相应地种植乔木、灌木、绿篱及地被等。在树带中铺草或种植地被植物，不要有裸露的土壤。这种方式有利于树木生长和增加绿量，改善道路生态环境和丰富住宅小区景观。在适当的距离和位置留出一定量的铺装通道，便于行人往来。

2）树池式。在交通量比较大、行人多而街道狭窄的道路上采用树池式种植的方式。应注意树池式营养面积小，不利于松土、施肥等管理工作，不利于树木生长。树池之间的行道树绿带最好采用透气性的路面材料铺装，例如混凝土草皮砖、彩色混凝土透水透气性路面、透水性沥青铺地等，以利渗水通气，保证行道树生长和行人行走。

行道树定植株距，应以其树种壮年期冠幅为准，最小种植株距应不小于 4m。株行距的确定还要考虑树种的生长速度。行道树绿带在种植设计上要做到：①在弯道上或道路交叉口，行道树绿带上种植的树木，距相邻机动车道路面高度为 0.9~0.3m，其树冠不得进入视距三角形范围内，以免遮挡驾驶员视线，影响行车安全。②在同一街道采用同一树种、同一株距对称栽植，既可起到遮阴、减噪等防护功能，又可使街景整齐雄伟，体现整体美。③在一板二带式道路上，路面较窄时，应注意两侧行道树树冠不要在车行道上衔接，以免造成飘尘、废气等不易扩散。应注意树种选择和修剪，适当留出“天窗”，使污染物扩散、稀释。④行道树绿带的布置形式多采用对称式：道路横断面中心线两侧，绿带宽度相同；植物配置和树种、株距等均相同。道路横断面为不规则形式时，或道路两侧行道树绿带宽度不等时，采用道路一侧种植行道树，而另一侧布设照明等杆线和地下管线（图 7-42、图 7-43）。

图 7–42 道路旁的树池

图 7-43 路边休息亭

图 7-44 街道旁设有休息座椅

图 7-45 人是道路承载的主体

(3) 活动主体

包括步行者、机动车和非机动车等在道路上活动的车辆、人流。不同的道路承载的活动主体是不同的，有些街道，如步行街，以步行者为主，偶尔会有车辆通过；城镇的主干道则以车辆居多（图 7-44、图 7-45）。

(4) 其他影响因素

包括季节、气候、时间等，也包括道路的地下部分。在城市地下空间发展迅速崛起之时，很多城镇的道路建设也有很多地下的空间，除了地下人行通道外，还有一些地下商业设施、能源通信设施等，这些直接影响地上的道路景观建设。例如，地下空间的地面覆土厚度会限制地上植物的种植和树种的选择。

7.3.3 城镇道路的园林景观设计要点

城镇道路园林景观设计首先要从安全与美学观点出发，在满足交通功能的同时，充分考虑道路空间的美观性，道路使用者的舒适性，以及与周围景观的协调性，让使用者（驾驶员、乘客以及行人）感觉心情愉悦。城镇道路的安全性要求景观设计必须考虑到车辆行驶的心理感受，行人的视觉感受和各景观要素之间的组织等多方面因素。对于驾驶员来讲，道路的安全性是首要的，而旅行者观赏的道路两侧风光，反映出城镇的整体风貌和社会气息，这两方面都是至关重要的。在车辆行进的过程中，人们对弯道、上下坡或前进方向的加减速度等都产生与静止时完全不同的动感。节奏单调的视觉环境会使人感到疲倦，甚至引起困倦等不必要的危险；相反，急剧的节奏变化也会使人惊慌失措。所以，城镇道路景观的设计必须保持基本的张弛有度，以恰当的节奏变化和景观片段的重复，形成舒适的道路景观。城镇中不同性质的道路，园林景观设计是完全不同的，疾驰的车辆和漫步的行人对道路两侧的感受差异巨大。行走的人们能够体验更丰富的空间层次和景观要素，封闭的空间使人感觉私密，开敞的空间则使人感觉舒畅，色彩斑斓的道路景观环境会产生视觉上的享受。在行人体验为主的道路景观中，需要考虑各种植物和构筑物的色彩、质感和肌理的搭配和组合，使人们在行走过程中产生视觉上的景观享受。同时，可在道路景观中放置一些体现当地城镇历史文化特色的景观小品或个性化铺装等，形成丰富的道路景观，并展现出地方特色，突出城镇道路景观的个性。有很多城镇以道路景观作为标志性的门户景观，如迎宾大道、以植物为主题的特色街道等，都能够有效加强城镇的识别性。

城镇的道路常常由于客观因素的制约，例如自然地形地貌的限制或传统村镇的形成过程等，这也形成了城镇与自然环境、社会结构及居民生活相协调的道路景观。也正因为如此，城镇的道路景观比其他地区更具有地方特色，它们结合地形、节约用地、考虑气候条件、注重环境生态。城镇的道路尺度更适合人们的生活。传统村镇道路景观的形成很少有专业勘测师的参与，亦非在图纸上进行详细地规划然后施工，但是它们却经过了大自然更加巧妙的安排。从人类的定居到村落的形成，城镇道路景观的形成是长期的自然与历史积淀的过程。传统的村镇道路布局并不整齐，再加上村民完全的自发性，由此产生变化丰富的、自由式布局的道路空间。同时，由于城镇的规模通常较小，道路空间的尺度也较小，周边建筑也并不高大，主要交通道路多以双向四车道居多。

城镇的道路景观本身也是一个生态单元，对周围的生态环境产生了正面的、积极的影响，并与城镇形成良性的、互动的过程。无论陡峭的山地，还是起伏的丘陵，抑或是江畔湖边，城镇往往保留着自然形成的最原始的地貌特征。中国传统的村镇是在中国农耕社会中发展完善的，它们以农村经济为大背景，无论是选址、布局和构成，无不体现了因地制宜、就地取材、因材施工的营造思想，体现出天人合一的有机统一。保土、理水、植树、节能的处理手法，充分体现了人与自然的和谐相处，既渗透着乡民大众的民俗民情，又具有不同的“礼”制文化。运用手工技艺、当地材料、地方化的建造方式，以极小的花费塑造极具居住质量的聚居场所，形成自然朴实的建筑风格，体现了人与自然的和谐。城镇的道路景观应该是建立在生态基础上的，既具有朴实的自然和谐美，又具有亲切的人文之情。

在传统村镇的道路空间环境中，缝补、纳凉、闲谈等活动无处不在，孩子可以无所顾忌地尽情玩耍，居民生活温馨、闲适。城镇的道路景观在满足人们日常生活各种需要的同时，造就了传统城镇温馨和谐的邻里关系，这种和谐的邻里关系与人文情感正是城市生活严重缺乏的，因此也成为城镇道路景观区别于大城市的重要标志和优势。

在很多城镇的中心区都设有步行街，以商业、展示为主要功能，承载着较大的人流，也是展现城镇地方特色的主要区域。例如江阴市的人民路步行街是一条集景观与商贸于一体的商贸文化步行街，东起青果路，西至中山路，全长450m，宽25m。步行街以“澄江福地”为主概念保留了浓厚的商业特色和地方特征，通过沿街建筑立面和商店内外形象改造、路面铺装改造、以及增设街景小品、街区美化、绿化重新布局等多个方面措施，将人民路商业步行街建成集购物、游憩、文化、旅游等于一体，富有浓厚现代气息的活动中心、。

步行街“一街串八景”，刘氏兄弟故居、兴国塔、文庙、南脊书院、学政节署、中山公园、要塞司令部旧址和广济寺四眼井等景观散布在整个街区，传统与现代在这里碰撞，古典与时尚在这里交汇，匠心独具的步行街区文韵悠悠，商味浓浓，为日益富裕起来的江阴市民打造了一方生活悠闲、观光游乐的新福地，其美丽和繁华尽展了现代城市的文明和发展。

7.4 城镇街旁绿地的园林景观设计

7.4.1 城镇街旁绿地的园林景观特征

城镇的街旁绿地包括街道广场绿地、小型沿街绿化用地、转盘绿地等，其主要功能是装饰街景、美化城镇、提高城市环境质量，并为游人及附近居民提供休闲场所。它散布于城镇的各个角落。随着城市与城镇建设规模的不断扩大，无论在城市还是城镇中，街旁的小游园、小景点都受到越来越多的重视。

城镇居民的日常户外活动大多数是在房前屋后的空地活动，除了住宅小区内的园林景观，就是城镇之中分布最广的街旁绿地了。这些小花园本着就近服务的原则，以较小的规模和占地面积形成城镇居民最重要的活动场所。通常街旁绿地的面积在 $1hm^2$ 以内，有的仅十几平方米。服务半径在300~500m，甚至更近。

城镇街旁绿地的整体分布呈现分散的见缝插针形式。由于很多城镇依托村落发展起来，虽然有较好的自然条件，却没有系统的景观规划体系。在城镇快速的发展过程中，街旁绿地成为城镇保存下来的一块块绿色斑点，填补在城镇之中。 加强街旁绿地建设是提高城镇绿化水平、改善生态环境的重要手段之一。街旁绿地分布于临街路角、建筑物旁地、中心广场附近及交通绿岛等地，加强街头绿地建设，能有效增加城镇的绿化面积，大大提高绿地率及绿化覆盖率。

图 7-46 欧洲小镇的街边花园

城镇街旁绿地作为离人们最近的公共空间，往往成为最受欢迎的场所。街旁绿地通常没有复杂的景观元素，大部分是依据现状进行改造，符合人们的使用需求。所以，街旁绿地朴实无华，却平易近人。在绿地中会配建相应的休闲、健身器材，休息座椅，花架，作为城镇居民户外活动的主要设施（图 7-46）。

7.4.2 城镇街旁绿地的园林景观设计要点

城镇街旁绿地虽然面积很小，但景观设计的要素非常丰富，不仅如此，景观要素所塑造的景观空间也是多样的。

城镇的街旁绿地通常投资较少，这要求在景观设计中充分利用现有的自然要素，例如地形、保留的树木等进行景观设计。在选址上也尽量背风向阳，排水良好，以节省不必要的维护费用。微地形常常可以作为视线遮挡的媒介，来围合私密的空间，形成自然的边界。或者种植一株或一组姿态较好的植物，可选择彩叶、花灌或观果的树木，形成重要的视觉焦点，背景种植高大的常绿树，树下种植观赏期较长的地被，混入低矮匍匐的本地野草，降低日常管理费用。

背景树与树丛共同围合出一系列的小空间。

街旁绿地如果要承载人们的活动，就要有铺装地面作为场地。从城镇园林景观的特点出发，可选用价格低廉的铺装材料或废物再利用，来铺设园路及小广场，铺装材料最好是可循环利用的。例如，碎石铺设的小路有很好的透水性，踩在上面的触感也很好，适宜散步与健身。在城镇绿地的养护过程中，每年都会清理出不少的倒伏树木，经过消毒防病虫处理，一些废弃的木料或树皮也是很好的铺装填充材料，树皮发酵之后还可以有效补充绿地养分，使自然环境更加和谐。还可以建成独具野趣的亭、廊、花架等，使街旁绿地的自然气息更加浓郁。街旁绿地的植物配置可以与行道树、分车带的植物构成多道屏障，能有效地吸收或阻隔机动车带来的噪音、废气及尘埃，起到保护花园环境的作用。同时，通过丰富的植物种植来塑造变化万千的道路景观。

城镇的街旁绿地维护管理在城镇规划的过程中就应该给予足够的重视，加强建设力度。应尽可能地见缝插针，增加街旁绿地的数量，提高品质。同时，明确街旁绿地的维护管理部门，将负责制度落到实处，以保证街旁绿地的有效建设和使用。

虽然城镇街旁绿地的面积很小，但由于特定的场所、环境及开发性质，不同力度和不同内容，因此制定的景观设计方案是千差万别的，决不能搞一刀切和单一模式的绿化形式。一方面街旁绿地要充分利用现在绿地，因地制宜，另一方面，街旁绿地景观又是展现城镇风貌的重要因素。城镇的街旁绿地往往保留了城镇古老的形态肌理，加以改造，它是居民们生活中的场所，也是精神的寄托之处（图 7-47~ 图 7-50）。

7.4.3 城镇街旁绿地的园林景观发展趋势

(1) 人性化的场所

城镇街旁绿地最重要的功能就是满足居民们对日常活动的需求，“以人为本”是最主要的特征之一。

图 7-47 街旁花园与主要道路铺装相呼应

图 7-48 街旁花园可以结合停车、休息等多种功能

图 7-49 街旁花园处在重要的节点位置可以适当采用水景设计丰富景观形式

图 7-50 水景与树池景观结合

无论是设计理念上，还是空间尺度和景观特色上，城镇街旁绿地的建设应以营造景色优美、令人愉悦的空间为基本原则，以满足大众需求、使用安全舒适为最终目标。

(2) 自然生态趋势

城镇街旁绿地直接关乎城镇的生态环境质量，在建设过程中，场地的自然条件、结构和功能是街旁绿地设计的基础，充分利用自然资源来建设城镇的绿地空间，是促进城镇自然环境建设的重要手段。在城镇的规划建设中，合理划分建筑用地与开阔空间，保护自然资源，确保发挥其生态效益，提高城镇的生态环境质量。充分利用街旁绿地分布广的优势，以少积多，合理建设城镇的园林景观体系。

(3) 艺术审美需求

街旁绿地的景观设计手法多样各异，有些受到西方现代花园设计的影响，讲究自由流畅或简洁明快，风格突出；也有一些追求古典园林中的意境美与含蓄美，以小中见大的手法塑造一方天地。不同的街旁绿地的艺术形式有不同的审美偏好，这反映了街旁绿地作为街边的小花园，展现着浓厚的艺术气息与魅力。草地、花径、喷泉、雕塑、假山、廊架等，都呈现着艺术的感召力与自然的活力（图 7-51、图 7-52）。

图 7–51 街边植物小花园

图 7–52 丰富的植物景观可以有效降低汽车尾气的污染

7.5 城镇水系的园林景观设计

7.5.1 城镇水系的园林景观特征

对于城镇来讲，水是生命之源，也是经济发展的命脉。尤其对于那些依山傍水的城镇，水系景观不仅维系着城镇的居民生活，也是展现城镇景观风貌的重要元素。

近年来，城镇的水利基础设施建设、全域供水工作、水资源管理工作和防汛保安工作等，都得到了极大的重视，在保障基本用水的前提下，水系景观的营造能有效改善城镇的小气候条件，水体的净化和水环境的整治能够提高居民的生活水平，创造独具特色的城镇景观。

城镇的水系景观常常存在两个极端的现象，要么是污水遍布、淤泥堆积的亟待整治与改造的河流水系，要么是过度人工化的水景规划设计，原有的自然风光和独特的水系景观被完全破坏。在拦河筑坝、开发水电的水利工程改造过程中，原有的生态系统严重失衡，大量物种消失，生物多样性减小。水系的园林景观与水利的改造并没有相互配合、相互改善，而是完全忽略了园林景观的重要性。以现状水系为基础改造与建设水系景观，在较小投资的基础上，可以有效地缓解水利工程对于生态平衡的影响。水系景观可以为各类生物提供栖息的场所，可以通过植物的种

图 7–53 南社古村落以长形水池为中心合掌而居

图 7–54 登瀛码头

植净化水体，还可以为城镇居民提供休闲娱乐的场所（图 7-53、图 7-54）。

7.5.2 城镇水系的园林景观设计原则

首先，城镇水系的园林景观建设要以生态的理念为出发点，以水系总体规划为基础，形成系统的建设体系。城镇水系的总体规划不仅控制着城镇的整个水网系统，也直接影响水系景观格局，这是水系园林景观建设的基本框架。以此为基础，植物的种植、驳岸的处理方式、滨水广场的分布于规模等，都可以形成统一的特色，凸显城镇水景风貌。城镇水系的园林景观以自然、生态的理念为基础，尽量减少人工化的硬质景观，以自然的驳岸、自由的植物群落为主，充分利用水系两侧的地形变化，在条件允许的场地内开辟居民可以亲水的空间。在不影响水质的前提下，让人们能够通过水系景观接触自然。

其次，通过强化“蓝线”和“绿线”的管理，来严格保护水系及周边的自然遗产和文化遗产，划定重要地段水系两侧的保护和建设区域，尤其是一些具有历史价值的文物古迹或城镇绿地。水系园林景观的建设可适当拓展水岸两侧的面积，依托现有的自然景观和文化景观形成水系景观的节点，使线性的景观形成段落和变化的节奏，并增加水系景观的人文价值。

最后，保护和利用自然水系，合理调节和控制洪水水位。很多城镇水系都面临着排洪和泄洪的需求，而硬质的、宽大的河岸常常形成与城镇舒适的自然景观完全不符的人工化驳岸，直接影响水系景观的质量。既要保留城镇现有的自然水系的水利功能，同时，也可以通过适当地改造形成变化的水岸景观，例如，水陆两生的植物的种植、耐水浸的栈道或平台、阶梯式的看台等，都可以在水位较低时形成优美的水系景观，在水位较高时被淹没。自然的规律并不能改变，它反而为水系景观增加了变化的多样性和趣味性。

7.5.3 城镇水系的园林景观设计要点

城镇水系的园林景观建设首要任务就是展现城镇景观特色。在城镇化的高潮中，每年都有成千条的城乡河道被填埋，上万亩的河滩、湖泊、海涂、湿地正在消失。这些错误的水系改造方式，致使许多城市优美的水系河流变成了暗渠，昔日流连忘返的独特环境变得十分平庸、毫无特色，原来流动互通的水系变成了支离破碎的污水沟或者污水池。原有河道、湖泊中生物繁殖的环境与自然生态群落遭到彻底毁灭，城镇水系也失去了自我净化的能力。针对这样的形势，城镇水系的园林景观建设首先要保留城镇原有的特色水景风貌，保护水资源，以最小的改造力度形成更加舒适的水系环境。城镇与城市的水系并不相同，并不能按照现代的设计手法去统一城镇的水系景观。应以现状为基础，在具有利用潜力的地段建设居民可休闲娱乐的滨水广场，同时控制规模；在水系较窄的地段，可以植物护岸为主进行保护与疏通；水系两侧可建设滨水散步道，以高大乔木形成遮阴的行道树，既保护水系资源，又可形成居民的近水空间。

城镇的水系景观中，大部分都会有河岸高差的变化，尤其对于一些具有泄洪功能的河流或储水库，巨大的高差将水系与人们隔开，破坏了水系景观的整体性。在地形变化较小的水系两侧，可适当种植植物，形成水系两侧绿色的屏障；在地形高差很大的情况下，可适当拓宽，形成不同层级，较高的层级用于人们的活动，较低的层级种植水生植物，同时留出弹性空间，在水位变化时产生不同的景观效果。

水系的驳岸是园林景观的重要组成部分。很多“二面光”或“三面光”的水工程建造模式，使得原有的自然河堤或土坝变成了钢筋混凝土或浆砌块石护岸，河道断面形式单一生硬，造成了水岸景观城镇与城市千篇一律的景象，城镇原有的水生态和历史文化景观也遭到严重破坏。城镇水系的驳岸首先要以现状情况为基础，尽量选择自然式的驳岸景观，以植物、步行道、木平台等元素形成舒适的水岸环境。

城镇的水系中，常常有一些湿地景观，它们不仅是城镇生态环境的重要组成部分，也是城镇周边城市的保障系统。城镇的湿地景观是极其珍贵的生态资源，应以保护为主，尽量减小人工的干预。从经济学的角度来看，一块湿地的价值比相同面积的海洋高 58 倍，因为湿地可以保护濒临灭绝的物种。在保护的基础上，根据湿地的不同情况，可适当地开辟可供参观的湿地景观区域，增加城镇水系的科普教育功能和经济效益。

7.6 城镇山地的园林景观设计

7.6.1 城镇山地园林景观空间特征

城镇山地园林景观常常与居民的生活交相辉映，不可分割。民居建筑就像生长在山地景观之中的点缀物，是景观重要的组成部分。也有一些城镇的山地景观是单纯的旅游景区，是吸引外来游人和展现城镇特色风貌的重要风景。无论是哪种山地景观，都具有与其他类型的园林景观完全不同的空间特性，即三维性。地形的高低变化赋予了山地园林景观独特的风貌。在山地区域，地表隆起的景物往往是视觉的中心，背景轮廓也极其丰富，层次分明，植被因地形的变化而显得高低错落。人们可以在山地之中仰视、鸟瞰或远眺，视角和视域都会产生丰富的变化，这是人们在平原地区的自然环境中难以体验到的。

城镇山地景观提供给人们不同的景观画面，甚至步移景异，每一个局部都有不同的空间属性和景观特征。景观的轮廓线构成了丰富的背景层次，就像画面的基调，使景观更加立体化。在山地景观中，地形的高低起伏会给人们带来不同的心理感受。如峨眉山峰峦连绵，轮廓线柔和、舒缓，给人以秀丽之感。华山与黄山以险峻著称，山体峭拔，给人以雄伟、惊险之感。

城镇的山地园林景观拥有复杂多变的道路系统，很多甚至会有从平面上看几乎完全贴近的两条道路。山地城镇的自然地形决定了道路的布局形式，城镇的山地景观中，道路往往多采用自由的布置形式，街道景观、广场景观因地势而生，无固定的格局模式，形成很多自发的景观空间。

城镇的山地景观从二维和三维的角度创造出自然的空间围合，利用自然地形的高差形成不同的入口、道路系统、空间形态，从而形成了更多的自然接触面。山地景观增加了人们与自然的交流与对话。因地域特征而生的建筑形式、景观特质彰显着城镇独特的风貌（图 7-55、图 7-56）。

图 7−55 高差的变化以阶梯式台地来解决

图 7−56 台阶与坡道组成交通系统

7.6.2 城镇山地园林景观构成要素

(1) 城镇山地园林景观的自然要素

地形地貌是山地园林景观区域其他类型景观的首要元素，山地的凸起与凹陷形成了空间的边缘和轮廓。包括各种不同类型的地貌，如凸地、山脊、凹地、谷地以及由两种或两种以上地形类型组合形成的山地景观等。不同的地形地貌承载不同的景观功能和景观元素。地形变化较小的场地往往会形成居住、娱乐的聚集之地；在山巅或陡峭的场地，则以植物种植为主，形成绿地山地景观背景。

地形地貌的基础是土壤，山地中的土壤类型较多，通常缓坡、谷地或低地常是汇集区域，土壤的厚度和肥力都较好，属于高产农田或密林苗圃等，也是城镇建设的较好用地。而山顶、山脊等处受风化和侵蚀严重，加之水土流失，土壤通常较薄和贫瘠，不适合植物的生长。不同的土壤条件直接影响山地园林景观的建设效果。通常根据土壤的类型选择适宜的树种，减小贫瘠土壤对景观的影响。在一般的山地景观中，地表的径流量、径流方向，以及径流速度都与地形有关。因为地面越陡，径流量越大，流速越快，如果地表形成大于 50%的斜坡，就会引起水土流失。

城镇山地景观中的水系通常根据地形高差的不

同，产生流速急、落差大、蜿蜒曲折的水景。无论是瀑布、跌水还是湖泊，山地景观中的水景常常以自然的形态居多，山水相映，形成浓郁的自然气息。城镇山地景观中的水体以活跃性和渗透力而成为自然景观要素中最富有生气的元素。

在城镇的山地景观中，平缓的山地或山脚通常土壤肥沃，水分充足，土层松软，植被根系生长的阻力小，植被较丰富，常以常绿阔叶植物和乔木为主；山坡中部土壤比坡底要薄一些，通常以中小型灌木和小乔木为主；山顶因为土层薄，持水能力差，常以灌木和地被植物为主。在不同的山体位置有不同的植物群落生长，它们形成了山地景观重要的自然元素。山地景观中的植物随着地形坡度的变化而有所不同，坡度越陡，变化越明显。坡度平缓时，几乎没有太多变化，过陡的坡则不能生长植物。另外，山地形成的不同小气候条件也影响植物的生长，在向阳的坡地上通常生长喜阳的植被，阴坡则以耐阴植物为主。由于山地景观地形条件复杂多变，所蕴涵的规律都隐现在复杂的环境当中，因而产生了丰富的植物群落（图7-57、图7-58）。

(2) 城镇山地园林景观的人工要素

在山地园林景观中，一类特殊而常见的人工要素就是挡墙，由于地形的复杂多变，常常需要各类挡墙来围合活动的区域或居住的区域。在《公路挡土墙施工》一书中对挡土墙的定义为：“挡土墙是用来支撑陡坡，以保持土体稳定的一种构造物，它所承受的主要荷载是土压力。”山地景观中的挡土墙在满足功能的前提下，适当增加艺术感。可充分利用现状条件，设计不同的挡墙形态和墙面装饰，增加挡墙的审美情趣。挡墙选用不同的材料会产生完全不一样的质感，如木质的挡墙质朴、自然、亲切；毛石挡墙粗犷、野性；石板堆叠的挡墙细腻、精致。应根据实际情况，设计满足功能、与环境相协调、有较强艺术感的挡土墙，来增加山地园林景观的情趣。

园路在山地园林景观中至关重要，为了解决交通的需求，并符合山地的地形变化，山地中的园路往往形成极有特色的层级系统。园路不仅是山地景观中交通的主要承载，也是形成变化的山地景观效果的关键所在，山地的起伏、高差变化都通过层级系统进行消化。山地景观中的园路形式多样，布局自由，为人们提供了在街道之间观赏城镇风貌重要途径，在不同高差的园路之中可以看到各种独特的城镇景观。在复杂的地形地貌条件下，园路多采用弯道布线，甚至蛇形道路，在解决高差的同时，为步行者和驾驶者提供了一系列不断变化着的景观画面。有时为缩短道路长度，常采用加大道路的纵坡，用回头线连成之字形或螺旋状的斜交道路系统。在高差变化较大的山地园林景观中，常设有坡道、梯道、缆车、索道和自动

图 7-57 山地小镇的植被

图 7-58 起伏的山体

扶梯等，以解决纵向的交通联系。

城镇山地园林景观中会少量设有人工构筑物、服务设施、座椅、垃圾桶等，由于用地的限制，山地园林景观往往以自然要素为主，尽量减少人工设施的设置。而且，较多的构筑物也会破坏山地景观的自然气息，降低舒适性（图 7-59、图 7-60）。

7.6.3 城镇山地园林景观整体性设计

(1) 因地制宜，符合山地环境特征

城镇的山地园林景观建设首先要认清山地环境的现状特征，因地制宜地进行改造建设。在山地环境中，地形地貌变化很大，不同的场地使用功能和空间特性完全不同，相应的景观建设也千差万别。平坦的地形适宜安排活动空间；陡峭的山坡或种植植物，或结合山体情况开发建设攀岩、爬山、徒步等活动。山地园林景观中的植物群落与海拔、地质、土壤类型都有很大关系，植物的配置要适当考虑山地的小气候环境，做到适地适树，减少维护与投资，并保证山地园林景观的整体风貌（图 7-61、图 7-62）。

图 7-59 小镇顺应山体开发的道路系统

图 7-60 台阶与植物

图 7-61 顺应地势的台地小花园

图 7-62 顺应地势的台阶道路

(2) 空间设计强调流线体验

城镇山地园林景观不同于其他类型的景观，平面或二维的空间设计不能有效地体现山地景观复杂的空间层次和空间体验。山地景观中纵横交错、蜿蜒曲折的园路系统恰恰是流动空间最后的例证。在山地景观中，空间的布局与流线的组织必须紧密结合，力求在符合现状的基础上，产生步移景异的丰富景观层次。空间的流线强调人们视觉的变化以及心里的感受，不同的画面由不同的空间界面、视觉主体和轮廓线组成，这在山地园林景观中是具有突出特色的景观特质。只有在三维空间中的组织与设计才能进一步突出城镇山地园林景观的特征。

(3) 视线控制强化空间序列

在城镇的山地园林景观中，视线的变化往往比平原更丰富。正是不同的视觉感受和视线变化才形成了人们可感知的空间组织序列。在山地景观设计中，充分利用山地中的制高点，这里视野开阔，甚至整个城镇的景色都尽收眼底。山地中的园林蜿蜒曲直，也可以导引着视线时而开阔、时而封闭，这些不同的空间感受需要进行有效合理的组织，形成此起彼伏的空间序列（图 7-63、图 7-64）。

图 7-63 下洋山坡上民居分布图及外观

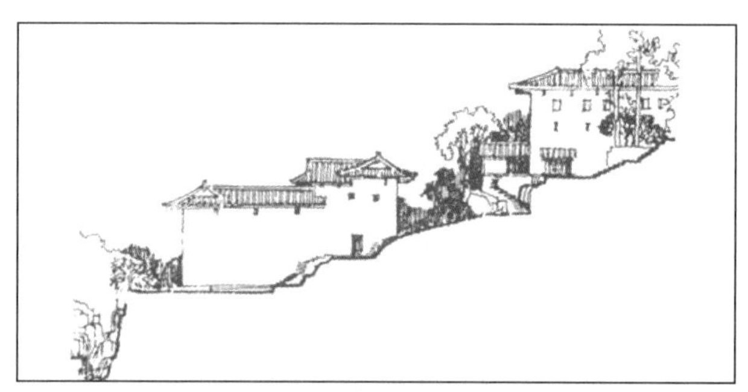

图 7-64 永定和平楼侧立面

8 传统聚落乡村园林的弘扬与发展

8.1 传统聚落乡村园林景观的丰富内涵

城镇是介于城市与村庄之间的一种中间状态，是城乡的过渡体，是城市的缓冲带。城镇既是城市体系的最基本单元，同城市有着很大的关联，同时又是周围乡村地域的中心，比城市保留更多的“乡村性”。

在工业社会随着城镇化进程的加剧，尤其是不合理地改造自然和开发利用自然资源，造成了全球性的环境污染和生态破坏，对人类生存和发展构成了现实威胁。人类生活开始领受大自然的惩罚，各种人居环境的不适与灾难逐步降临。回归自然，与自然和谐相处成为现代人们的理想追求，传统聚落乡村园林景观的弘扬和发展便成为人们关注的热点，村镇聚落的自然园林景观深受人们的青睐。

在中国传统优秀建筑文化的熏陶下，“天人合一”的宇宙观造就了立足自然、因地制宜、独具特色的乡村园林，为独树一帜的中国古典山水园林的形成奠定了理论基础。借鉴乡村园林的成功经验，运用现代生态学的理念，依托乡村的优美自然环境和人文景观，集山、水、田、人、文、宅于一体，开发创意性生态农业文化，把乡村的一草一木、山水树石都进行文化性的创作，使其实现乡村的产业景观化、景观产业化，创建乡村公园，开发各富特色的休闲度假观光产业，吸引广大的城市居民和游客，提高农民的自身价值，是促进城乡统筹发展，推进城镇化，带动城镇蓬勃发展的一条有效途径。

8.1.1 传统聚落乡村园林景观的发展背景

中国“聚落”一词，起源颇早，《史记·五帝本纪》记载：“一年而所居成聚，二年成邑，三年成都。”注释中称：“聚，谓村落也。《汉书·沟恤志》记载：“或久无害，稍筑室宅，遂成聚落。”

（1）传统聚落乡村园林景观发展的历史形态

村镇聚落不同于城市，它的形成往往要经历一段比较漫长的、自发演变的过程，这个过程既无明确的起点，也没有明确的终点，所以他一直是处于发展变化的过程之中。城市则不同，虽然它开始的阶段也带有某种自发性，但一经跨进“城市”这个范畴，便多少要受到某种形式的制约。如中国历代都城，他们都不可避免地要受到礼制和封建秩序的严重制约，从而在格局上必须遵循某种模式。而且城市通常以厚实的城墙作为限定手段，使城的内外分明，这就意味着城市的发展是有一个相对明确的终结。

村镇的发展过程则带有明显的自发性，除少数天灾人祸所导致的村镇重建或易地而建，一般村落都是世代相传并延绵至今的，而且还要继续传承下去。也有特殊的状况出现，即由于村镇发展到一定规模，由于受到土地或其他自然因素的限制，不得不寻觅另一块基地以扩建新的村落，这就使得原来的村落一分为二。这就表明，村镇的发展虽然没有明确的界限，但发展到一定阶段也会达到饱和的限度，超过了这个限度再发展下去就会导致很多不利的后果，最直接的就是相同血缘关系的大家族被迫分割开来。在一个大家族中，也会不可避免地发生各种各样的矛盾与冲突，这种矛盾一旦激化同样会导致家族的解体，即使是在封建社会受封建制度禁锢的大家族中。所以伴随着分家与再分家的活动，势必要不断地扩建新房，并使原来村落的规模不断扩大。基于以上的分析得出，传统聚落的发展是带有很强自发性的。如今的发展则不全然是盲目的，还要考虑到地形、占地、联系、生产等各种显示的利害关系，但对这些方面的考虑都是比较简单而直观的。加之住宅的形制已早有先例——内向的格局，所以人们主要考虑的还是住宅自身的完整性。至于住宅以外，包括住宅与住宅之间的空间关系都有很多灵活调节的余地。可是由于人们并不十分关注于户外空间，因而它的边界、形态多出于偶然而成不规则的形式。此外，人们为了争取最大限度地利用宅基地，常常会使建筑物十分逼近，这样便形成了许多曲折、狭长、不规则的街巷和户外空间。加之村落的周界也参差不齐，并与自然地形相互穿插、渗透、交融，人们可以从任何地方进入村内，而没有明确的进口和出口。凡此种种，虽然在很大程度上出于偶然，但却可以形成极其丰富多样的景观变化。这种变化由于自然而不拘一格，有时甚至会胜过于人工的刻意追求。另外，这种情况也启迪我们：对于村镇景观的研究，其着眼点不应当放在人们的主观意图上，而应重在对于客观现状的分析（图 8-1~图 8-7）。

图 8–1 浙江庆元县交通闭塞的大济古村落

图 8–2 绍兴市越城区尚德当铺侧面（清末）

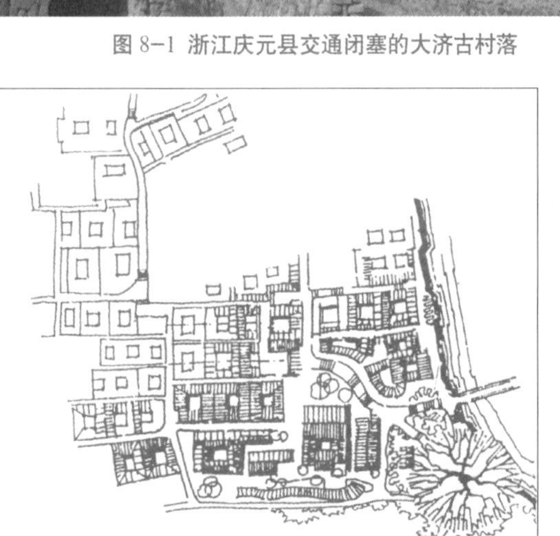

图 8–3 新泉桥头村总体布局图

图 8–4 新泉桥头村村口透视图

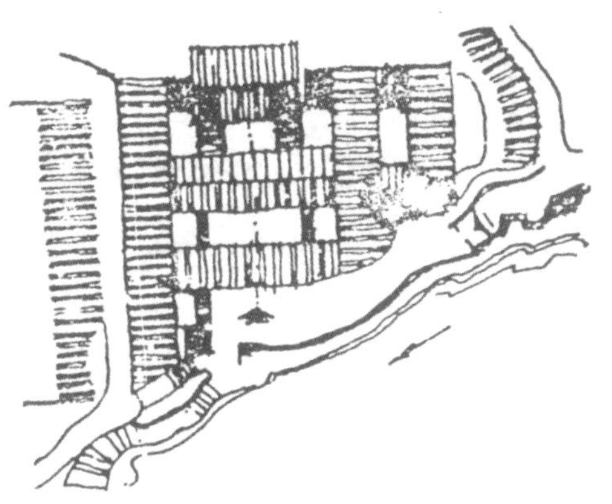

图 8-5 新泉村水边住宅平面示意

图 8-6 新泉村水岸效果图

图 8-7 新泉村水边住宅效果图

（2）传统聚落乡村园林景观发展的现状

在当今社会，经济结构的深刻变化给传统村落的发展施加了很大压力。农村产业结构的变化带来了劳动力的解放，大量农业人口奔向城市，使许多用房闲置无用，任其败落，老建筑因年久失修，频频倒塌，原来对村落起重要作用的村落景观也无人问津。农村产业结构的变化带来了农村经济的发展，但是在产量迅速提高及生产合理化的同时，消耗了越来越多的自然资源。为城市服务的垃圾站、污水处理厂、电站等也破坏了乡村的生态环境和景观特色，降低了乡村的生活质量。

这种现象在农村已相当普遍。由于更新方式不当，许多地区从前那种令人神往的田园景观、朴实和谐的居住氛围一去不复返了。传统聚居场所逐渐被由水泥和砖坯粗制滥造的新民房所侵占。这不仅是当地居民生存质量的危机，也是乡土文化濒于消亡的危机。所以人们渴望回归自然，传统聚落的自然园林景观越来越成为人们的理想追求（图 8-8）。

图 8-8 安徽南屏古民居

8.1.2 传统聚落乡村园林景观的布局特点

由于不同地区、不用地形、不同性质和不同规模的村镇都有其不同的形式特点，所以要加以区别地来论述它们的布局形式和景观特点。

（1）公共性

这种根植于村镇聚落的园林景观，没有封闭的小桥流水格局，也没有堆筑的假山。大多数呈现为开放、外向、依借自然的园林形式，如水乡即呈现为水景园林形式，便于居民游憩、交往，又能与周围自然环境相呼应，为村镇聚落平添了诗情画意。与通常的传统古典园林相比，公共性是我国传统聚落园林景观最为突出的特点之一（图 8-9、图 8-10）。

（2）地域性

由于社会经济、历史文化、自然地理条件和民情风俗所形成的审美观念的差异。使得我国传统聚落的园林景观表现出极为鲜明的地方特色。我国的园林创作自古以“师法自然”为基础，在模仿中进行创作，讲究“虽为人作，宛自天开”。广阔美丽、各式各样的自然环境，便为传统聚落的园林景观创作提供了良好的天然条件。同时，地域性还表现在其就地取材、建筑造型及色彩的运用上，力求协调和谐，以展现其优美的田园风光和浓郁的乡土气息（图 8-11）。

图 8-9 竹贯村朴素淡雅的民居

图 8-10 建筑前的公共广场

清光绪三内都图

图 8-11 浙江青田乡阜山乡历史地图

（3）文化性

耕读文化在中国传统文化中具有普遍的道德价值趋向，是古代知识分子陶冶情操、追求独立意识的精神寄托。通过营造育人的环境，以明确的中国哲学理想信念为目标，以“伦理”“礼乐”文化为核心，建立人生理想、人生价值、道德规范和礼乐文化活动的精神文化环境体系。许多空间节点成为人们社交、教育及娱乐的活动中心。这种园林景观的建设，使其成为平民百姓子弟通往成功、地位、财富的大道。很多传统都将公共园林作为整个聚落的有机组成部分。充分体现了在以“耕读”为本的传统小农经济体制下，人们对“文运昌盛”的追求（图 8-12、图 8-13）。

图 8–12 南浔张石铭旧居

图 8–13 绍兴咸亨酒店

（4）实用性

传统的村镇聚落营造园林景观目的，不仅是为了满足审美的需要，同时还具有较强的功能性和实用性。轻巧、灵活、古朴、粗犷的园林景观没有任何的矫揉造作，就地取材甚至不加修饰。在园林景观的营造上，与人们生活、生产等使用功能相关联。如水体直接与农耕生产结合，穿村而过的溪流更是人们日常洗刷的重要场所（图 8-14、图 8-15）。

图 8–14 堂樾古牌坊周边的稻田

图 8–15 丽江古城的水系

（5）整体性

传统聚落的园林景观还有一个突出的特点，即整体性。村镇聚落的环境创造尊奉传统的“整体思想”和“和合观念”，表现出整个聚落与自然山水紧密联系的“天人合一”传统环境理念。在园林景观的营造中，表现在园林景观营造的人与自然和谐共生，想方设法在有限空间中再现自然，令人感到小中见大的空间艺术造型效果。同时也表现在园林景观的相地选址与整个聚落相协调上。园林景观是村镇聚落的有机组成部分，两者相互融合、相得益彰。村镇聚落从相地选址到建设，均特别注重与周边自然环境的有机结合，展示了人们对未来良好生活的期待。园林景观的相地选址也都纳入聚落的统一规划之中，与整个聚落融为一体，各种类型的景观环环相扣，路随溪转，溪绕村流，柳暗花明，形成了很多令人叹为观止的村镇聚落建设与园林景观理水、造景于一体的典型范例（图 8-16、图 8-17）。

图 8–16 乌镇

图 8–17 宏村

（6）永恒性

崇尚自然，以自然精神为聚落环境创造的永恒主题，以自然山水之美诱发人的意境审美和生活愉悦；以自然的象征性寓意表达人的理想、情趣；以自然的品质陶冶情操、培养德智，构建充满自然审美与自然精神的环境文明。在形式上讲究整体性和秩序性，讲究“因地制宜、师法自然、天人合一”，追求真正的人与自然环境和谐统一，创造可持续发展的宜人环境（图 8-18、图 8-19）。

图 8–18 环境优美的浙江丽水古村落

图 8–19 南浔小莲庄

（7）参与性

在中国传统的自然观、哲学观念的影响下，广大群众发挥智慧创造和参与共建活动，建设充满情感的家园。在视觉形象上，借助传统的环境观、风水观和艺术观，造就了理想的聚落模式，其形态、色彩及细部的装饰都衬出当地的建筑特色、民俗特色和文化传承特色，凝聚了广大劳动人民的智慧和创造力。

隐喻自然形态的乡村园林景观也不少见。最出名的例子应该是安徽黟县的宏村。宏村是个“牛形”结构的古村落，全村以高昂挺拔的雷岗山为牛头，苍郁青翠的村口古树为牛角，以村内鳞次栉比、整齐有序的屋舍为牛身，以泉眼扩建形如半月的月塘为牛胃，以碧波荡漾的南湖为牛肚，以穿堂绕户、九曲十弯、终年清澈见底的人工水圳为牛肠，加上村边四座木桥组成的牛腿，远远望去，一头惟妙惟肖的卧牛在青山环绕、碧水涟漪的山谷之间跃然而生，整个村落在群山的映衬之下展示出勃勃生机，真不愧是牛形图腾的“世界第一村”，理所当然要列入《世界文化遗产名录》。宏村祖辈们具有“阅遍山川，详审网络”尊重自然环境的文化修养，他们以牛的精神、牛行结构来规划村落布局，展现对村落的精神追求（图 8-20~ 图 8-22）。

图 8–21　宏村街巷中人们的生活气息

图 8–20 具有典型徽派建筑特色的宏村建筑群

图 8–22 宏村街巷的建筑空间

人称八卦村的浙江兰溪诸葛村是一个按九宫八卦阵图式规划建设的村庄。从高处看，村落位于八座小山的环抱中，小山似连非连，形成了八卦方位的外八卦；村落房屋成放射状分布，向外延伸的八条巷道，将全村分为八块，从而形成了内八卦；圆形钟池位于村落中心，一半水体为阴，一半旱地为阳，恰似太极阴阳鱼图形。整个村落的乡村园林布局曲折变换，奥妙无穷（图 8-23~ 图 8-26）。

8.1.3 传统聚落乡村园林景观的空间节点

为了更清楚地说明传统聚落的景观空间形态，下面对其中的空间节点要素加以具体的分析。

（1）水口

水口是一种独特的文化形式。水口从字面意义上看是“水流的入口”，其实在传统聚落中，它是一个入村的门户，是一个地界划定的标志。水口在传统观念中是水来处为天门，将门—水口喻为“气口”，如人之口鼻通道，命运攸关。故古人对水口极为重视，既需险要，又需关气，以壮观瞻，一般水口间常有大桥、林木、牌坊等。

水口有着与众不同的成因，它的艺术特色、环境布局、空间组织、建造管理都与中国古代各种传统流派的园林有较大的差别。水口地处村头，依山傍水，其地形地势绝大多数为真山真水，少有雕琢，所谓“天成为上”，这正是人与聚落、自然与山林有机结合的最佳位置，空间开放。在传统的村镇聚落中，村口虽多为私人出资，但却无墙无篱笆，视线开阔，空间通透，内涵丰富。水口的选址布局遵循风水理念，更有儒家思想、传统形制。水口之收放，形成公众

图 8–23 诸葛村内部的八卦阵

图 8–24 诸葛村里的弄堂

图 8–25 诸葛村里的钟池

图 8–26 诸葛村的建筑之一

图 8–27 福建省龙岩市万安镇竹贯村的水口

图 8–28 徽州唐模村水口亭

图 8–29 竹贯村水口的拱桥

图 8–30 竹贯村溪流上的拱桥

图 8–31 山东莱芜某山村排洪沟的桥

图 8–32 洋畲村口水池上的景观桥

游憩休闲的场所，也是乡人迎亲送客的必经之地（图 8-27、图 8-28）。

（2）桥

依山面水、负阴抱阳是中国传统聚落选址的重要依据，即便是在平坦的水网地里，虽无山可依，但亲水、临水即是必然的选择。因此无论在山区或平原，桥是沟通聚落与外界联系不可缺少的重要途径，它的结构简单实用，造型轻巧、灵活。除了主要起交通组织的作用外，还在村镇聚落的景观中起着重要的作用，桥连同它的周围环境，通常也是富含诗情画意，因而成为村镇聚落的重要景观空间节点（图 8-29~ 图 8-34）。

图 8-33　书洋镇塔下村的桥

图 8-34 书洋镇塔下村自然石汀步桥

图 8-35 竹贯村风雨桥亭

图 8-36　屯溪老街

（3）桥亭

有桥的地方，往往在桥中间设桥亭。除了作为过往行人避雨、乘凉和休闲交往的场所外，因其造型都极为优美，与周围的自然环境往往构成了如诗如画的景观，也是村镇聚落的重要标志性建筑之一（图 8-35）。

（4）街

在村镇聚落中，街也是人们交往最为活跃的场所。在山乡，平行于等高线的主要街道多呈弯曲的带状，空间极富变化，步移景换，十分动人。而垂直于等高线的主要街道，由于明显的高差变化，使得街道空间时起时伏，沿街两侧建筑则呈跌落形式，形成街景立面，外轮廓线参差错落而颇富韵律感，俯仰交替，变化万千，其整体景观的魅力即在于建筑物重重叠叠所形成的丰富层次变化，给人留下透迤、舒展的景观效果。

水街忌直求曲的布局，给人以“曲径通幽”和“豁然开朗”的感受。水街临水，设置停靠舟船的码头和供人们洗衣、浣纱、汲水之用的石阶，这些设施都有助于获得虚实、凹凸的对比和变化，从而赋予水街空间以生活的情趣（图 8-36、图 8-37）。

图 8-37 西递深巷

图 8-38 山东莱芜某山村古井

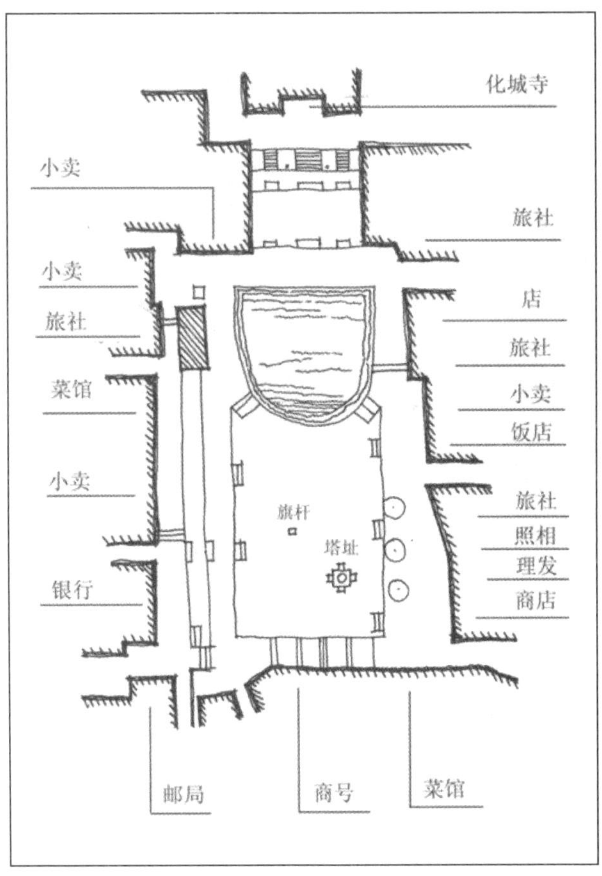

图 8-39 皖南青阳县九华山寺院化城寺寺前广场

（5）井台

在广大村镇，井台往往成为组成村镇的一个重要因素。井除了可以提饮用水外，还可以提供其他生活用水，如洗衣、淘米、洗菜等，是妇女们交流的公共活动场所，不仅成为联系各家各户的纽带，也是最富有生活情趣的场所之一（图 8-38）。

（6）广场

广场在村镇聚落中主要是用来进行公共交往活动的场所，凡是临河的村镇聚落，一般都使广场尽可能地靠近河边。一些传统的村镇聚落出于对某种树木的崇拜，常常选址在所崇拜树木的地方，并在其周围形成公共活动的场地，从而以广场和树作为聚落的标志和中心。有的位于聚落的中心，有的位于角隅，布局灵活多样。依附于寺庙、宗祠的广场主要是用来满足宗教祭祀及其他庆典活动的需要，它多少带有一些纪念性广场的性质。这种广场并非完全出于自发而形成，而是在建造寺庙或宗祠时就有所考虑，并借助于各种手段来界定广场的空间范围。寺庙在平时作用并不明显，但是每逢庙会便热闹非凡（图 8-39、图 8-40）。

图 8-40 西递村广场及牌坊

图 8-41 宏村清澈的月塘

图 8-42 渔梁坝村依水而建

图 8-43 渔梁坝村的古坝

图 8-44 竹贯村的溪流

（7）池塘

在村镇聚落中，如果能够见到一方池塘，都会使人感到心旷神怡，因此，在许多传统聚落中，都力求借助于地形的起伏，贯水于低洼处，从而形成池塘，有的甚至把宗祠、寺庙、书院等少有的公共建筑列于其四周，从而形成聚落的中心。由于水面本身所具有的特性，即使把建筑物环绕在水面的周围，布局比较零乱，也往往可以借助池塘本身的内聚性，形成某种潜在的中心感（图 8-41~ 图 8-43）。

（8）溪流

溪流以静和动的对比，构成了其独特的诗情和画意，“流水之声可以养耳”，溪水充满了流动的活力和灵气。临溪而居，既可以利用溪流的有利条件，获得极为优美的自然环境和浓郁的山石林泉等的自然情趣，又可以提供生活和灌溉所需（图 8-44、图 8-45）。

图 8-45　南靖县云水谣外景地如画的溪流

8.1.4 传统聚落乡村园林景观的意境营造

传统聚落园林景观的意境主要体现在其立足自然、因地制宜，营造耐人寻味、情景交融、优雅独特、丰富多姿的山水自然环境。传统聚落所处的自然环境在很大程度上决定了整个村镇聚落的整体景观，特别是地处山区的村镇或者依山傍水的村镇，自然环境对于村镇景观的影响尤甚。一些村镇虽然本身的景观变化并不丰富，但是作为背景的山势，或因起伏变化而具有优美的轮廓线，或因远近分明而具有丰富的层次感，从而在整体景观上获得良好的效果。作为背景的山，通常扮演着中景或远景的角色。作为远景的山十分朦胧、淡薄，介于村镇与远山之间的中景层次则虚实参半，起着过渡和丰富层次变化的作用。不仅山体轮廓线的变化会影响到整体景观效果，而且山势起伏峥嵘以及光影变化，也都在某种程度上会对村镇聚落的整体景观产生积极的影响。中景层次穿插建筑物出现，其景深变化更为丰富。这种富有层次的景观变化，实际上是人工建筑与自然环境的叠合。还有一些村镇聚落，尽管在建造过程中带有很大的自发性，但有时也会或多或少地掺入一些人为的意图，如借助某些体量高大的公共建筑或塔类的高耸建筑物，以形成制高点，它们或处于村镇聚落之中以强调近景的外轮廓线变化，或点缀于远山之巅以形成既优美又含蓄的天际线。这样的村镇聚落如果背山面水，还可以在水中形成一个十分有趣的倒影，而于倒影之中也同样呈现出丰富的层次和富有特色的外轮廓线，更添景观的丰富度和深度。坐落于山区的村镇聚落，特别是处于四面环山的村落，其自然景色随时令、气象，以及晨光、暮色的变化，都可以获得各不相同的诗情画意的意境之美（图 8-46、图 8-47）。

图 8-46　典型的村镇聚落乡村园林景观

图 8-47 古村落中的植物景观

浙江秀丽的楠溪江风景区，江流清澈、山林优美、田园宁静。这里村寨处处，阡陌相连，特别是保存尚好的古老传统民居聚落，更具诱惑力。

“芙蓉”“苍坡”两座古村位居雁荡山脉与括苍山脉之间永嘉县岩头镇南、北两侧。这里土地肥沃、气候宜人、风景秀丽、交通便捷，是历代经济、文化发达地区。两村历史悠久，始建于唐末，经宋、元、明、清历代经营得以发展。经世代创造、建设，使得古村落的整体环境、建筑模式、空间组合及风情民俗等，都体现了先民对顺应自然的追求和“伦理精神”的影响。两村富有哲理和寓意的乡村园林景观，精致多彩的礼制建筑，质朴多姿的民居，古朴的传统文明，融于自然山水之中的清新、优美的乡土环境，独具风采，令人叹为观止。

芙蓉村的乡村园林景观是以“七星八斗”立意构思 [图 8-48 (a)]，结合自然地形规划布局而建。“星”即是在道路交汇点处，构筑高出地面约 10cm，面积约 $2.2m^2$ 的方形平台。“斗”即是散布于村落中心及聚落中的大小水池。布局象征吉祥，寓意村中可容纳天上星宿，魁星立斗、人才辈出、光宗耀祖。全村布局以七颗“星”控制和联系东、西、南、北道路，构成完整的道路系统。其中以寨门入口处的一颗大“星”（4m × 4m 的平台）作为控制东西走向主干道的起点 [图 8-48 (b)]，同时此“星”也作为出仕人回村时在此接见族人村民的宝地。村落中的宅院组团结合道路结构自然布置。全村又以“八斗”为中心分别布置公共活动中心和宅院，并将八个水池进行有机地组织，使其形成村内外紧密联系的流动水系，这不仅保证了生产、生活、防卫、防火、调节气候等的用水，而且还创造了优美奇妙的水景，丰富了古村落的景观。

1. 村口门楼；2. 大“星”平台；3. 大“斗”中心水池；4. 文化中心；5. 商业集市；6. 扩建新宅

(a)

(b)

(c)

图 8-48 芙蓉村

(a) 芙蓉村规划图 (b) 芙蓉村口门楼 (c) 芙蓉池

经过精心规划建造的芙蓉村，不仅布局严谨、功能分区明确、空间层次分明有序，而且“七星八斗”的象征和寓意更激发乡人的心理追求，创造了一个亲切而富有美好寓意的古村落自然环境和独特的乡村园林景观。

芙蓉村本无芙蓉，而是在村落西南山上有三座高崖，三峰突隆，霞光印照，其色白透红，状如三朵含苞待放的芙蓉，人称芙蓉峰，村庄因此而得名，并且村民又将村中最大的水池设为芙蓉池［图 8-48 (c)］，一到夕阳倩影，芙蓉峰倒映水中，形成令人叹服的“芙蓉三冠芙蓉池”的诗意场景。

苍坡村的乡村园林景观布局以“文房四宝”的立意构思进行建设。在村落的南侧开池蓄水以象征“砚”；池边摆设长石象征“墨”；设平行水池的主街象征“笔”（称笔街）；借景形似笔架的远山（称笔架山）。象征“笔架”有意欠纸，意在万物不宜过于周全，这一构思寓意村内“文房四宝”皆有，村庄人文荟萃，人才辈出。据此立意精心进行布置的苍坡村的乡村园林形成了以笔街为商业交往空间，并与村落的民居组群相连；以砚池为公共活动中心，巧借自然远山景色融于人工造景之中，构成了极自然的乡村园林景观。这种富含寓意的乡村园林，给乡人居住、生活的环境赋予了文化的内涵，充满了蕴含想象力和激发力的乡土气息，陶冶着人们的心灵（图 8-49）。

8.2 传统聚落乡村园林景观的保护意义

传统聚落是人类聚居发展历史的反映，是一种文化遗产，是人类共同的财富，我们应该保护和利用好传统聚落乡村园林景观。传统聚落乡村园林景观保护的理论出发点、保护的理念和基本原则也应该立足于可持续发展、有机再生与传承发展、尊重历史、维护特色等方面。随着现代城市化的发展，大规模的村镇建设蓬勃发展，在经济发展的紧迫感面前，传统聚落的景观风貌受到了很多新的挑战，要解决好历史文化遗产保护与现代经济发展，以及与人们生活、生存之间的矛盾，其关键是要保护好人居环境，遵循整体性保护的原则和积极性保护的原则，从多个层次、层面上对传统聚落人居环境进行保护，使其继续生存和发展，促进更好的保护。

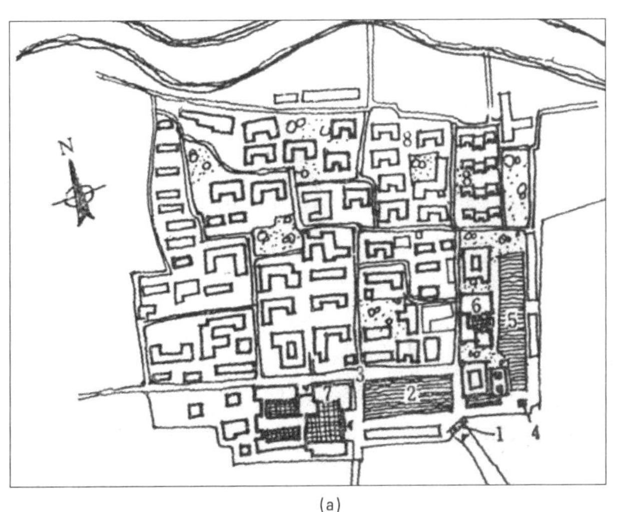

(a)

1. 村口门楼；2. 砚池；3. 笔街；4. 望兄亭；
5. 水月塘；6. 文化中心；7. 商业集市；8. 扩建新宅

(b)

图 8-49 苍坡村

(a) 苍坡村规划图；(b) 苍坡村砚池

8.2.1 注重生态功能，保护自然景观

（1）实施可行性评估

随着现代化城市的建设发展，城域面积不断向乡村蔓延，现代建筑的林立、高速公路的开发，改变了自然地形地貌，破坏了乡土特征，使得很多优美的乡村园林景观遭到不同程度的破坏。城镇化建设是历史的必然，而这种开发建设对传统村镇景观的影响如何控制是我们要思考的问题，如何适当地解决这种矛盾需要我们在提高保护意识的基础上进行以自然地形地貌为基础的园林景观方面的研究，即可行性评估。例如，在以自然村落、农田组成景观的地区，城市道路能否不经过这里？作为背景“风水林”的乡村防风防护带能否不开发？以建筑群形成的天际线是否可以不被切断？特别是对于较成熟的乡村景观的处理，不仅要考虑视觉方面，还应该从当地的居民群众生活和精神等有关方面进行研究（图 8-50）。

（2）土地的综合利用

针对不同土质的土地进行分类利用。对于土质较好、渗透性强的土地，属适合于耕种庄稼的利用类型；对于石块较多、土层较薄的土地，则为适合于放牧的利用类型；对于河流周边地区的林地和野生动物栖息地的土地，可划归为适合于保护和游憩的利用类型。

图 8-50 竹贯村保护完好的防风风水林

根据土地的不同利用方式，规划其功能。哪些适合于耕作，哪些适合放牧，哪些适合种植树木和农作物，哪些适合用作园艺，哪些适合于自然保护区等。还可以根据游憩的价值进行安排，例如滑雪、狩猎、水上运动、野餐、徒步旅行、风景观赏等。再者，根据土地的历史文化价值、含水层可补充地下水的价值、蓄洪的价值等，作出价值分析图，进行累计叠加，得出最适宜的土地利用规划图，制定相应的园林景观规划。

同时还需考虑乡村区域与城市的位置关系。如果位于城市附近，即使土地拥有很高的生产能力，资金的投入也应该花在保护和建设乡村游憩空间上。因为具有较高农业价值的土地通常有较高的观赏价值、娱乐价值，不适合野生生物生存和作为建设用地。

最后要重视发挥土地利用的综合价值。古老的乡村和经过规划的现代村镇之间有着明显的差异。古老的乡村以各种各样的树篱、古老的树木、田埂岸路为特征。经过规划的乡村倾向于小村庄和城镇的发展模式。例如英国的乡村规划是在 18 和 19 世纪《圈地法案》制定之后，开始慢慢发展起来。它是把经过规划的乡村用作生产区，而把古老的乡村用作保护区和娱乐区。处于两者之间的土地可以用作一种战略性的土地储备。

8.2.2 延续乡土历史，传承田园风光

（1）传统产业和传统技术的传承

创造乡村园林景观的是当地人们自身，出于对景观的正确理解和积极的保护。因此，控制景观的破坏绝不是不可能的，换言之，乡村园林景观的变化不能任其发展，应该弄清形成乡村园林景观的种种机制，将它纳入到人们的现实生活中来。受到这种新价

值观的启发，将乡村园林景观作为可进行创作的蓝本和可经营管理的产品而加以保护。

（2）优秀传统乡村文化的弘扬

传统的乡村文化、悠久的民俗民风，在现代文化的冲击下已凸现出慢慢消逝的趋势。如何保护和弘扬我国优秀的传统文化，如何将现代园林艺术与传统乡村园林艺术完美地结合起来，创造备受人们喜爱而又独具本土特色的景观设计作品，是颇为值得深入研究的一个新课题。

挖掘乡村文化中的特色元素，进行提炼分析，找到精神的非物质性空间作为设计的切入点，再将它结合到现代园林规划设计中来，恢复其场所的人气，延续历史文脉，使之产生新的生命力，创造新的形象。这些元素可以是一种抽象符号的表达，也可以是一种情境的塑造。归根到底，它应该是对现代多元文化的一种全新的理解。在理解文化多元性的同时，去强化传统文化的自尊、自强和自立，充分地保护地域文化，采用在继承中求创新的方法来延续文脉、挖掘内涵并予以创造性地再现。

8.2.3 巧用自然空间，保持环境体系

自然环境空间体系的保护一般是对山脉、林地、水系、地形地貌等的保护，强化保持其原生态，尊奉“天人合一”观念，积极把握自然生态的内在机制，合理利用自然资源，努力营建绿色环境。

要保护自然格局与活力，就应因借岗、谷、脊、坎、坡、壁等地形条件，巧用地势、地貌特征，灵活布局和组织自由开放闭合的环境空间。同时还应采取封山育林、严禁污染等人工措施来加强自然保护。

8.2.4 强化人工空间，完善基础设施

在重视专家、聘请专家参与保护的基础上，应对重点节点空间结构进行整体保护，并采用不同的方式分级别保护村落古建筑以及对居住单体生活空间和公共生活空间进行保护。重点节点空间是传统聚落的核心，对于传统聚落的整体保护有着重要的意义。从可持续发展的意义上考虑，重现和延续重点节点空间结构的内在场所精神与社会网络，比维护传统的物质环境更为重要。运用“修旧如旧”“补旧如新”“建新如旧”三种方式分级别保护村落古建筑。采用改善居住生活环境、明晰住房产权关系、营建新村、增加基础设施建设等措施，对居住单体生活空间和公共生活空间进行改善和保护。同时也对交通体系和水利设施系统和农业生产环境进行保护。

8.2.5 维护精神文化，促进统筹发展

人文精神是体现人存在与价值的崇高理想和精神境界。在构建物质空间的同时应极为重视精神空间的塑造，以强烈的精神情感和文化品质修身育人。对精神、文化空间体系方面的保护应当从增强政府管理、制定法律法规、提高文化水平和人文素质方面着手，保护整个区域的传统文化氛围，传承传统文化、工艺和风俗，控制人口增长等，从而形成一个以自然山水景象、血缘情感、人文精神、乡土文化为主体，质朴清新，充满自然生态和文化情感的精神空间。

8.2.6 慎重开发旅游，打造独特风貌

选择适当的旅游开发模式，控制开发规模与旅游容量，把保护传统村落的原真性与自然性放在首位，最重要的是要让当地村民从旅游开发中得到实惠。从打造精品旅游品牌、提高当地居民参与规划保护和旅游者共同保护意识、策划具体的旅游规划保护等方面把保护和开发落到实处，相辅相成地达到对传统聚落保护的目的（图 8-51、图 8-52）。

图 8-51　竹贯村水口的观音堂

图 8-52 遗址城堡建起的博物馆

8.3 传统聚落乡村园林景观的发展趋势

8.3.1 生态发展的总体目标

传统聚落乡村园林景观生态发展模式的总体目标是通过可控的人为处理使得生态要素之间能够相互协调，以达到一种动态平衡。“生态原理”是园林景观设计的基本理论原理，生态发展越来越受到人们的重视。所谓“生态发展模式”，便是以“调适”为手段，促使聚落景观发展重心向生态系统动态平衡点接近的发展模式。也就是说，传统聚落乡村园林景观的弘扬必须与社会、经济、文化、自然生态均衡发展的整体目标相一致。通过对自然生态环境的调谐，传统聚落乡村园林景观才能获得永恒发展的物质基础，并保持地区性特征通过对社会环境的调谐，才能够满足居民现实生活的要求，适应时代发展的潮流；通过对建成环境的调谐，人类辛勤劳动所创造的历史文化遗产才能得以继承，聚落文脉也才能得以延续。

生态发展模式体现了一种可持续性，它可以充分发挥人类的能动作用。遵循生态建设原则，提高聚落景观系统的生态适应能力，使其进入良性运转状态，从而既顺应时代发展趋势，又解决了文化传承问题。从某种意义上说，传承是对过去的适应，发展是对未来的适应。按照这样的方向和原则，通过各方面的努力，可以深信，生存质量和地方文化的危机将得以拯救。

8.3.2 突出地方的特色原则

结合地方条件，突出地方特色的村镇聚落建设思想仍然是传统聚落乡村园林景观必须始终坚持的思想原则。传统聚落，其聚落形态和建筑形式是由基地特定的自然力和自然规律所形成的必然结果，其呈现的人与自然的和谐图景应该是我们永远不能忘却的家园象征。它们结合地形、节约用地、考虑气候条件、节约能源、注重环境生态及景观塑造，运用当地材料，以最小的花费塑造极具居住质量的聚居场所。这种生态经验特色应该在村镇聚落更新发展和新聚落的规划中得以继承和弘扬。

传统聚落中的建筑简洁朴素，它用有限的材料和技术条件创造了独具特色和丰富多样的建筑，不论是在建筑形式还是使用上都体现了深厚的价值。由功能要求及自然条件相互作用产生的村镇聚落，其空间结构和平面布局不仅极为简单朴素和易于识别，而且具有高度的建筑与空间品质。

传统聚落建筑的简单性表现在很多方面：建筑材料单一，基本就是木材和砖；施工简单，工具没有类似现代化的机械；没有现在的建筑师和工程师等专业人员，大多都是居民自己亲自参与或者在邻里亲朋及工匠的帮助下完成，这样形成的村镇聚落和民居建筑可以说是“没有建筑师的建筑”。现代新技术、新材料和新知识为建筑提供了新的和更广泛的可能性，然而这并不意味着我们要放弃长期使用的传统建筑材料和建造方式，人们经常认为它们已落伍而不能适应新时代的需求，结果是全国各地，从城市到乡村，对建筑的态度就像配餐一样，出现建筑产品的拼凑累积，这种病态的建筑给人带来的不是美感而是烦繁。我们呼唤能有一种脱颖而出、与之截然不同的简约建筑。一种与“迁徙”飘浮及随意性抗衡而又植根于“本土”的简约型地方建筑。

强调自助及邻里互助的村镇聚落传统的复苏，使人们希望至少能参加或部分参加塑造家园的过程。这就要求建筑应有一种明确、简约的体量和紧凑的形式，有利于建造，有利于扩展，有利于适应使用要求的变化，有利于村民亲自参与。这些简单的原则既针对单体建筑，也包括整个村镇聚落的营造。发扬简约建筑思想并不意味着放弃应用新技术新材料，而是要在满足适用、经济、有助于体现地方特色的前提下应用才能具有深刻的意义。

古老的村镇聚落是以家庭和邻里组群而成为的村落集体，多是在与恶劣的自然条件及困苦的长期斗争中诞生和发展的，人们知道他们的命运不仅受君主，也受自然的喜怒无常的影响，灾难与危机可能随时降临。聚居共同生活，在各项职责上相互照应，这种氛围和形式影响着聚落的结构。比如在村落中都有作为集体所有的公田以及其他形式包括祠堂等的公共空间，场地、街道、紧密联系的建筑群也体现了一种聚集心态，这种居住建筑群有助于邻里间的交往及团体凝聚力和归属感的形成，而不单是为了节约用地。在当代欧洲的聚落规划中这种聚居的空间结构被很好地得以发扬。这其中，公共空间被重新作为聚落结构的脊梁，起到集体中心的作用，在规划布局上也有意强调和提供邻里交往的可能性，并把广场、街巷、中心、边界等传统村落中构成聚落整体、强化聚居心态的空间结构加以活化，并通过具有时代精神的形体塑造， 注入新的主题和动机。

村镇聚落是聚落的一种基本形式，体现邻里生活之间的交往和职能上的共同协作的一个重要前提就是聚居，聚落里的居民是交往生活的主体，因此由居民这一使用者参与规划是一个有利于邻里乃至整个村落发展的有效途径。而且在村落营造及聚落规划中，应该反映居民的愿望，获得他们的理解，接受他们的参与。

8.3.3 保护景观的自然特性

在城镇如火如荼的建设形势下，保护和发展城镇乡村园林景观，运用生态学观点和可持续发展的理论，借鉴城市设计和园林设计的成功手法，建构既有对历史的延续，又有时代精神的城镇园林景观已经成为重要的历史使命。这就要求城镇园林景观建设中，应努力继承、发展和弘扬传统乡村园林景观的自然性。其中把握城镇的典型景观特征，是最重要的原则与基础之一。

（1）内涵与表征

乡村园林景观反映了人类长时间定居所产生的生活方式，同时受到不同的国家、不同的民族，以及历史进程对其产生的影响。

乡村园林景观的多样性是重要的景观属性。在自然景观当中，景观的多样性和生态的多样性是紧密联系在一起的。在海拔高度变化丰富的地方，从水域到陆地，植物群落也会随之改变，形成与生长环境相适应的格局，生态的多样性决定了多样的景观。除此之外，乡村园林景观也带来了生活与生存的趣味性。鸟、鱼、虫类共同地在这里繁衍生息，体现着大自然的生生不息。

图 8-53 法国乡村园林景观

图 8-54 法国乡村教堂

图 8-55 中国传统乡村园林景观

图 8-56 乡村中的田园风光

乡村园林景观的多样性与文化的多元性都决定了它的自然属性。无论是从本质的人文精神角度，还是从外在的自然景观角度，乡村园林景观体现的都是人类最纯朴、最传统的景观类型（图 8-53~ 图 8-56）。

（2）地域性与自然性

乡村园林景观在长期的历史发展进程中，积淀下独具特色的历史文化资源与自然资源，这些风土人情、民俗文化、农业资源、自然资源、人文资源等等都体现了乡村园林景观的地域性，它们是本土景观强有力的表达。每一处地域都有自己的典型特征，而乡村园林景观的特征尤为明确。在中国，东部的渔猎村庄、西部的游牧村庄、南部的热带风光和北部的冰雪景观，这些不同的地区都有着明显的生活方式差异和自然条件的差别。乡村园林景观独特的地域元素和所表现出的自然性是任何的城市景观都无法比拟的。

乡村园林景观具有得天独厚的自然风景元素，很多乡村常常还处于加速的城市化未沾染的地带，这里还保留着传统的劳作方式、古朴的农业器具和传统的地方工艺，也还有古老的民俗风情，这些都是自然性与原始性最真切的展现，也是在现代化社会发展浪潮中难得的财富与资源。

乡村园林景观自然性的另一个突出表现，即是季节变迁的显著化与多样性。乡村园林景观通常以山林、田野和水系形成大面积的自然景观，这些景观的典型特征是随气候与季节的变化，产生强有力的生命表象与丰富的景观表达。正是这些富有活力的景观赋予了乡村园林景观独特的生命气息与无限魅力。

爨底下古村是隐置于北京门头沟区斋堂镇京西古驿道深山峡谷的一座小村，相传该村始祖于明朝永乐年间（1403 年 ~1424 年），随山西向北京移民之举，由山西洪洞县迁移至此。为韩氏聚族

图 8-57 爨底下古村

图 8-58 爨底下古村的台地

图 8-59 爨底下古村的广场

而居的山村，因村址居险隘谷下而取名爨底下村（图 8-57）。

爨底下古村是在中国内陆环境和小农经济、宗法社会、“伦礼”“礼乐”文化等社会条件支撑下发展起来的。它展现出中国传统文化以土地为基础的人与自然和谐相生的环境，以家族血缘为主体的人与人的社会群体聚落特征和以“伦礼”“礼乐”为信念的精神文化风尚。

爨底下古村运用“风水”地理五诀“寻龙”“观砂”“察水”“点穴”和“面屏”来勘察山、水、气和朝向等生态条件，科学地选址于京西古驿道上这一处山势起伏蜿蜒、群山环抱、环境优美独特的向阳坡面上。山村地理环境格局封闭回合，气势壮观，“风水”选址要素俱全（图 8-57）。村后有圆润的龙头山“玄武”为依托，前有形如玉带的泉源和青翠挺拔的锦屏山“朱雀”相照，左有形如龟虎、蝙蝠的群山“青龙”相护，右有低垂的青山“白虎”环抱。形成“负阴抱阳、背山面水”“藏风聚气、紫气东来”的背山挡风、向阳纳气的封闭回合格局，使爨底下古村不仅获得能避北部寒风，善纳南向阳光的良好气候环境，更有青山绿水、林木葱郁、四时光色、景象变幻的自然风光，构成了动人的山水田园画卷。实为营造人与自然高度和谐的山村环境之典范（图 8-58、图 8-59）。

8.4 弘扬传统聚落乡村园林的乡村公园

城镇乡村公园完全不同于人工建造的城市公园；也有别于建立在自然环境基础上的郊野公园、森林公园、地质公园、矿山公园、湿地公园等；更不是简单的农村绿地和农民公园；也不是单纯的农业公园。城镇乡村公园是在弘扬传统聚落乡村园林营造理念的基础上，为繁荣新农村、促进城乡统筹发展、推动新型城镇化生态文明建设发展起来的一种公园新形态，以适应美丽中国建设和广大群众的需要。

8.4.1 城镇乡村公园的基本内涵

城镇乡村公园是以自然乡村和农民的生活、生产为载体，涵盖着现代化的农业生产、生态化的田园风光、园林化的乡村气息和市场化的创意文化等景观，并融合农耕文化、民俗文化和乡村产业文化等于一体的新型公园形态。它是中华自然情怀、传统乡村园林、山水园林理念和现代乡村旅游的综合发展新模式，体现出乡村所具有的休闲、养生、养老、度假、游憩、学习等特色；它既不同于一般概念的城市公园和郊野公园，又区别于一般的农家乐、乡村游览点、农村民俗观赏园、乡村风景公园、乡村森林公园及以农耕为主的农业公园和现代农业观光园等，它是中国乡村休闲和农业观光园、农业公园的升级版，是乡村旅游的高端形态之一。

城镇乡村公园，其发展模式和商业模式呈现多元化。首先它是以现代农业为主题的休闲度假综合体，立意高、起点高、品牌高。因此，它是创建以乡村为核心、以村民为主体，为促进城乡统筹发展和建设独具特色社会主义新农村的需要，应运而生的新型公园。城镇乡村公园内可根据当地的生态环境、气候条件制定现代农业生产计划，形成延伸产业链。在适应观光游览的春、夏、秋、冬季节中，创造不同的收入，城镇乡村公园内精心点缀的经济作物的自然生长也不受影响，吃、住、行、游、娱、购，多种配套服务，形成多元赢利机制，更有利于为项目实施带来理想的生态效益、社会效益和经济效益。

8.4.2 城镇乡村公园的主要目标

创建城镇乡村公园的目的在于更快更直接地促进乡村文化遗产和农业文化遗产的保护，促进乡村旅游和现代农业展示朝着更科学、更优化的形态发展。发展现代农业是全面建成小康社会的重要抓手，大力推进高优农业生产的建设，不仅可以推广现代农业技术，促进农业发展方式的转变，还可以培养新型农民，提高农民的致富能力和自身价值，更可拓展农业功能，促进农业提质增收。在配合国家以发展乡村旅游拉动内需发展的战略下，推动乡村的经济建设、社会建设、政治建设、文化建设和生态文明建设的同步发展，促进城乡统筹发展，拓辟城镇化发展的蹊径。

城镇乡村公园的建设目标是：

（1）创建城镇乡村公园，以乡村为核心，以农民为主体；农民建园，园住农民；园在村中，村在园中。

（2）创建城镇乡村公园，充分激活乡村的山、水、田、人、文、宅资源。通过土地流转，实现集约经营；发展现代农业，转变生产方式；合理利用土地，保护生态环境。发展多种经营，促进农业强盛；传承地域文化，展现农村美景；开发创意文化，确保农民富裕。

（3）创建城镇乡村公园，涵盖现代化的农业生产、生态化的田园风光、园林化的乡村气息和市场化的创意文化等景观，并融合农耕文化、民俗文化和乡村产业文化等于一体的新型公园形态。它是中华自然情怀、传统乡村园林、山水园林理念和现代乡村旅游的综合发展新模式，体现出乡村所具有的休闲、养生、养老、度假、游憩、学习等特色；它既不同于一般概念的城市公园和郊野公园，又区别于农村小广场、小花园等景观绿地和一般化的农家乐、乡村游览点、农村民俗观赏园、乡村风景公园、乡村森林公园及以农耕为主的农业公园和现代农业观光园等，它是中国乡村休闲和农业观光园、农业公园的升级版，是乡村旅游的高端形态之一。

（4）创建城镇乡村公园，实现产业景观化，景观产业化。促使农民返乡，市民下乡；让农民不受伤，让土地生黄金。

（5）创建城镇乡村公园，推动乡村经济建设、社会建设、政治建设、文化建设和生态文化建设的同步发展促进城乡统筹发展，拓辟城镇化发展的蹊径。

（6）创建城镇乡村公园，以其亲和力及凝聚力，可以吸纳社会各界和更多的人群。城镇乡村公园是在城市人向往回归自然、返璞归真的追崇和扩大内需、拓展假日经济的推动下，应运而生的一个新创意。是社会主义新农村建设的全面提升，也是城市人心灵中回归自然、返璞归真的一种渴望。从而达到“美景深闺藏，隔河翘首望。创意架金桥，两岸齐欢笑”的创意。

8.4.3 城镇乡村公园的积极意义

从生态景观学的角度可以清晰地看到：农村的基底是广阔的绿色原野，村庄即是其中的斑块，形成了“万绿丛中一点红”的生态环境；而城市的基底是密密麻麻的钢筋混凝土楼群，为城市人修建的城市公园仅是其中的绿色斑块，因此城市公园是“万楼丛中一点绿”。同样有绿，农村是“万绿”，而城市只有“点绿”。建立在农村的以乡村为核心的城镇乡村公园便以其天然性、生态化和休闲性与人工化的城市公园形成了性质的差异，凸显其鲜明的自然优势。城镇乡村公园又以其文化性、集约化，和仅停滞在单纯的吃吃饭、转一转的粗放性、家庭化农家乐存在着文化的差异，成为农家乐向乡村游的全面提升。城镇乡村公园集激活乡村山、水、田、人、文、宅众多资源于一体，与乡村域发展的区域性、园林化和村庄建设的局限性、一般化形成的范围差异，促使了新农村建设的全面提升。城镇乡村公园又以多样性、人性化的多种综合功能和仅以农业生产为主题的农业公园的局限性、单一化，自然景区（包括森林公园、湿地公园等）的保护性、景观化，以及人文景区的历史性、人文化形成了服务内涵的差异，从而使得城镇乡村公园的亲和力及凝聚力，可以吸纳社会各界和更多的人群。

城镇乡村公园是在城市人向往回归自然、返璞归真的追崇和扩大内需、拓展假日经济的推动下，应运而生的一个新创意。

建立在绿色村庄（或历史文化名村等各种特色村）和农业公园基础上的城镇乡村公园，是将建设范围扩大至全村域（乃至乡镇域）。不仅把当地优美的自然景观、优秀的人文景观和秀丽的田园风光进行产业化开发，激活乡村的山、水、田、人、文、宅资源，而且把城镇乡村公园的每一项产业活动都作为产业观光、寓教于乐的产业园（或景点）进行策划和建设，可以在资金投入较少的情况下，使得乡村的产业规划与乡村生态旅游、度假产业的开发紧密结合，相辅相成，促使城镇乡村公园的产业景观化、景观产业化和设施配套化，建设颇富精、气、神的社会主义新农村，形成各具特色和极具生命力的城镇乡村公园。并以其独特的丰富性、参与性、休闲性、娱乐性、选择性、适应性、创意性、文化性和教育性等各种乡村生态文化活动，实现生态环境的保护功能、经济发展的促进功能、优秀文化的传承功能、“一村一品”的和谐功能。从而综合解决文化、教育、卫生、福利保障和基础设施的复合功能并可以获得乡土气息的“天趣”、重在参与的“乐趣”、老少皆宜的“谐趣”和净化心灵的“雅趣”等休闲度假功能与养生功能等综合功能。这种综合功能是包括农业公园、城市公园、自然景区（包括自然风景区、森林公园、湿地公园）、人文景区（包括物质和非物质的文化遗产以及国家文物保护区和历史文化名村）等在内的公园和风景名胜区都难以比拟的。

通过创意性生态文化开发的城镇乡村公园，以乡村作为核心，以村民作为主体，可以使得淳净的乡土气息、古朴的民情风俗、明媚的青翠山色、清澈的山泉溪流和秀丽的田园风光成为诱人的绿色产业，让钢筋混凝土高楼丛林包围、饱受热浪煎熬、呼吸尘土的城市人在饱览秀色山水的同时，吸够清新空气的负离子，享受明媚阳光的沐浴。痛饮甘甜的山泉水，并置身于各具特色的产业活动，体验别具风采的乡间生活，品尝最为地道的农家菜肴，获得丰富多彩的实践教育，令人流连忘返。从而达到净化心灵，陶冶高雅情操的目的，满足回归自然、返璞归真的情思。

不仅如此，创建城镇乡村公园重要的意义还在于，在农村整体发展过程中，以此为契机，以乡村资源为基础，带动乡村产业的发展，带领村民致富，形成区域性的村庄自主城镇化，最终在不改变乡村自然状态、管理体制的前提下，实现城乡统筹发展。

近些年，中国城镇化进程速度加快，农村人口大量涌入城市，导致城市人口急剧膨胀，随之而来的一系列问题也接踵而至，诸如高楼林立、交通拥挤、空气污染、喧嚣噪音等。在市场经济的大环境下，紧张的生活节奏和激烈的社会竞争。让人们倍感压抑，急切渴望回归到美丽宁静的大自然中舒缓压力，到悠闲淳朴的田间和林中放松休憩。与此同时，我国的耕地面积也正在逐年萎缩，劳动力成本也呈逐步上升的发展趋势。在这种情况下，传统农业如何加快转型，进而提高市场竞争力，尤其是提高国际市场竞争力，已成为刻不容缓的重大课题。然而，面对这一强大的市场刚性需求和产业升级需求，原本薄弱的农业已不堪重负。因此，发展城镇乡村公园也是城市人心灵的一种渴望，是时代的必然要求，更是加速我国城镇化进程的必然趋势。

9 城镇园林景观建设的保证措施

9.1 园林景观用地系统规划是一个法律文本

9.1.1 园林景观用地系统规划是城镇总体规划的重要组成

园林景观用地系统规划是城镇总体规划的重要组成部分，它是根据城镇总体规划要求选择和合理布局城镇各项园林景观用地，用以确定其位置、性质、范围和面积。根据国民经济计划、生产和生活水平及城镇发展规划，通过研究城镇园林绿地建设的发展速度与水平，而拟定城镇绿地的各项指标，进而提出园林景观用地系统的调整、充实、改造、提高的意见，同时提出园林景观用地分期建设与重要修建项目的实施计划等。它是由领导、专家、技术人员以及群众参加，经过研究、分析、规划和充分论证，集思广益而形成的绿化发展大纲，是一本法律文本，具有法律效力。因此，必须加强其编制与实施的严肃性。

9.1.2 园林景观用地系统规划是城镇园林景观建设重要基础

城镇无论在物质层面还是信息流动、园林景观层面都不是一个与城市群隔绝封闭的系统。城镇的景观特征表现在城乡结合部、城乡一体化上面，它是环境脆弱、生态系统不稳固的区域。城镇园林景观建设中，首先就要以景观用地的系统规划为基础，一方面保证城镇与城市之间园林景观的连续性和流畅性，另一方面也要保证城镇内部园林景观建设的有序性和系统性。城镇园林景观用地的系统规划直接影响城镇的整体形象特色和风貌特征。每一个城镇及其周边区域的自然条件和历史文化都有所不同，园林景观用地系统规划是对区域城镇风格和景观体系的协调，是对区域自然文脉与历史文脉的把握。在城镇的整体发展策略中，要制定城镇园林景观用地的系统规划，严格划定各类绿化用地面积，科学地进行绿地布局，加强城镇绿化隔离带建设，形成乔、灌、草相结合，点、线、面、环相交叉的整体性园林景观系统。

9.2 城镇园林景观是一项基础设施

9.2.1 城镇园林景观建设是提高城镇整体风貌的重要手段

城镇园林景观设计在保护与合理利用城镇的山、水、河流、湖泊、海岸、湿地等景观环境的基础上，协调城镇的总体建设与生态环境之间的平衡关系。例如，确定农田与城镇适宜的比例，保护城镇的历史文物古迹，合理布置城镇各类公共活动空间等。城镇园林景观建设的内容直接控制着城镇的整体风貌。城镇的天际线是重要的形象基础，也是城镇留给人们的重

图 9-1 优美的园林景观建设能够提升城镇的环境品质

图 9-2 自然的景色包裹着建筑

图 9-3 城镇园林景观建设能够打造优质的居住环境

图 9-4 城镇园林景观能够创造具有艺术气息的整体环境

要第一印象，它是城镇整体风貌的轮廓线，决定着景观形态；城镇的园林绿化是基础的网络之一，是城镇系统的重要组成部分，也是城镇环境质量的重要评价指标；滨水环境也是很多城镇中重要的形象空间，是市民的休闲娱乐场所，有时甚至是一座城镇的形象标志。所以，要保持城镇的整体风貌特征必须从园林景观建设着手，从建筑风格到园林绿化，从公共广场到滨水码头都是城镇展现特色形象的重要基础（图 9-1、图 9-2）。

9.2.2 城镇园林景观是舒适的城镇生活环境的基本框架

加快城镇基础设施的建设，创造良好的投资环境，是发展城镇经济的重要基础。目前城镇基础设施水平低的现状，远跟不上经济发展水平的需求，已成为城镇建设和发展中的突出矛盾。城镇园林景观作为城镇基础设施之一，在形成优美的镇容镇貌，创造良好的投资环境方面起着重要的作用。因此，城镇园林景观应以科学的规划设计为依据，与主体工程及其他基础设施的建设，同步进行（图 9-3、图 9-4）。

9.3 从城镇的实际出发制定指标

9.3.1 充分利用城镇独具优势的自然环境

城镇不同于城市，也不同于乡村，它拥有乡村的田园风光与自然美景，但要承担远远多于乡村的人口居住、活动，并进行着与城市发展相似的运行程序。这就要求城镇的园林景观建设既要保护生态自然环境，又要满足人们的休闲游息需求。在城镇园林景观建设中，提高绿化水平是改善城镇生态环境的基础性工作。虽然很多城镇的山地、水系都比较丰富，但城镇的园林景观建设仍然要鼓励采用节水和废水利用技术，尽可能减少绿地养护的水消耗，以生态的方式利用现有的自然资源。同时，要结合城镇产业结构调整和旧区改造，增加镇区的绿地面积。

城镇具有得天独厚的自然条件，同时经济发展又是城镇的重中之重，所以，妥善处理好城镇经济发展与自然保护的关系是至关重要的。要严格控制城镇建设对自然环境和乡村环境的负面影响。对依赖本地自然资源较多的山区城镇，要以保护自然环境与地势地貌为主，进行开发建设。

图 9–5 城镇丰富的植物资源

城镇的耕地系统也是重要的自然资源，园林景观建设要加强耕地的保护和合理的利用，注意节约用地，做好资源开发和生态统筹规划（图 9-5、图 9-6）。

9.3.2 以城镇发展现状为基础进行园林景观的建设

城镇现状人均公共绿地面积普遍较低，规划要达到国家规定的指标难度较大，根据城镇居民比较接近自然环境，到达城镇公园的距离也不远的情况，在资金比较紧缺的现状与特点下，可以从实际出发，在保证绿化覆盖率和绿地率两个反映城镇绿化宏观水平指标的前提下，酌量降低公共绿地指标，或延长达到国家规定指标的年限，是切合实际的措施。而不顾实际情况，盲目硬性地规划实施，往往是欲速则不达。

城镇园林景观建设要建立并严格实行城镇绿化管理制度，坚决查处各种挤占绿地的行为。同时鼓励

图 9–6 城镇优美的山水自然环境

居民结合农业结构调整发展园林绿化，引导社会资金用于园林景观建设，增加绿化建设用地和资金投入，尽快把城镇绿化建设提高到新水平。

9.4 城镇园林景观建设的重点是“普”和“小”

9.4.1 以建设城镇的基础绿化为前提

城镇园林景观建设，普遍存在着基础差、底子薄、起点低、投资少的问题，有的城镇至今尚无公园绿地，有的单位、居住区绿化还几乎是张白纸。当前城镇绿化的重点要放在普遍绿化上，通过宣传与教育，强化全民绿化和国策意识，采取行政与经济手段，从宏观上改善绿化面貌。城镇公共绿地建设，应以开辟小型公共绿地为主，为群众创造一个出门就见绿，园林送到家门口的环境，能就近游乐、休息、观赏和交往（图 9-7）。

图 9-7 绿化院落

9.4.2 以小型城镇绿地为主要建设模式

小型的城镇绿地开发建设是符合城镇的发展现状与景观定位的，小型的绿地不仅节约投资，而且具有分布广、见缝插针的效果，是城镇园林景观建设初期最有效的手段。小型的城镇绿地既包括位于城镇道路用地周边相对独立的绿地，如街道广场绿地、小型沿街绿地、转盘绿地等，也包括住宅建筑的宅旁绿地、公共建筑的入口广场绿地等。它们的功能多样化，形式丰富，既可以装饰街景、美化城镇、提高环境质量，又可以为附近居民提供就近的休闲场所。小型的城镇绿地散布于城镇的各个角落，靓丽而生动，是城镇重要的绿色基础，加强小型城镇绿地建设是提高城镇绿化、改善生态环境的重要手段之一。

城镇除了天然的山水自然环境之外，城镇中心区往往绿地率及绿化覆盖率都相对较低，景观效果较差。在中心区绿地面积严重不足的情况下，建设小型城镇绿地是提高城镇绿化水平和提供足够休闲绿地的有效手段。小型城镇绿地主要分布在临街路角、建筑物旁地、市区小广场及交通绿岛等。加强小型的绿地建设，能有效增加城镇的绿化面积，大大提高绿地率及绿化覆盖率，使城镇的自然环境更加舒适（图 9-8、图 9-9）。

图 9-8 围墙绿化

图 9–9　建筑周边绿地建设

9.5 多渠道筹措资金，促进园林景观建设

9.5.1 城镇园林景观建设的管理方法

《城镇绿地系统规划》的编制是城镇园林景观建设的重要保障之一，通过园林景观的系统化建设，合理安排绿地布局，形成合理的布局形式。城镇绿地系统的布局在城镇绿地系统规划中起到相当重要的作用。即使城镇的绿地指标达到要求，若布局不合理，也会直接影响城镇园林景观的整体发展和风貌特征，并很难满足居民的休闲娱乐需求。所以，根据城镇的现实情况，采取不同的点、线、面、环等布局形式，是切实提高城镇绿化水平的关键所在。同时，严格实行城镇绿地的“绿线”管理制度，明确划定各类绿地的范围控制线，这样才能形成一个完善的、严谨的绿地系统。

城镇园林景观建设应切实加强对绿地灌溉以及取水设施的管理，大力推进节水、节能型灌溉方式，例如微喷、滴灌、渗灌等。同时，推广各种节水技术，逐步淘汰落后的灌溉方式，建设节水灌溉型绿地。还可以充分利用雨水资源，根据气候变化、土壤情况和不同植物生长需要，科学合理地调整灌溉方式。

城镇园林景观建设要因地制宜，优选乡土植物，这样可以有效地降低管理成本。乡土植物对当地环境具有很强的适应性，相对于其他植物种植成本低、成活率高、管理成本低，有利于营造城镇自然的风貌。

9.5.2 城镇园林景观的维护措施

园林景观建设需要投入，而且是投入多、产出少的社会公益事业。城镇城市维护费很少，70%~80% 要用于人头费开支，将其中百分之十几投入到园林景观建设中实为杯水车薪。因此，要国家、集体、单位、个人多渠道一起努力，筹措资金，进行绿化建设，这是十分有效的措施。凡一切新建、扩建、改造的基建项目，要按规定缴纳一定标准的保证金，确保绿地率，方可发放施工执照，如在限定期限内达到绿化，绿化保证金（包括利息）全部退回，否则，保证金不再退回，转为绿化基金。临街建筑门前绿地，可将责任落实到人，采取谁经营，谁绿化，谁管理的办法。一些公共绿地（如公园、游园）的建设，在国家尚无足够资金的情况下，可就近集资筹建的办法进行建设，谁投资，谁受益。这样既筹措了资金，又促进了园林绿化工作。这些做法在一些城镇，已取得了较好的效果。

城镇园林景观建设要以科学的养护方式来扩大园林绿化的综合效益，不仅要把绿地建设好，而且要重视绿化的养护。要坚持建设、管养并举，积极推行绿地养护标准化、精细化的流程。

附录：城镇园林景观实例

1 城镇公园景观设计实例

2 城镇住区景观设计实例

3 城镇滨水景观设计实例

4 城镇道路景观设计实例

5 城镇广场景观设计实例

6 城镇园林景观建设实例

（提取码：hax1）

参考文献

[1] 骆中钊，林荣奇，章凌燕 . 小城镇时尚庭院住宅 (1)[M]. 北京：化学工业出版社，2004

[2] 张惠芳，骆中钊，施金标 . 小城镇时尚庭院住宅 (2)[M]. 北京：化学工业出版社，2004.

[3] 骆伟，骆中钊，何卫明 . 小城镇时尚庭院住宅 (3)[M]. 北京：化学工业出版社，2004.

[4] 骆中钊，骆伟，陈雄超 . 小城镇住宅小区规划设计案例 [M]. 北京：化学工业出版社，2005.

[5] 骆中钊，袁剑君 . 古今家居环境文化 [M]. 北京：中国林业出版社，2007.

[6] 骆中钊，张仪彬 . 住宅室内装修设计与施工 [M]. 北京：中国电力出版社，2009.

[7] 骆中钊 . 风水学与现代家居 [M]. 北京：中国城市出版社，2006.

[8] 骆中钊 . 小城镇现代住宅设计 [M]. 北京：中国电力出版社，2006.

[9] 骆中钊，骆伟，张宇静 . 住宅室内装修设计 [M]. 北京：化学工业出版社，2010.

[10] 骆中钊，张野平，徐婷俊，等 . 小城镇园林景观设计 [M]. 北京：化学工业出版社，2006.

[11] 骆中钊，张仪彬，胡文贤 . 家居装饰设计 [M]. 北京：化学工业出版社，2006.

[12] 中国大百科全书出版社编辑部，中国大百科全书总编辑委员会《建筑•园林•城市规划》编辑委员会 . 中国大百科全书——建筑 • 园林 • 城市规划 [M]. 北京：中国大百科全书出版社，2004.

[13] 阳建强，等 . 最佳人居小城镇空间发展与规划设计 [M]. 南京：东南大学出版社，2007.

[14] 严钧，黄颖哲，任晓婷 . 传统聚落人居环境保护对策研究 [J]. Sichuan Building Science，2009 (05).

[15] 缪敏，黄建中 . 快速城市化地区中小城市发展—江阴城市规划 [J]. 理想空间，2005 (12).

[16] 王晓俊 . 园林设计论坛 [M]. 南京：东南大学出版社，2003.

[17] 张杰 . 村镇社区规划与设计 [M]. 北京：中国农业科学技术出版社，2007.

[18] 朱建达 . 小城镇住区规划与居住环境设计 [M]. 南京 : 东南大学出版社，2001.

[19] 徐慧 . 城市景观水系规划模式研究——以江苏省太仓市为例 [J]. 水资源保护， 2007 (05).

[20] 赵欣， 陈丽华，刘秀萍 . 城镇河道景观生态设计方法初探 [J]. 安徽农业科学， 2007 (06).

[21] 王士兰，游宏滔 . 小城镇城市设计 [M]. 北京：中国建筑工业出版社，2004.

[22] 王士兰，陈行上，陈钢炎 . 中国小城镇规划新视角 [M]. 北京：中国建筑工业出版社，2004.08.

[23] 道格拉斯 • 凯尔博 . 共享空间——关于邻里与区域设计 [M]. 吕斌，等译 . 北京：中国建筑工业出版社，2007.

[24] 杨鑫，张琦 . 基于领土景观肌理的城郊边缘空间整合——解读巴黎杜舍曼公园 [J]. 新建筑，2010 (06).

[25] 谢晓英 . 唐山凤凰山公园改造与扩绿工程，河北，中国 [J]. 世界建筑，2010 (10).

[26] 张晋石 . 乡村景观在风景园林规划与设计中的意义 [D]. 北京：北京林业大学，2006.

[27] 张光明 . 乡村园林景观建设模式探讨 [D]. 上海：上海交通大学，2008.

[28] 陈玲 . 园林规划设计中乡村景观的保护与延续 [D]. 北京：北京林业大学，2008.

[29] 张志云 . 小城镇景观规划与设计研究 [D]. 武汉：华中科技大学，2005.

[30] 钱诚 . 山地园林景观的研究和探讨 [D]. 南京：南京林业大学，2009.

[31] 刘健 . 基于区域整体的郊区发展：巴黎的区域实践对北京的启示 [M]. 南京：东南大学出版社，2004.

[32] 张晋石 . 格勒诺布尔新城公园 [J]. 风景园林，2006 (06).
[33] 陈威 . 景观新农村：乡村景观规划理论与方法 [M]. 北京：中国电力出版社，2007.
[34] 郭焕成，吕明伟，任国柱 . 休闲农业园区规划设计 [M]. 北京：中国建筑工业出版社，2007.
[35] 王浩，唐晓岚，孙新旺，等 . 村落景观的特色与整合 [M]. 北京：中国林业出版社，2008.
[36] 李百浩，万艳华 . 中国村镇建筑文化 [M]. 武汉：湖北教育出版社，2008.
[37] 骆中钊，张惠芳 . 南少林寺禅缘古今叙语 [M]. 香港：中国民族文化出版社，2002.
[38] 骆中钊，刘泉全 . 破土而出的瑰丽花园 [M]. 福州：海潮摄影艺术出版社，2003.
[39] 骆中钊 . 中华建筑文化 [M]. 北京：中国城市出版社，2014.
[40] 骆中钊 . 乡村公园建设理念与实践 [M]. 北京：化学工业出版社，2014.

后　记

感恩

“起厝功，居厝福” 是泉州民间的古训，也是泉州建筑文化的核心精髓，是泉州人“大　精神，善行天下”文化修养的展现。

“起厝功，居厝福” 激励着泉州人刻苦钻研、精心建设，让广大群众获得安居，充分地展现了中华建筑和谐文化的崇高精神。

“起厝功，居厝福” 是以惠安崇武三匠（溪底大木匠、五峰石艺匠、官住泥瓦匠）为代表的泉州工匠，营造宜居故乡的高尚情怀。

“起厝功，居厝福”是泉州红砖古大厝，创造在中国民居建筑中独树一帜辉煌业绩的力量源泉。

“起厝功，居厝福”是永远铭记在我脑海中，坎坷耕耘苦修持的动力和毅力。在人生征程中，感恩故乡“起厝功，居厝福”的敦促。

感慨

建筑承载着丰富的历史文化，凝聚了人们的思想感情，体现了人与人、人与建筑、人与社会以及人与自然的关系。历史是根，文化是魂。每个地方蕴涵文化精、气、神的建筑，必然成为当地凝固的故乡魂。

我是一棵无名的野草，在改革开放的春光沐浴下，唤醒了对翠绿的企盼。

我是一个远方的游子，在乡土、乡情和乡音的乡思中，踏上了寻找可爱故乡的路程。

我是一块基础的用砖，在莺歌燕舞的大地上，愿为营造独特风貌的乡魂建筑埋在地里。

我是一支书画的毛笔，在美景天趣的自然里，愿做诗人画家塑造令人陶醉乡魂的工具。

感动

我，无比激动。因为在这里，留下了我走在乡间小路上的足迹。1999 年我以“生态旅游富农家”立意规划设计的福建龙岩洋畲村，终于由贫困变为较富裕，成为著名的社会主义新农村，我被授予“荣誉村民”。

我，热泪盈眶。因为在这里，留存了我踏平坎坷成大道的路碑。1999 年，以我历经近一年多创作的泰宁状元街为建筑风貌基调，形成具有“杉城明韵”乡魂的泰宁建筑风貌闻名遐迩，成为福建省城镇建设的风范，我被授予“荣誉市民”。

我，心花怒发。因为在这里，留住了我战胜病魔勇开拓的记载。我历经十个月潜心研究创作的时代畲寮，终于在壬辰端午时节呈现给畲族山哈们，安国寺村鞭炮齐鸣，众人欢腾迎接我这远方异族的亲人。

我，感慨万千。因为在这里，留载了我研究新农村建设的成果。面对福建省东南山国的优美自然环境，师法乡村园林，开拓性地提出了开发集山、水、田、人、文、宅为一体乡村公园的新创意，初见成效，得到业界专家学者和广大群众的支持。

我，感悟乡村。因为在这里，有着淳净的乡土气息、古朴的民情风俗、明媚的青翠山色和清澈的山泉溪流、秀丽的田园风光，可以获得乡土气息的“天趣”、重在参与的“乐趣”、老少皆宜的“谐趣”和净化心灵的“雅趣”。从而成为诱人的绿色产业，让处在钢筋混凝土高楼丛林包围、饱受热浪煎熬、呼吸尘土的城市人在饱览秀色山水的同时，吸够清新空气的负离子、享受明媚阳光的沐浴、痛饮甘甜的山泉水、脚踩松软的泥土香；感悟到“无限风光在乡村”！

我，深怀感恩。感谢恩师的教诲和很多专家学者的关心；感谢故乡广大群众和同行的支持；感谢众多亲朋好友的关切。特别感谢我太太张惠芳带病相伴和家人的支持，尤其是我孙女励志勤奋自觉苦修建筑学，给我和全家带来欣慰，也激励我老骥伏枥地坚持深入基层。

我，期待怒放。在“外来化”即“现代化”和浮躁心理的冲击下，杂乱无章的“千城一面，百镇同貌”四处泛滥。“人人都说家乡好。”人们寻找着“故乡在哪里？”呼唤着“敢问路在何方？”期待着展现传统文化精气神的乡魂建筑遍地怒放。

感想

唐代伟大诗人杜甫在《茅屋为秋风所破歌》中所曰：“安得广厦千万间，大庇天下寒士俱欢颜，风雨不动安如山！”的感情，毛泽东主席在《忆秦娥•娄山关》中所云：“雄关漫道真如铁，而今迈步从头越。从头越，苍山如海，残阳如血。”的奋斗精神，当促使我在新型城镇化的征程中坚持努力探索。

圆月璀璨故乡明，绚丽晚霞万里行。